TOOL
ツール活用シリーズ

電子回路シミュレータ
PSpice
入門編

電子回路の動作をパソコンで疑似体験！

棚木義則 編著
Yoshinori Tanagi

CQ出版社

■ PSpice評価版（9.2LE）をWindows 7/Vistaで使うには

　付属CD-ROMに収録されているOrCAD Family Release 9.2 Lite Edition（以下，OrCAD9.2LE）をWindows 7/Vistaで使うには下記二つの追加の設定が必要です．
　詳しい内容については，CD-ROMに収録されたpdfファイルを参照ください．

追加設定1　Capture.exeの設定

`C:¥Program Files¥OrcadLite¥Capture`
を開きます．Captureという名前のファイルを右クリックで選択し，左クリックでメニューを出してプロパティを選ぶとCaptureのプロパティというウィンドウが開きます．互換性タブを選び**互換モードでこのプログラムを実行する**にチェックを入れて，[Windows NT4.0（Service Pack 5）]を選びます．次に**管理者としてこのプログラムを実行する**にもチェックを入れます．[OK]をクリックして閉じます．

追加設定2　MrkSrvr.exeの設定

　つづいて，
`C:¥Program Files¥OrcadLite¥PSpice`
を開きます．MrkSrvrという名前のファイルを右クリックで選択し，上記と同様にプロパティを開きます．互換性タブを選び，**互換モードでこのプログラムを実行する**にチェックを入れて，今度は[Windows 98 / Windows Me]を選びます．[OK]をクリックして閉じます．

Microsoft OfficeとOSの組み合わせによっては動作しません

　Windows 7/Vistaの64bit版とOffice 2007の組み合わせでは動作しません．
　またWindows 7/VistaとOffice 2010の組み合わせでは，Office IME 2010をインストールしないよう設定する必要があります．
　すでにOffice 2010がインストールされている場合，Office 2010のディスクをドライブに挿入すると，インストール変更メニューが表示されます．**機能の追加と削除**を選び，インストール オプションを表示させます．一番下の**Office共有機能**の中から**Office IME（日本語）**を選択し，**インストールしない**に設定して，最後まで進めると，Office IME 2010だけをアンインストールできます．

まえがき

　理科の好きな子供の数が減っていると言われて久しい昨今ですが，原因はいったいどこにあるのでしょうか．

　私は，小学校のころから理科の授業が大好きでしたが，中学，高校と進むにつれて，だんだんとその楽しさは薄れていきました．授業についていけなくなったというのが最大の原因かもしれませんが，実験が少なくなったことも理由の一つと感じています．高校では受験のための勉強に追われ，実験室での授業はほとんどなかったように記憶しています．

　「百聞は一見にしかず」ということわざがありますが，実際に自分で体験したことは，人から見聞きしたことよりもはるかに理解が深く，そしてなかなか忘れないものです．例えば，電気回路技術者としては恥ずかしいことですが，感電の経験は一生忘れることはありません．

　高校時代に，教壇で先生がマグネシウムを燃やす実験をして，勢いよく炎の上がったマグネシウム片が最前列の生徒の机に落っこちて，教室中が大騒ぎになったことは，今でも鮮明に覚えています．

　教科書や参考書に記載されている回路やその動作原理を読んだだけで，すべてを理解するのはたやすいことではありません．やはり，実際に回路を組んで動かし，波形やデータを自分の目で見て確認して，初めて本当の理解が得られるのだと思います．

　何事もそうですが，「やってみる」ということと「体験する」ということはとても大事です．どんな参考書を読むよりも，中途半端な「知識」よりも，むしろ「経験」のほうが役立つ場合が少なくないのです．

　本書で紹介する電子回路シミュレーション・プログラム SPICE は，パソコン上で電子回路の動作を仮想的に見ることができるツールです．電子回路の実験がパソコン上で疑似体験できる便利な道具です．

　これまで参考書で目にしただけの回路で，動作のよくわからない回路など，SPICE でシミュレーションしてみてください．各部の波形やデータを詳しく解析でき，回路の動作を体感的に理解できます．それはまさに「模擬実験」であり，体験に近い感覚が得られます．

　本文でも述べますが，SPICE なら感電する危険はありませんし，部品が壊れることもありませんから，安心して取り組むことができます．どんどんシミュレーションして経験を積んでください．確実に電子回路の理解が深まるはずです．

SPICEは，米国カリフォルニア大学バークレー校で開発されたものです．そして，PSpiceを含めて，商用SPICEのほとんどは海外製です．マニュアルも英語で書かれているため，日本人にはとっつきにくく，敷居の高いものになっています．

　本書は，現場でSPICEを活用しているプロの技術者の方々にご協力いただき，基本的な使い方から少し裏技めいた使い方までを，SPICEの総合マニュアルとしてまとめたものです．

　第1部では，インストールから各種の解析方法を順を追って解説しました．初めから順番に操作してみてください．きっとSPICEを使いこなせるようになるでしょう．第2部では，トランジスタ，受動素子，さらにそれらを使った応用回路まで，シミュレーションを通して理解を深めます．

　SPICEを使いこなすには，電気回路の正しい知識が必要です．電気回路の基本をおさらいし，SPICEが理論どおりに動作していること，また理想と現実の違いを把握し，シミュレータ特有の動作を理解してください．

　私がSPICEと出会った当時，SPICEにはまだ回路図を描く機能は付属されていませんでした．いったん回路図を紙に描いてから，テキスト・データで部品情報や接続情報を入力していました．現在では，回路図を描く機能や任意の点をグラフに表示する機能などが付属しており，とても操作性が向上しています．開発品の仕様決定や，故障の原因分析など，仕事にも十分活用できます．

　　技術者の力量は知識と経験の積で決まる

　これは，ある先輩技術者の教えですが，やはり知識と経験の両方がないと技術者として力を発揮することはできません．本書が読者の知識と経験を蓄積するのにお役に立てば幸いです．

　最後に，本書の出版に際して何かとご援助いただいたCQ出版㈱の寺前裕司氏，入社以来指導してくださった㈱エヌエフ回路設計ブロックの遠坂俊昭氏に厚く御礼申しあげます．

2003年秋　編著者

COTENTS

目次

付属CD-ROMのコンテンツと使い方 ~はじめにお読みください~ 13

コンテンツ 13
OrCAD Family Release 9.2 Lite Edition　13
シミュレーション用データ・ファイル　16
トラ技ライブラリ・データ・ファイル　16
Adobe Reader 9.3（日本語版）　17

9.2LEの動作環境と制限事項 17
パソコンの要件　17
制限事項　17

シミュレーション用データ・ファイルの解凍の方法 17

第1章
プロローグ…電子回路シミュレータSPICE事始め 19
~回路の動作検証/定数設計/特性改善に活用できる~

1.1 SPICEでできること 19
回路を作らなくても動作を確認できる　19
回路を作らなくても特性を良くする方法がわかる　20
部品を壊すことも感電することもない！　21

1.2 SPICEは道具にすぎない…使いこなすには回路の知識が不可欠 22
解析結果を評価する力が要る　22
SPICEの部品は理想部品であり実際と異なる　23

1.3 ○○とはさみは使いよう…SPICEを活用せよ！ 24
決め手はモデリングにあり！　24
何でも現実に近づければ良いというものじゃない　25

第1部
PSpiceのインストール＆操作マニュアル
~周波数特性解析や波形解析などの基本テクニックからパラメトリック解析まで~

第2章
シミュレータをインストールする 30
~ツールの概要とセットアップの方法~

2.1 OrCAD Family Release 9.2 Lite Editionの制限事項 30

　　　　　①回路の規模に関するもの　30
　　　　　②部品モデルの生成と編集に関するもの　31
　　　　　③信号源の作成や編集に関するもの　31
　　　　　④解析表示機能に関するもの　31
　　　　　⑤定数の最適化機能に関するもの　31
　　　　　⑥Run/Pause機能に関するもの　31
　　　　　⑦シミュレーション用部品の数に関するもの　32
　　　　　⑧そのほか　32
2.2 ──── **インストール前の三つの注意事項** ……………………………………………… 32
　　　　　ファイル・タイプの設定が更新される　32
　　　　　システム・ファイル`MSVCRT40.dll`をフロッピ・ディスクにコピーして保存すること　32
　　　　　Capture CISはインストールしないこと　33
2.3 ──── **さっそくインストール** …………………………………………………………… 33
　　　　　インストール前の確認事項　33
　　　　　インストール・プログラムの起動　34
　　　　　Windows NT4.0/2000/XP/Vista/7へのインストール　34
　　　　　Windows 95/98/Meへのインストール　35
　　　　　インストールする製品の選択…CaptureとPSpiceをチェックする　35
　　　　　Capture CISはチェックしない！　36
　　　　　Layoutもインストールしない！　37
　　　　　インストール先ディレクトリの選択　37
　　　　　プログラム・フォルダ名の指定　38
　　　　　インストール内容の確認　38
　　　　　Adobe Reader 9.3のインストール　39
　　　　　インストール終了　40
2.4 ──── **日本語ヘルプとチュートリアルのインストール** ………………………………… 40
　　　　　インストール・プログラムの起動　41
　　　　　インストール・ドキュメントの選択　41
　　　　　ファイル・コピーの開始とインストールの終了　41
2.5 ──── **Windows 95/98/98SEユーザへ…** …………………………………………… 42
　　　　　Windowsシステム・ファイルの修復について
　　　　　インストール後にエラーが発生したら　43
　　　　　インストール前に，必ず`MSVCRT40.dll`をフロッピ・ディスクにコピーする　44
　　　　　MS-DOSモードで起動する　44
　　　　　`MSVCRT40.dll`を書き戻す　44

第3章
シミュレーション回路を描く ……………………………………………………… 47
　　～PSpiceの起動と基本操作～
3.1 ──── **インストールが終了したら…** ……………………………………………………… 47

		メニューの内容　47
3.2		**プロジェクトの開始** ……………………………………………… 48
		シミュレータを起動する　48
		プロジェクトを作成する　49
3.3		***RC*フィルタの回路図作成** ……………………………………… 51
		回路図縮尺の変更　51
		パーツの呼び出しと配置そしてライブラリの追加　52
		抵抗（R）の呼び出し　55
		コンデンサ（C）の呼び出し　57
		電圧源の呼び出し　58
		グラウンドの配置　59
		素子には必ずデバイス名をつける　63
		端子間を配線する　63
		間違えて配線したときの消去方法　65
		属性の編集（定数入力）　67
		属性の移動　68
		スケール記号のつけ方　69

第4章
ゲインや位相の周波数特性を調べる「AC解析」 ……………… 71
～ネットワーク・アナライザのように～

4.1		**Simulation Profileの作成** …………………………………… 71
		PSpice ADでできる解析の種類　71
		解析モードを選び条件を設定する　Simulation Profileの作成　71
		マーカの配置　73
4.2		**いよいよシミュレーションの実行** ……………………………… 76
4.3		**計算結果を表示する機能"Probe"** …………………………… 77
		画面の色の変更　77
		X軸の表示範囲と目盛りの設定　78
		コラム　ネットリストとは　79
		Y軸の追加　84
		位相とゲインを別々のグラフに表示する　87
		Probeとマーカ　88
		カーソルを利用した値の直読　89
		キーボードを使用したカーソルの移動方法　93
		グラフ・フォーマットの復活　93
		シミュレーション・グラフをほかのアプリケーションにbmpで渡す　95
Appendix A		**解析結果をExcelで利用する方法** …………………………… 98
		解析データをテキスト・ファイルに出力する　98

Excelを起動してクリップ・ボード上のデータを貼り付け，グラフ表示する　98

Appendix B ── ショートカット利用の勧め ··· 105

第5章
電圧や電流の波形を調べる「過渡解析」 ································ 107
～信号の時間変化をオシロスコープのように表示する～

過渡解析とは　107

5.1 ── 過渡解析の準備 ··· 107
電圧源を変える　107
属性の編集　107
Simulation Profileの編集　110
マーカの配置　111

5.2 ── シミュレーションの実行 ·· 112
過渡応用波形の比較　113

第6章
直流の入出力特性を調べる「DC解析」 ···································· 115
～電圧や電流の静特性を調べる～

DC解析とは　115

6.1 ── DC解析の準備 ··· 115
インバータ回路を例にする　115
新規プロジェクトの作成　115
回路図を描く　115
Simulation Profileの作成　119
リニアにスイープするには　120

6.2 ── シミュレーションの実行 ·· 120
温度を変化させる　121

第7章
定数変化に対する特性の変動を調べる「パラメトリック解析」 ······ 125
～回路定数の決定やトラブル・シュートに有効～

パラメトリック解析とは　125

7.1 ── 解析の準備 ··· 125
電圧源を変えてPARAMシンボルを配置する　125
属性の編集　126
Simulation Profileの編集　130
マーカの配置　131

7.2 ── シミュレーションの実行 ·· 132

第8章
素子のばらつきが特性に与える影響を調べる「モンテカルロ解析」
～回路の歩留まり予測と部品精度の決定に役立つ～ ……… 135

モンテカルロ解析とは　135

8.1　解析の準備 …………………………………………………………………………… 135
誤差の入力　135
Simulation Profileの編集　137
マーカの配置　140

8.2　シミュレーションの実行 …………………………………………………………… 140
ヒストグラムの表示　141
グラフ・シンボルを表示しない方法　144
希望のグラフにシンボルを表示させる方法　146

第9章
モデル・ライブラリの使い方と拡充の方法 ………………………………………… 149
～PSpice付属ライブラリの概要とトラ技オリジナル・ライブラリの組み込み～

9.1　9.2LE標準のライブラリ ……………………………………………………………… 149
abm　149
analog　149
breakout　149
eval　150
source　150
special　150

9.2　トラ技ライブラリ ……………………………………………………………………… 150
ダイオード　150
トランジスタ/FET　151
OPアンプ　151

9.3　9.2LEでトラ技ライブラリを使用するには ……………………………………… 152
トラ技ライブラリ`toragi.lib`と`toragi.olb`をCドライブにコピーする　152
PSpiceにトラ技ライブラリを組み込む　152

Appendix　モデル・ライブラリを拡充する ……………………………………………… 154
ライブラリのダウンロード　154
ライブラリをPSpiceに組み込む　155

第10章
シミュレーション・エラーへの対処方法 ……… 157
〜シミュレーションが実行されない理由と対策〜

10.1 ── **Captureに描いた回路の不備によるエラー** ……… 157

10.2 ── **回路情報はOKだがPSpiceで解析しようとすると起きるエラー** ……… 159
　ERROR--Node N000471 is floating　159
　ERROR--Voltage source and/or inductor loop involving L_L1　161

第2部
PSpiceを使いこなそう！
〜実際の回路を動かしながら解析機能を100%活かす方法をマスタする〜

第11章
1石トランジスタ回路のシミュレーション ……… 164
〜シンプルな回路を例に上手いシミュレーションのやり方をマスタする〜
　The way of SPICE master…三つの基本解析モードをものにしよう！　164

11.1 ── **エミッタ共通増幅回路の回路図を描く** ……… 165
　万能型電圧源VSRCを使う　165
　コンデンサC2の負荷側の直流電位を定める　165
　パスコンは不要…解析時間が伸びるだけ　166
　回路図の接続点に名前を付ける　167

11.2 ── **基本技その1「DC解析」** ……… 167
　DC解析とは…テスタと直流電源装置で静特性を測定するような感覚　167
　解析の準備　167
　解析の実行　169

11.3 ── **基本技その2「AC解析」** ……… 172
　AC解析とは…ネットワーク・アナライザを使うような感覚　172
　解析の準備　173
　解析の実行　173

11.4 ── **基本技その3「過渡解析」** ……… 178
　過渡解析とは…オシロスコープを使うような感覚　178
　解析の準備　178
　解析の実行　179
　FFT表示機能でひずみ成分を見る　181
　方形波応答を見る　184

11.5 ── **必殺技その1「パラメトリック解析」** ……… 187
　特性が最適になる定数を知りたいときに使う　187

解析の準備　188
解析の実行　189

11.6 ── 必殺技その2「モンテカルロ解析」·· 190
素子のばらつきが特性に与える影響を予測できる　190
解析の準備　190
解析の実行　193
コラム　シミュレーション・モードの切り替え　195

第12章
抵抗, コンデンサ, コイルのシミュレーション ·································· 197
〜電子回路の基本部品を動かしながらPSpiceのしくみを見る〜

12.1 ── 抵抗 ·· 197
抵抗に直流電流を流してみる　197
R1に交流電流を流してみる　199
キルヒホッフの法則をシミュレーションで見てみる　200

12.2 ── コンデンサ ·· 203
コンデンサの性質　203
交流電圧源を入力する　204
解析結果…電流位相が電圧より90°進む　205
式(12-2)と解析結果の照合　206
電流振幅は周波数が高くなるほど大きくなる　207
コンデンサの性質のまとめ　207
容量性リアクタンスとコンデンサに流れる電流の関係　207

12.3 ── コイル ·· 209
コイルの性質　209
コイルに直流電圧を加える…大きな電流が流れる　209
コイルに交流電圧を加える　209
解析結果…電流位相が電圧より90°遅れる　212
式(12-6)と解析結果の照合　212
電流振幅は周波数が高いほど小さい　213
コイルの性質のまとめ　214
誘導性リアクタンスとインダクタに流れる電流の関係　214
初期値IC＝－1を設定した理由…過渡状態をパスするため　215
過渡現象を見てみる　216
電圧の位相によっては過渡現象は出ない　218

第13章
1石〜4石トランジスタ回路のシミュレーション ……………… 219
〜エミッタ共通回路からIC回路の定石 差動増幅回路まで〜

トランジスタを使った回路設計は面白い！　219

13.1 ── エミッタ共通回路を動かす ……………………………………… 219
直流特性　219
交流特性　221

13.2 ── ベース共通回路を動かす ………………………………………… 230
エミッタ共通からベース共通に改造する　230

13.3 ── コレクタ共通回路を動かす ……………………………………… 231
エミッタ共通からコレクタ共通に改造する　231

13.4 ── ソース共通回路を動かす ………………………………………… 232
FETにはエンハンスメント型とディプリーション型がある　233

コラム　MCカートリッジのヘッド・アンプとは？　233

ソース共通回路を動かす　234

13.5 ── 2石以上のトランジスタ回路 …………………………………… 237
カレント・ミラー回路　237

コラム　NチャネルJFETはドレインとソースが対称に作り込まれている　238

高精度カレント・ミラー回路　239
差動増幅回路　243

第14章
発振回路と変調回路のシミュレーション ……………………… 251
〜ウィーン・ブリッジ型発振回路とAM変調回路を動かしてみよう！〜

14.1 ── ウィーン・ブリッジ型正弦波発振回路 ………………………… 251
動作の説明　251
振幅安定化のしくみ　252
シミュレーション　253

コラム　$V_Z=6.2\,\text{V}$のツェナ・ダイオードを作る　256

14.2 ── AM変調回路 ………………………………………………………… 257
AM変調とは　257
シミュレーション　257

参考・引用*文献　260
著者略歴と執筆を担当した章　261
索引　262

付属CD-ROMのコンテンツと使い方
～はじめにお読みください～

コンテンツ

● **OrCAD Family Release 9.2 Lite Edition**

電子回路シミュレータとプリント基板設計ツールが統合された機能制限付きの評価版ソフトウェアです．本書では9.2LEと呼びます．Lite Editionは，製品版ではなく，無償の評価版であることを意味します．製品版はサイバネットシステム㈱（http://www.cybernet.co.jp/）が取り扱っています．

付属CD-ROMをCD-ROMドライブに挿入すると，**図1**に示す画面が自動的に起動します．Ⓐの部分をクリックすると，**図2**に示す画面に切り替わります．Ⓓに示すインストール前の三つの注意事項を確認したのち，Ⓔのボタンを押すと9.2LEのインストールが始まります．9.2LEは，次に示す四つのソフトウェアで構成されています．

▶ Capture Lite Editon

回路図を描くための評価版エディタ・ソフトです．シミュレーションを行うとき，最初に使うソフトウェアです．

▶ PSpice Lite Editon

Captureで描いた回路図情報を元に計算を実行して，算出された結果をグラフに表示するのが主な機能です．PSpiceは次に示す五つのソフトウェアで構成されています．詳しくは第3章を参照してください．

・PSpice AD Lite Edition
・PSpice Model Editor
・PSpice Optimizer
・PSpice Simulation Manager

〈図1〉付属CD-ROMの起動画面

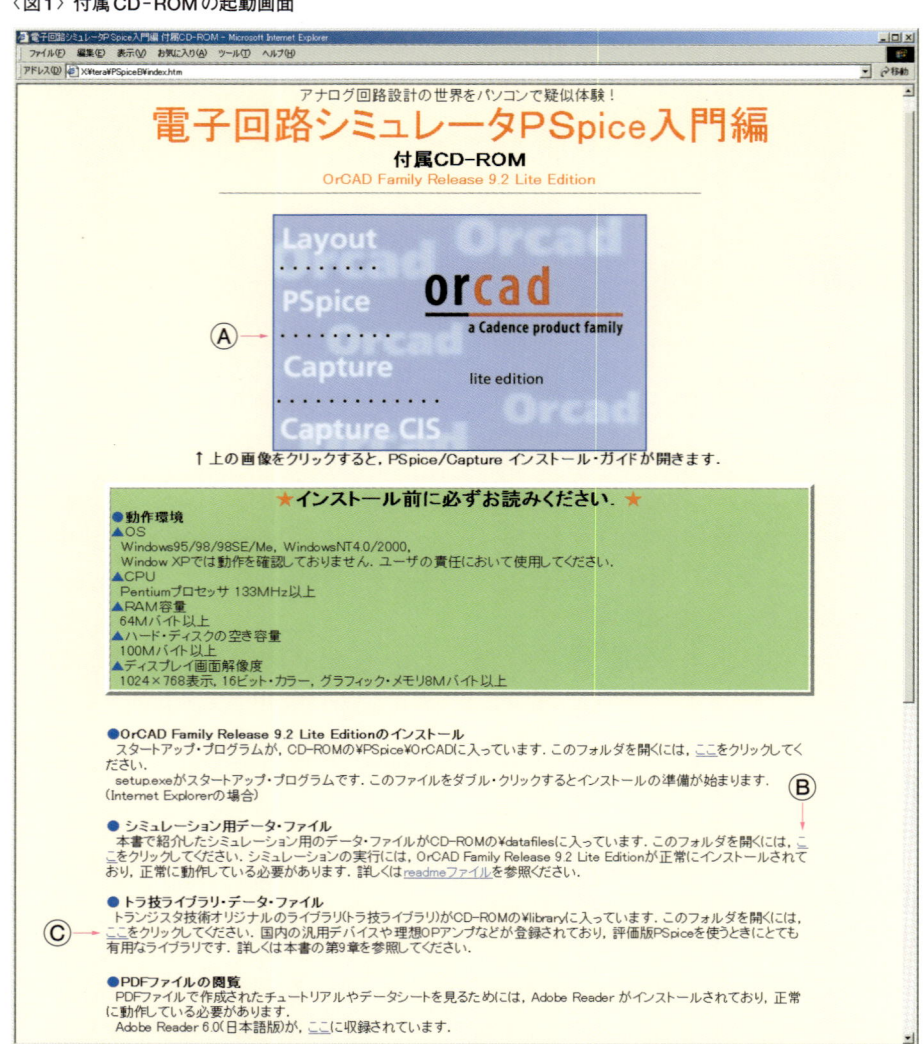

・PSpice Stimulus Editor

▶ Capture CIS

部品の属性情報などをデータベース管理するソフトウェアです．本書では使いません．

〈図2〉図1のⓐ部をクリックするとインストーラの起動ボタン(Ⓔ部)が現れる

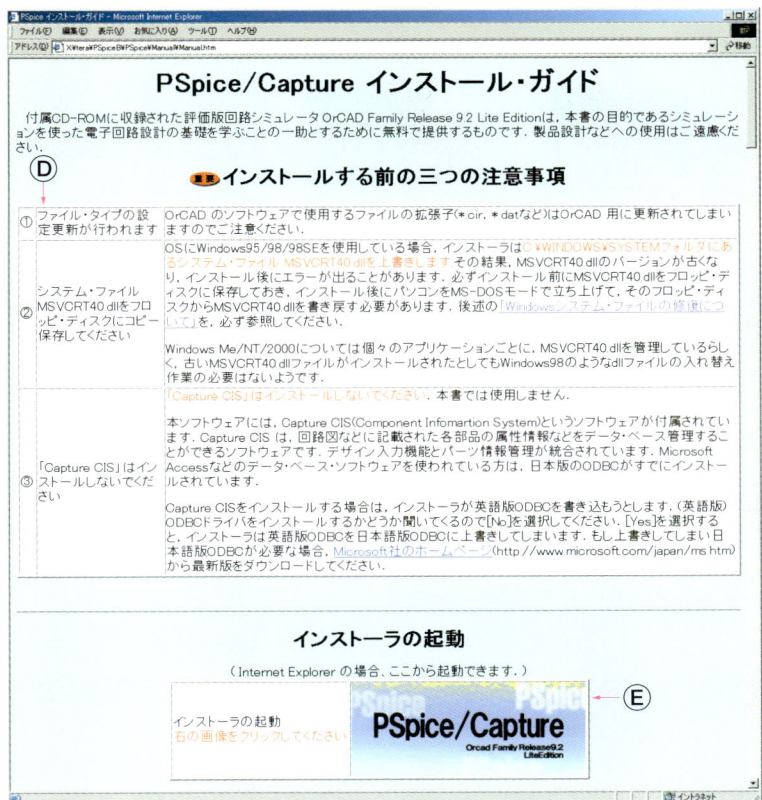

▶ Laytout

プリント基板の設計ツールです．本書では使いません．

*

本書で使用するのは電子回路シミュレータだけ，つまりCaptureとPSpice ADだけです．なお，本CD-ROMに収録してあるプログラムの操作によって発生したトラブルに関しては，Cadence design systems, Inc.，日本ケイデンス・デザイン・システムズ社，サイバネット システム株式会社およびCQ出版株式会社は，いっさいの責任を負いかねますのでご了承ください．

〈図3〉本書で紹介したシミュレーション回路が圧縮ファイルで収録されている

〈図4〉『トランジスタ技術』オリジナルのデバイス・モデルのライブラリも収録

● シミュレーション用データ・ファイル

　図1のⒷの部分をクリックすると，図3に示す画面が開きます．これは，第11章から第14章で解析に使用している回路図データ・ファイル群の圧縮ファイル(**datafiles.exe**)とその説明文ファイル(**readme.txt**)です．

　提供するのは回路図データだけです．描画ソフトウェア Probeの設定(X軸やY軸の目盛りやグラフの数など)などは初期状態になっていますから，読み込んで解析を実行しただけでは，第11章〜第14章のシミュレーション図と同じグラフは表示されません．第1部を参考にしながら，Probeの設定を行ってください．

● トラ技ライブラリ・データ・ファイル

　上記の回路図データ・ファイルを読み込んだだけでは，エラーが出て解析が進行しません．次に説明する部品ライブラリをPSpice ADに組み込む必要があります．

　図1(**b**)のⒸの部分をクリックすると，図4に示す画面が開きます．これらのファイルは，本書の第11章〜第14章で使用している国産の半導体モデル(QC1815など)などが収録された部品ライブラリです．**toragi.lib**および**toragi.olb**というファイル名で収録されています．PSpice ADに組み込む方法など，詳細は第9章を参照してください．

● Adobe Reader 9.3（日本語版）

CD-ROMには9.2LEの日本語マニュアルも収録されています．これらは，PDFフォーマットのファイルです．これを閲覧するためにはAdobe Readerがインストールされており，正常に動作している必要があります．

9.2LEの動作環境と制限事項

● パソコンの要件

9.2LEを動作させるためには，次に示す動作環境が必要です．

- ・OS：Windows 95/98/98SE/Me，Windows NT 4.0/2000/XP/Vista/7です．Windows Vista/7では若干の条件と追加の設定が必要です．本書「まえがき」の前のページを参照してください．
- ・CPU：Pentiumプロセッサ 133 MHz以上
- ・RAM容量：64 Mバイト以上
- ・ハード・ディスクの空き容量 ：100 Mバイト以上
- ・ディスプレイ画面解像度：1024×768表示，16ビット・カラー，グラフィック・メモリ8 Mバイト以上

● 制限事項

9.2LEは評価版ですから，シミュレーションできる回路規模に制限があります．使用期間の制限はありません．詳細は第2章を参照してください．

シミュレーション用データ・ファイルの解凍の方法

シミュレーション用データ・ファイル（図3の**datafiles.exe**）は，自己解凍形式の圧縮ファイルです．このファイルを実行すると解凍が始まります．**datafiles.exe**をダブル・クリックすると，インストールするフォルダの選択画面が現れます．そのまま［OK］ボタンをクリックして，次のフォルダに解凍してください．これ以外のフォルダに解凍すると，シミュレーション用データ・ファイルが正しく開かないことがあります．

```
C:¥Program Files¥OrcadLite¥PSpice¥Capture_Samples¥toragi
```
解凍が終了すると，次のようにファイルが展開されます．

```
C:¥Program Files
  |
  |--¥OrcadLite
     |--¥PSpice
        |--¥Capture_Samples
           |--¥toragi
              |--¥chap11
              |--¥chap12
              |--¥chap13
              |--¥chap14
```

　`chap**`は，本書の章番号です．各章のシミュレーション用データ・ファイルは，それぞれ各図面番号のフォルダに納められています．各図面番号フォルダには，`.opj`という拡張子のファイルがあります．これが9.2LEのプロジェクト・ファイルです．例えば，第11章 図11-1の回路図とシミュレーション用データ・ファイルは，

　　`C:¥Program Files¥OrcadLite¥PSpice¥Capture_Samples¥toragi¥chap11`
　　`¥fig11-01`

に納められています．次のファイルを開くと，図11-1の回路図がOrCAD Capture上に展開されます．

　　`C:¥Program Files¥OrcadLite¥PSpice¥Capture_Samples¥toragi`
　　`¥chap11¥fig11-01¥CommonEmitter.opj`

　本書では，同じ回路図で解析条件の異なるシミュレーションを行い，Simulation Profileを2種類作成したものもあります．その場合は，シミュレーション・モードを切り替えることで，それぞれの解析が可能になります．第11章のコラム「シミュレーション・モードの切り替え」を参照してください．

電子回路シミュレータPSpice入門編

第1章
プロローグ…
電子回路シミュレータSPICE事始め
~回路の動作検証/定数設計/特性改善に活用できる~

1.1 ── SPICEでできること

● 回路を作らなくても動作を確認できる

　SPICEとは1970年代に米国カリフォルニア大学バークレー校で開発された電子回路シミュレーション・プログラムで，"Simulation Program with Integrated Circuit Emphasis"の略です．

　部品や基板，はんだごてなどを使って実際に回路を作らなくても，回路図を入力すれば

1.1 ── SPICEでできること

その回路動作をパソコン上で解析できるソフトウェアです．

　当然のことですが，実際の回路を評価する場合には電源や発振器，オシロスコープなどの測定器が必要です．SPICEには，これらの装置の役割を果たすシンボルが用意されています．図1-1のように回路図にシンボルを追加すれば，まるでオシロスコープを使うように，回路の観測したい部分の波形をパソコン上で見ることができます．SPICEによる波形の観測例を図1-2に示します．

● **回路を作らなくても特性を良くする方法がわかる**

　回路を動作させてみた結果，定数を変更する必要が生じたとします．実際の回路では，変更したい定数の部品を交換しなければなりませんが，SPICEならパソコン上で部品の定数を変更するだけで結果が得られます．

　実際に組み上がっている回路についても，評価したい回路部分だけを抜き出して，その部分だけをモデル化してシミュレーションすることも可能です．複雑で規模の大きい回路

〈図1-1〉SPICEによる波形観測の方法…見たいポイントにマーカを配置するだけ

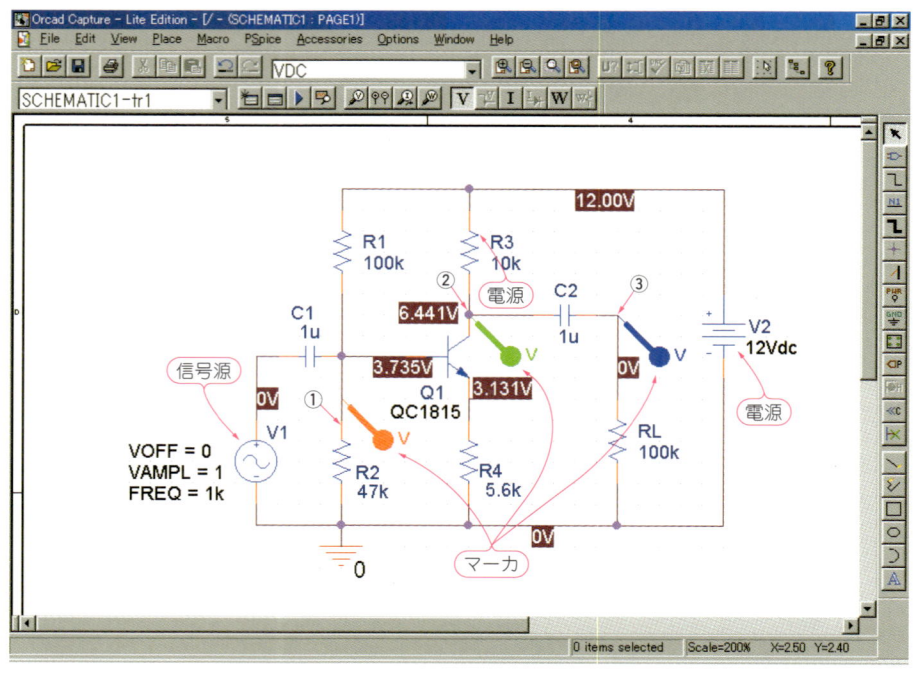

でも，機能ごとに分割してシミュレーションすれば，どの部分がまずいのか，どの辺りを改善すれば良いのかなどを把握することができます．

● 部品を壊すことも感電することもない！

高いお金を払って部品を購入し，手間暇かけて作った回路に初めて電源を入れるのは，とても勇気の要ることです．実績のない回路を初めて動かす場合なども気を遣うでしょう．回路図と配線が合っていても，肝心の回路図が間違っていれば回路は動作しません．大事な部品を壊してしまうことだってあります．

でもSPICEなら，実際に電圧を加えたり，電流を流したりするわけではないので，描いた回路をなんの気兼ねもなしに動作させて解析できます．もちろん，感電の危険もありませんから，安心して回路の動作を確認できます．

〈図1-2〉図1-1の各ポイントの波形

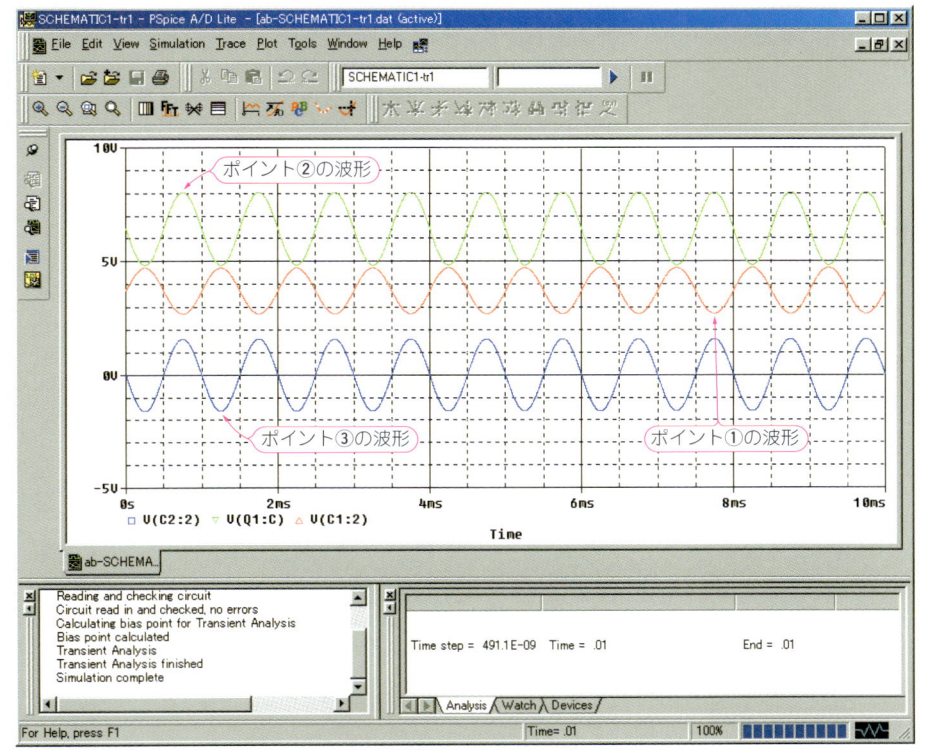

1.1 ── SPICEでできること

1.2 —— SPICEは道具にすぎない…使いこなすには回路の知識が不可欠

● 解析結果を評価する力が要る

　SPICEは，与えられた回路図のすべてのポイントについて，電圧や電流の値を計算するだけです．

〈図1-3〉回路が間違っていてもSPICEは結果を出す

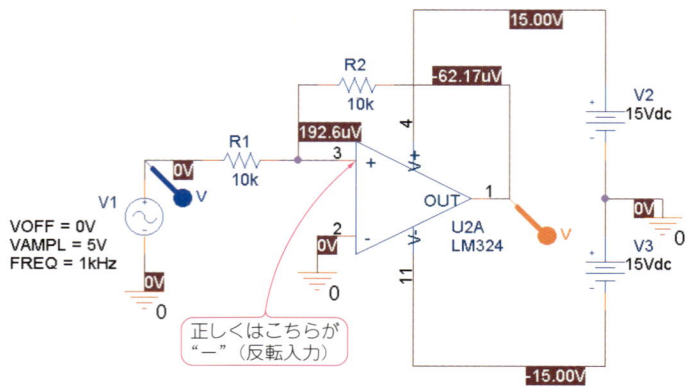

（a）回路図（OPアンプ入力部の極性が反対）

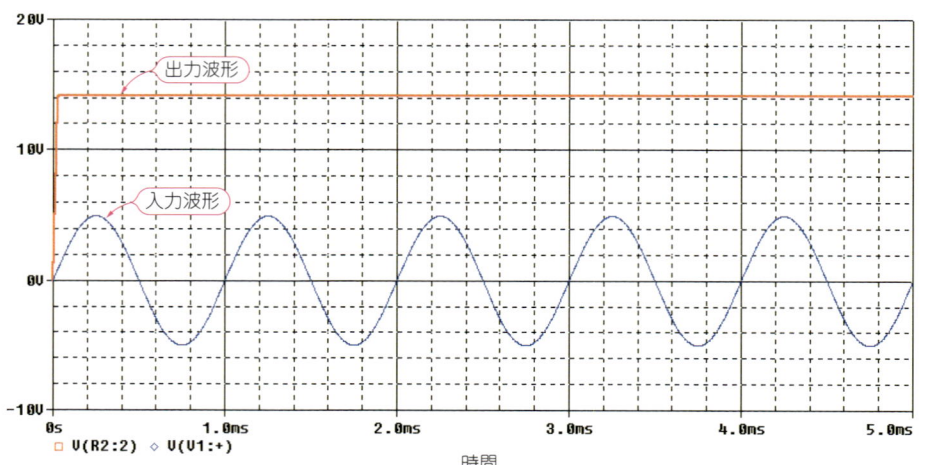

この解析結果が正しいかどうかは回路動作を理解していなければわからない

（b）シミュレーション結果

図1-3(a)に示すように，たとえ間違った回路でも与えられたままに計算し，図1-3(b)のような解析結果を表示します．解析結果を見て，それが正しい動作なのか，間違った動作なのかを判断するには，回路に対する正しい理解と知識が必要です．

SPICEはあくまでも道具にすぎません．皆さんが作った回路が正しく動くかどうかを判断してくれるわけではありません．

■ SPICEの部品は理想部品であり実際と異なる

シミュレーション結果を評価する際に重要なことは，「現実の回路には，回路図に描かれていない部品が存在する」ということです．

図1-4に簡単なCRフィルタを示します．抵抗やコンデンサ，インダクタンスなど，SPICEで使用する受動素子は，すべて理想的な特性をもった部品です．例えば，コンデンサのインピーダンスは，周波数が高くなればなるほど無限に小さくなります．図1-4のコンデンサの両端の電圧は，周波数が高くなればなるほど無限に小さくなります．しかし，図1-5に示すように，現実には無限にインピーダンスが小さくなるコンデンサは存在しません．

現実の部品には必ず誤差が存在します．それによって，回路の特性にばらつきが生じることも考えておかなければなりません．特にアナログ回路の場合には，シミュレーション結果が良好だったからといって，現実の回路がうまく動作するとは限らないということを念頭においてください．

このように，SPICEで得られた解析結果は「理想的な部品だったらこうなる」という結果が得られたに過ぎません．

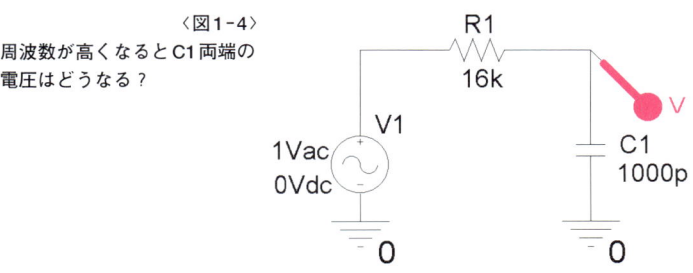

〈図1-4〉
周波数が高くなるとC1両端の電圧はどうなる？

〈図1-5〉SPICEではC1両端の電圧は一定傾斜で減衰し続ける．しかし実際は…

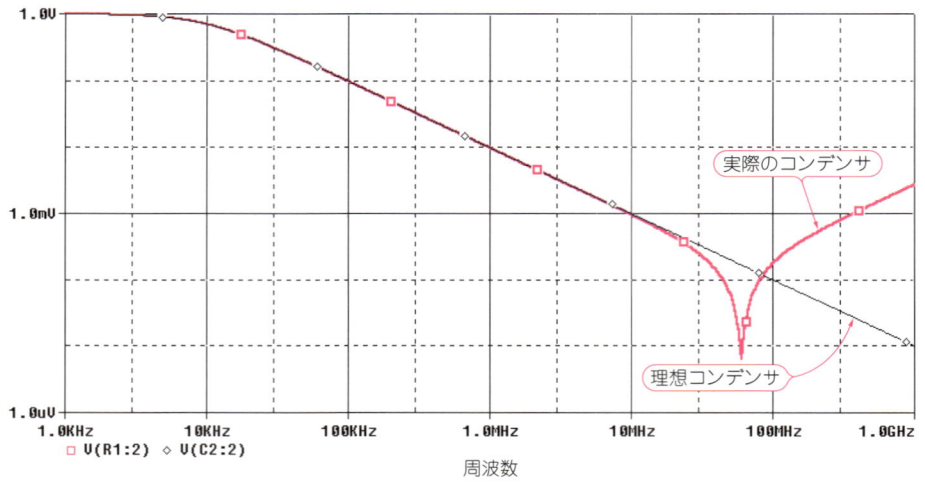

1.3 ── ○○とはさみは使いよう…SPICEを活用せよ！

■ 決め手はモデリングにあり！

　さて，ここまで読まれた方は「SPICEは，あまり使い物にならないのではないか」と思われたかもしれません．ですが，ちょっと待ってください．

　先にも書きましたが，SPICEは道具ですから，与えられた回路を機械的に計算してくれます．したがって，実際の回路と同じモデルを与えてやれば，実際の回路と同じ結果が得られるはずです．理想的な部品を使って，実際の回路と等価な回路をシミュレータ上に構成すれば，現実に合った結果が得られるというわけです．

● 実際のコンデンサをモデリングした例

　図1-6に示すのは，実際のコンデンサを簡潔に表した等価回路です．

　理想コンデンサCに，等価直列抵抗Rsと，リード線のインダクタンスLsを直列に接続しています．直列抵抗やインダクタンスの値は，コンデンサの性能や形状などによって異なりますが，データシートや実験から得られた値を入力すれば，実際のコンデンサをモデル化できます．

　このような等価回路を使うことによって，より現実に近いシミュレーション結果を得る

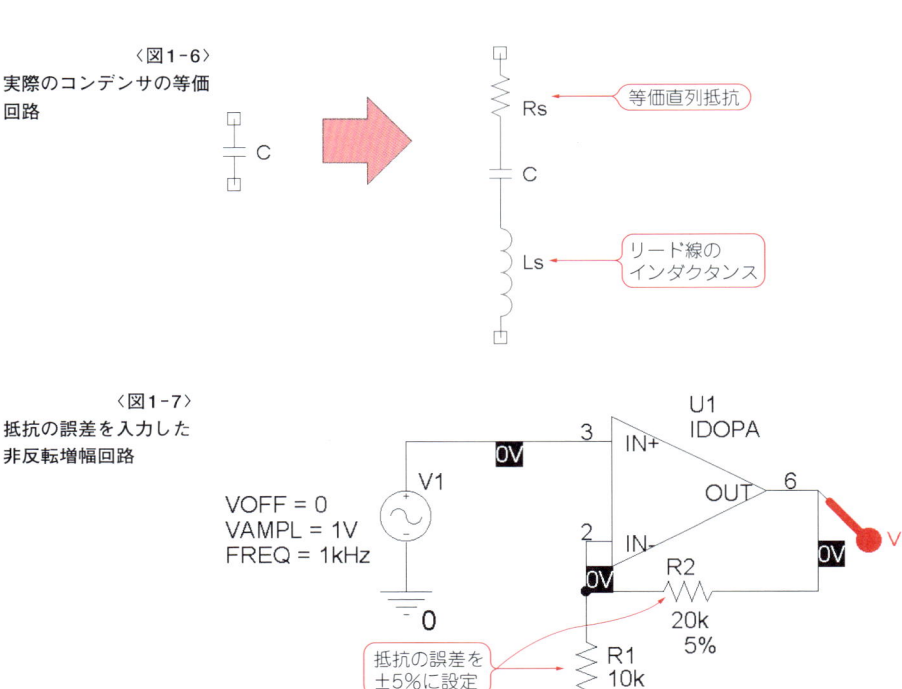

〈図1-6〉実際のコンデンサの等価回路

〈図1-7〉抵抗の誤差を入力した非反転増幅回路

ことができます．

● 素子のばらつきを設定できる

SPICEでは部品のばらつきによる影響もシミュレーションできます．これをモンテカルロ解析と呼びます．

図1-7は，非反転増幅回路の抵抗に誤差を設定したものです．図1-8のように，抵抗値の誤差による出力電圧のばらつきの度合いをシミュレーションできます．

■ 何でも現実に近づければ良いというものじゃない

実際の回路では，初期状態による動作の違いや，温度変化による特性の変化など，さまざまな変動要因があります．すべての要因を盛り込んだシミュレーションを行うことはあまり現実的ではありません．

〈図1-8〉図1-7の抵抗のばらつきが出力に与える影響を予測できる

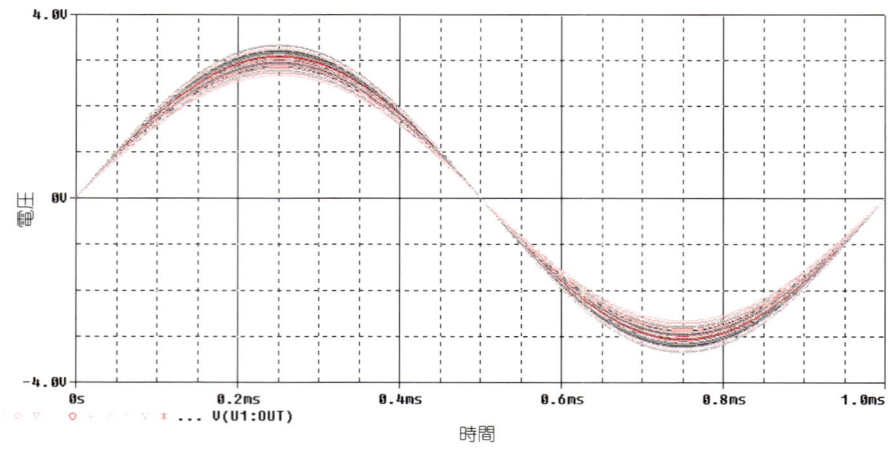

(a) 波形表示

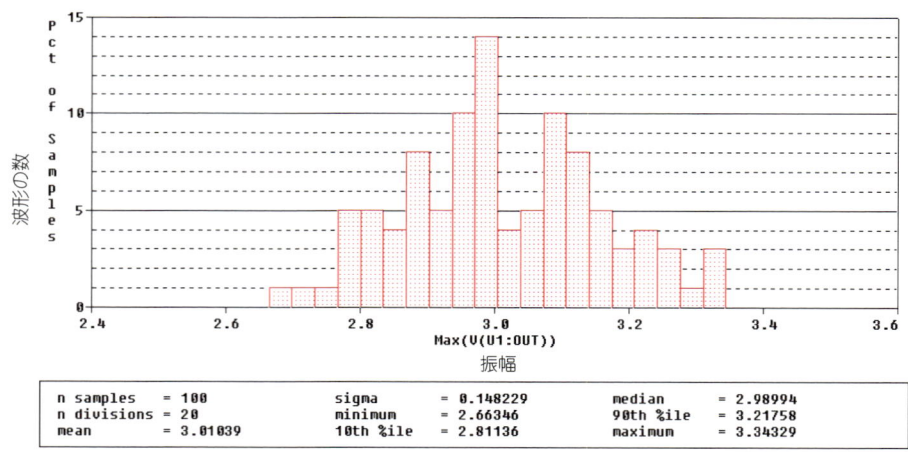

(b) ヒストグラム表示

● 簡単なモデルで十分実用になる

　図1-9を見てください．これは電圧制御電圧源と Rp1 と Cp1 による CR フィルタを組み合わせたOPアンプのモデルです．

　実際のOPアンプのゲインや位相には周波数特性があります．データシートから得られ

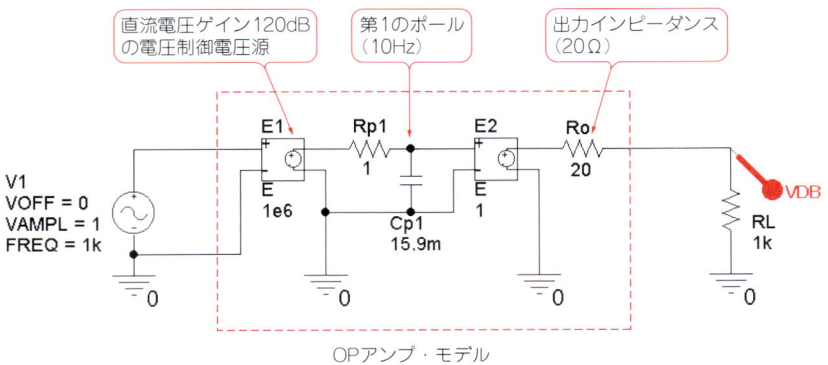

〈図1-9〉OPアンプ応用回路の周波数特性解析に十分使えるシンプルなモデル

出力ゲイン：120dB，ゲイン・バンド幅積：10MHz
出力インピーダンス：20Ω

るゲイン・バンド幅積（GBW）などの値から，**Rp1**と**Cp1**によるCRフィルタの定数を設定すれば，このような簡単なモデルでも実際のOPアンプと同じような周波数特性を解析できます．図1-10に一例を示します．

各半導体メーカからは，SPICEで使用可能なOPアンプなどのモデルが提供されていますが，これらは実際のOPアンプを忠実にモデリングしているため回路規模が大きく，シミュレーションに時間がかかります．特に，PSpiceなどの評価版のSPICEではノード数の制限があるため，これらのモデルはあまり実用的ではありません．

● 解析したい回路に合ったモデルを使う

OPアンプ回路の周波数特性を調べたい場合，図1-9のような簡易モデルでも十分シミュレーションに使えます．

大切なことは，解析したい回路図をそのまま入力するのではなく，何を解析したいのか，どういうポイントを見たいのかをきちんと把握することです．そして，それぞれ目的に合った適切なモデルを作ることが，SPICEを有効に活用するための鍵になります．初めは簡単なモデルから出発し，慣れてきたら徐々に素子数を増やしていくと良いでしょう．

● さいごに

今まで目にしたことのない回路や，見ただけでは動作がよくわからない回路などは，一

〈図1-10〉図1-9のOPアンプ・モデルのオープン・ループ・ゲインの周波数特性解析例

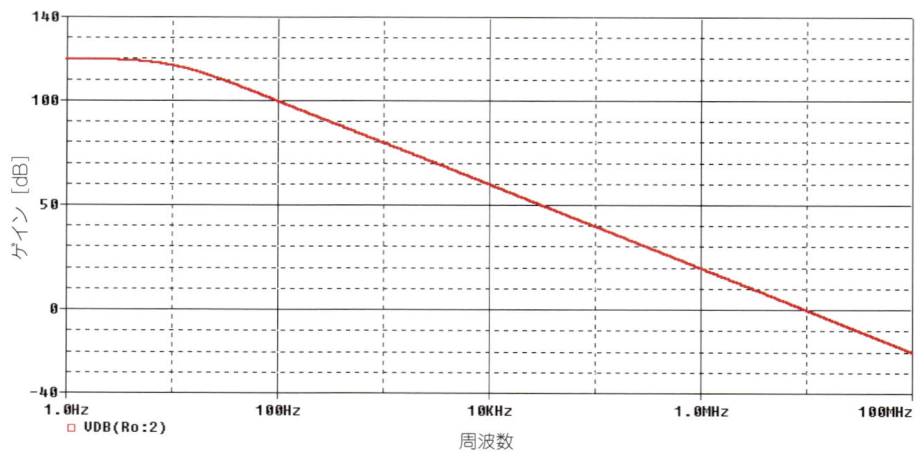

度実験してみることがなによりの勉強となります．こういった回路もSPICEでシミュレーションすれば，直流解析，交流解析，過渡解析など，回路の挙動をいろいろな角度から観察できます．実際に回路を組んで実験しなくても，体感的に回路の挙動を理解できます．

　SPICE上での失敗は恐れる必要がありません．部品を壊す心配も，感電の危険もないからです．思い付いた回路や日ごろ疑問に思っている回路など，どんどんシミュレーションしてみましょう．もちろん，最後は実際の部品を使って実験してみる必要がありますが，あらかじめSPICEでシミュレーションした結果をイメージしながら実験を進めることで，より理解を深めることができるでしょう．

電子回路シミュレータ PSpice 入門編

第1部
PSpiceのインストール&操作マニュアル

周波数特性解析や波形解析などの基本テクニックから
パラメトリック解析まで

電子回路シミュレータ PSpice 入門編

第2章
シミュレータをインストールする
～ツールの概要とセットアップの方法～

2.1 ── OrCAD Family Release 9.2 Lite Edition の制限事項

①回路の規模に関するもの

9.2LEは評価版ですから，解析できる回路規模に制限があります．あまり大きな回路はシミュレーションできません．

回路は64ノード以内，10トランジスタ，2個のOPアンプ，65のディジタル プリミティブまで使用可能です．4ペア以内の結合線路を含む，理想トランスミッション・ラインと非理想トランスミッション・ラインは10個までで制限されます．ノードとは，回路図上で同じ電位に接続されているネットのことで，ネットリスト（第4章コラム参照）上ではすべてのノードに名前が付けられます．この数が64を越える回路は解析できません．

これを越える回路図をシミュレーションした場合は，次のようなエラーが表示されます．

　　　ERROR -- EVALUATION VERSION analog Node Limit（64 Nodes）Exceeded!

OPアンプなどのICは，サブサーキット（Sub Circuit）と呼ばれるディスクリート回路をOPアンプのシンボルと関連付けて作られています．したがって，回路図上でノード数が制限以内であっても，シミュレーションできないことがあります．制限事項では使えるOPアンプの数は2個ですが，実際にはサブサーキットの規模によって異なります．

そのほか，回路規模が制限を越えると，次のようなエラーが表示されます．

▶トランジスタが10個を越えた場合

　　　ERROR -- Circuit Too Large!
　　　EVALUATION VERSION Limit Exceeded for "Q" Devices!

▶ディジタル・プリミティブが65個を越えた場合

　　　ERROR -- Circuit Too Large!

EVALUATION VERSION Limit Exceeded for "U" Devices!

② 部品モデルの生成と編集に関するもの

9.2LEにはPSpice Model Editorというアプリケーションが付属されています．

各パーツの特性からSpiceモデルを生成したり編集できます．ただし，9.2LEで扱えるのはダイオードだけです．

③ 信号源の作成や編集に関するもの

9.2LEにはPSpice Stimulus Editorというアプリケーションが付属されています．これを使うと，シミュレーションで使用する信号源の入力波形を作成したり編集できます．

Stimulus Editorは正弦波（アナログ）とクロック（ディジタル）だけ設定できます．製品版では，指数関数やパルスなどの生成と編集が可能です．

④ 解析表示機能に関するもの

PSpice ADがもつグラフ表示機能Probeは，9.2LEで生成されたデータしか表示しません．製品版で作成された解析データのグラフ表示はできません．

⑤ 定数の最適化機能に関するもの

9.2LEにはPSpice Optimizerというアプリケーションが付属されています．これは，回路の定数を変化させて最適な値が得られるまでシミュレーションを繰り返し，定数を最適化するものです．

評価版なので，設定できる目標値（ゴール）は一つだけです．変化させるパラメータと最適化の条件として設定できる制限（Constraint）も一つに限定されます．

⑥ Run/Pause機能に関するもの

9.2LEにはPSpice Simulation Managerというアプリケーションが付属されています．これは，複数のシミュレーションを制御する機能をもっています．しかし，9.2LEは評価版なので一度に一つのシミュレーションしか制御できません．複数のシミュレーションは扱えません．

製品版では同時に実行中の複数のシミュレーションをPauseさせ，そのうちの一つを選択してRun/Pauseさせることができます．

⑦シミュレーション用部品の数に関するもの

9.2LEには**eval.lib**という名前で，部品のライブラリが登録されています．

数えてみたところ，アナログ部品が39個，ディジタル部品が133個でした．付属のマニュアル（**C:¥Program Files¥OrcadLite¥Document¥Pspug.pdf**）には，「サンプルライブラリ」と示されています．

本書の付属CD‐ROMには『トランジスタ技術』誌のオリジナル・ライブラリ（**toragi.lib**）も付属されており，ここにアナログ部品が16個登録されています．部品の数はライブラリを追加すれば増えますから，制限事項というわけではありません．詳細は第9章を参照してください．

⑧そのほか

付属のマニュアル（**C:¥Program Files¥OrcadLite¥Document¥Pspug.pdf**）では，「Capture で作成し保存できるデザインは30パーツ以内です．」とありますが，実際には，60パーツまで保存できるようです．60パーツを越えるとエラーが表示されます．

2.2 ── インストール前の三つの注意事項

● ファイル・タイプの設定が更新される

9.2LEで使用するファイルの拡張子（***.cir**，***.dat**など）はすべてOrCAD用に更新されます．

● システム・ファイル**MSVCRT40.dll**をフロッピ・ディスクにコピーして保存すること

OSにWindows 95/98/98SEを使用している場合，インストーラは**C:¥WINDOWS¥SYSTEM**フォルダにあるシステム・ファイル**MSVCRT40.dll**を上書きします．

その結果，**MSVCRT40.dll**のバージョンが古くなってしまう可能性があります．したがって，必ずインストール前に**MSVCRT40.dll**をフロッピ・ディスクにコピーして，バックアップしておきます．

MSVCRT40.dllが上書きされると，インストール後にエラーが出ることがあります．

この場合はパソコンをMS‐DOSモードで立ち上げて，インストール前にフロッピ・ディスクに保存しておいた**MSVCRT40.dll**を書き戻す必要があります．これについては後述（42ページ）の「Windows 95/98/SEユーザへ…Windowsシステム・ファイルの修復に

ついて」を参照してください．

　Windows Me/NT4.0/XP/Vistaについては個々のアプリケーションごとに，`MSVCRT40.dll`を管理しているらしく，古い`MSVCRT40.dll`ファイルがインストールされたとしてもWindows 95/98/98SEのようなdllファイルの入れ替え作業の必要はないようです．

● Capture CISはインストールしないこと

　9.2LEには，Capture CIS（Component Information System）というソフトウェアが付属していますが，これはインストールしないでください．

　Capture CISは，回路図などに記載された各部品の属性情報などをデータベース管理するソフトウェアです．デザイン入力機能とパーツ情報管理が統合されています．Microsoft Accessなどのデータベース・ソフトウェアを使っている人は，日本語版のODBCがすでにインストールされています．

　Capture CISをインストールする場合は，インストーラが英語版ODBCを書き込もうとします．（英語版）ODBCドライバをインストールするかどうか尋ねてくるので［No］を選択してください．

　［Yes］を選択すると，インストーラは英語版ODBCを日本語版ODBCに上書きしてしまいます．上書きしてしまって日本語版ODBCが必要になった場合は，Microsoft社のホーム・ページから最新版をダウンロードしてください．

2.3 ── さっそくインストール

● インストール前の確認事項

では9.2LEのインストール方法について説明します．

▶ 準備するもの
　　・付属CD-ROM
　　・フォーマット済みのフロッピ・ディスク1枚（Windows 95/98/98SEの場合）

▶ インストール環境
　　・プロセッサ：Pentiumプロセッサ133 MHz以上
　　・メモリ：64 Mバイト以上
　　・ハード・ディスク空き容量：100 Mバイト以上
　　・OS：Windows 95/98/98SE/Me，Windows NT4.0/2000/XP/Vista/7

〈図2-1〉OrCAD Family Release 9.2 Lite Editionのインストール・プログラムの起動

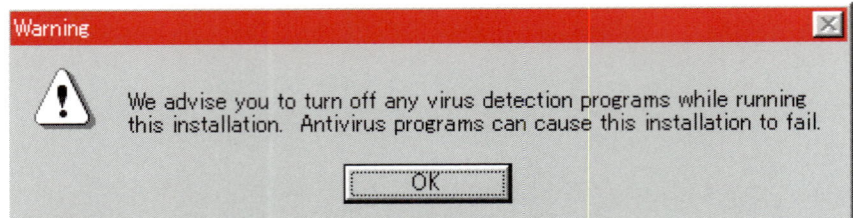

・フロッピ・ディスク・ドライブ(Windowsのシステム・エラーが出た場合の対処用)
▶ ウィルス検出ソフトをOFFにする

ウイルス検出ソフトウェアを使用している場合は，インストールの前に無効にしてください．インストール終了後に再び有効にしてください．

また，現在開いているすべてのプログラムを終了してください．

● インストール・プログラムの起動

付属CD-ROMをCD-ROMドライブに挿入します．**PSpice¥Orcad¥setup.exe**を選択してダブル・クリックします．9.2LEのインストール・プログラムが起動して，**図2-1**のメッセージが表示されます．

これは「インストール中，ウイルス検出ソフトウェアを無効にしてください」という表示です．AntiVirus などのウイルス検出ソフトウェアやほかのアプリケーションが起動していると，正常にインストールされないことがあります．

ウイルス検出ソフトウェアが起動している場合は検出を無効にし，すべてのアプリケーションを終了してから［OK］をクリックしてください．ウイルス検出ソフトウェアが動作しているようであれば，この次の画面に移ってから［Cancel］ボタンを押し，このインストール作業をいったん中止してください．

● Windows NT 4.0/2000/XP/Vista/7へのインストール

インストールするには，アドミニストレータの権限が必要になります(**図2-2**)．

Windows NT 4.0/2000/XP/Vista/7にインストールする場合は，Administratorユーザまたは管理者権限をもったユーザでログインしてください．すでに上記どちらかでログインしている場合には［はい(Y)］を選択してください．

〈図2-2〉Windows NT 4.0/2000/XP/Vista/7の場合，インストールにはアドミニストレータの権限が必要

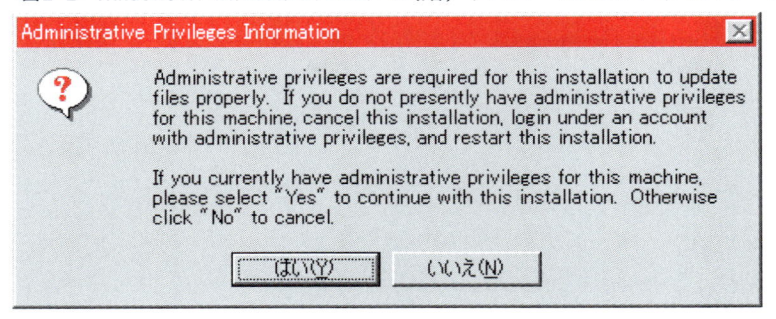

管理者権限のないほかのユーザでログインしている場合には［いいえ(N)］をクリックし，管理者権限をもったユーザでログインし直してください．

［はい(Y)］をクリックすると，インストールが続行されます．

● **Windows 95/98/Meへのインストール**

はじめに，DCOM95をインストールするかどうかの確認メッセージが表示される場合があります．これは，OrCAD製品を実行するために必要なMicrosoft社が提供するOLE関連のドライバです．

このダイアログが表示された場合には［はい(Y)］をクリックして，インストールを実行してください．インストール終了後，Windowsを再起動し，はじめからインストールを実行してください．

● **インストールする製品の選択…CaptureとPSpiceをチェックする**

図2-3に示すように，Welcome（セットアップ・プログラムへようこそ）のダイアログ・ボックスが現れるので，［Next>］をクリックしてください．すると図2-4に示す画面が出ます．

ここでは，インストール・モジュールを選択します．

PSpiceでシミュレーションを行うためにはCapture またはCapture CISと，PSpiceの組み合わせでインストールします．ここではCaptureとPSpiceの組み合わせでインストールします．

CaptureとPSpiceだけをチェックして，［Next>］をクリックしてください．

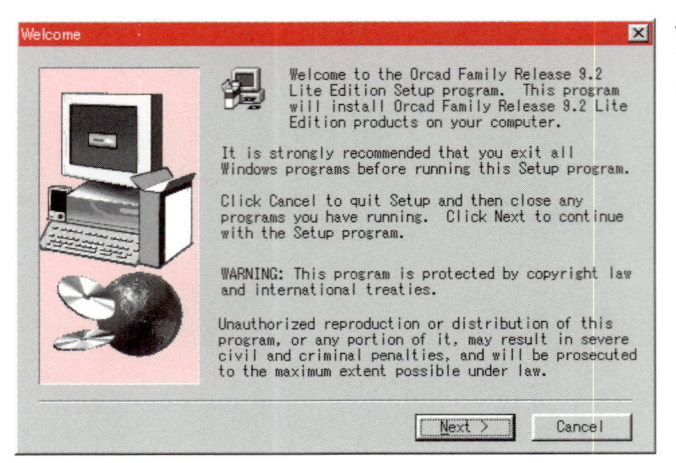

〈図2-3〉
セットアップ・プログラムへようこそ

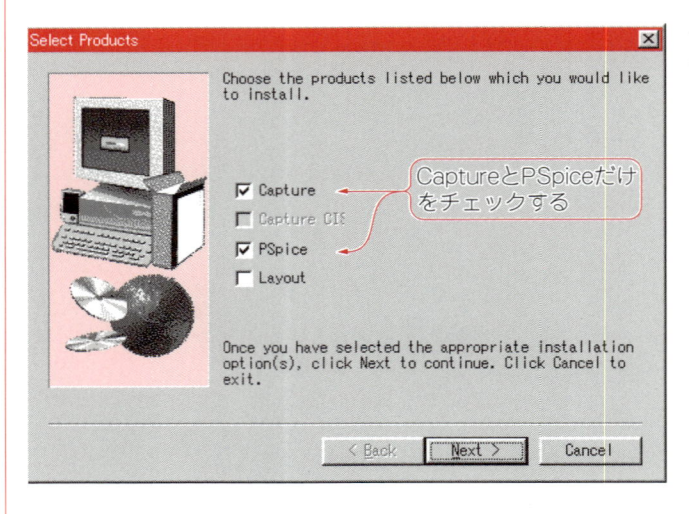

〈図2-4〉
CaptureとPSpiceだけをチェック

● Capture CIS はチェックしない！

はじめに述べたようにCapture CIS(Component Information System)は，回路図などに記載された各部品の属性情報などをデータベース管理することができるソフトウェアで，デザイン入力機能とパーツ情報管理が統合されています．

回路シミュレーションには不要なので，ここではインストールしません．

〈図2-5〉
インストール先ディレクトリ
を選択

● **Layoutもインストールしない！**

　Layoutは，プリント基板データを作成するソフトウェアです．

　回路シミュレーションには不要なので，インストールしません．いずれのソフトウェアも，機能限定版の無料ソフトウェアです．試してみたい方はインストールしてもかまいません．

　ただし，Capture CISのインストールについては，繰り返しますが次の注意が必要です．

　Capture CISは，ODBCを使用したデータ・コミュニケーションをサポートしています．本インストーラではこれに必要なODBCドライバを，すでにインストールされているODBCドライバが最新の場合にも上書きしてしまい，結果としてODBCによるデータ・アクセスがいっさいできない状況に陥る可能性があります．

　Microsoft Accessなどのデータベース・ソフトウェアを使っている人は，日本語版ODBCがすでにインストールされているので，Capture CIS をインストールする際は，ODBCをインストールしないように注意してください．

● **インストール先ディレクトリの選択**

　インストール先を指定します（**図2-5**）．通常は，そのまま［Next>］をクリックしてください．ディレクトリを変更したい場合は，［Browse］をクリックしてインストールしたいディレクトリを選択してください．

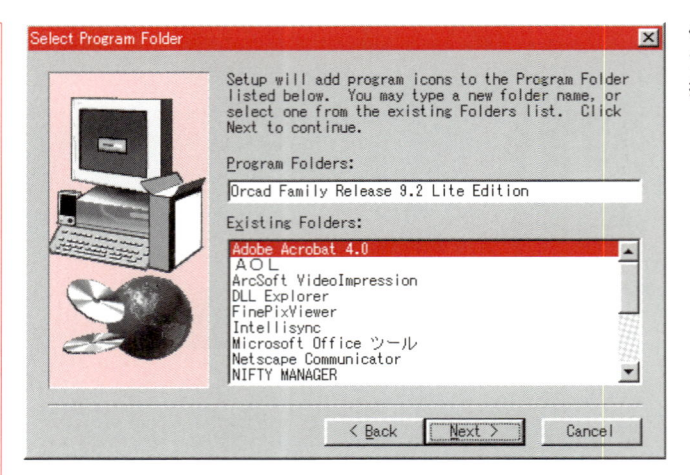

〈図2-6〉
プログラム・フォルダ名を指定

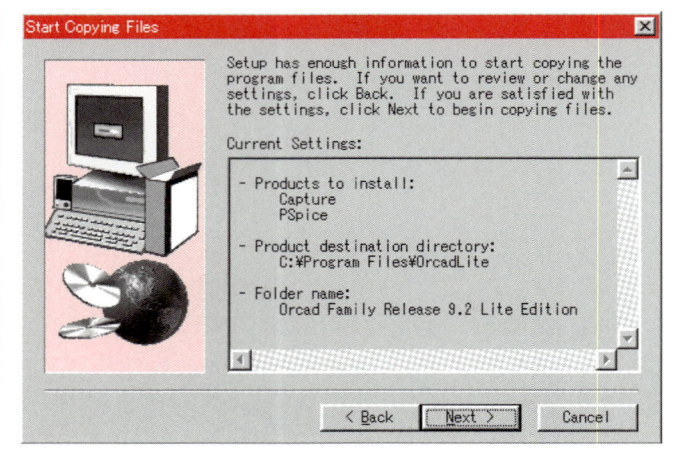

〈図2-7〉
インストール内容を確認

● プログラム・フォルダ名の指定

スタート・メニューに登録するフォルダの名称を設定します(**図2-6**). 通常はそのまま[Next>]をクリックしてください.

● インストール内容の確認

確認できたら,[Next>]をクリックしてください(**図2-7**). プログラムのインストールが始まります(**図2-8**).

〈図2-8〉
プログラムのインストールが始まる

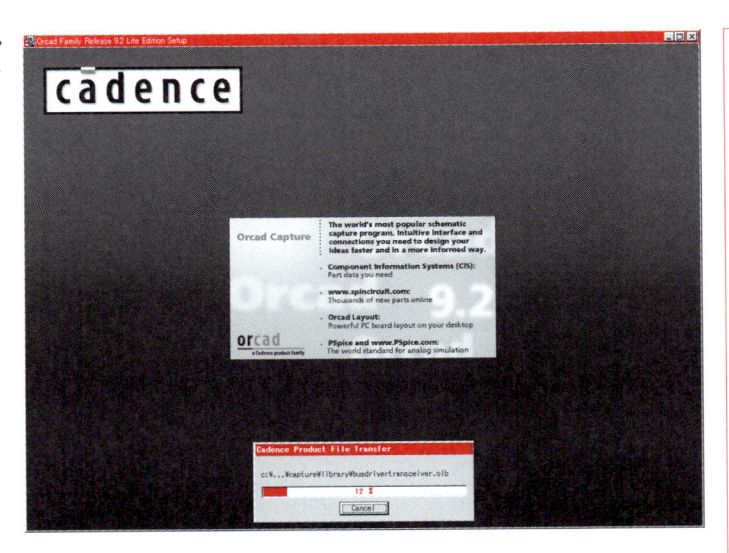

〈図2-9〉
Adobe Readerをインストールするかどうかの確認

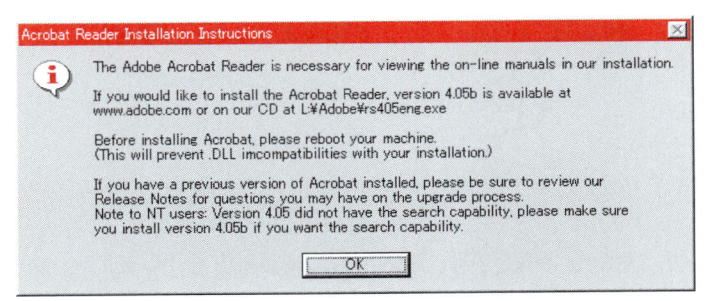

● Adobe Reader 9.3のインストール

9.2LEオンライン・マニュアルを参照するためには，Adobe Readerが必要です．インストール終了後，**図2-9**のようにAdobe Reader（4.05b以降）をインストールするかどうか確認してくるので，［OK］をクリックして先に進んでください．

Adobe Reader 9.3は，付属CD-ROMからインストールできます．

PSpiceとCaptureのインストールが終了した後，CD-ROMのトップ・ページにあるAdobe Reader 9.3（日本語版）のインストールの説明にしたがってください．Adobe Reader（4.05以降）がすでにインストールされている場合には，この作業は不要です．

2.3——さっそくインストール

〈図2-10〉
インストール終了

● インストール終了

　最後に Setup Complete ダイアログ・ボックス(図2-10)が表示されるので［Finish］ボタンをクリックしてください．

　ダイアログ・ボックス中の Launch the Internet browser to view the Release にチェックが入っていると［Finish］ボタンをクリックした後に，このバージョンのリリース・ノート(英文)が表示されます．これらの情報を表示させたくない場合は Launch the internet browser to view the Release のチェックを外してください．

2.4 ── 日本語ヘルプとチュートリアルのインストール

　日本語ヘルプとチュートリアルをインストールしておくと便利です．チュートリアルとは，回路図エディタ Capture の操作方法や機能を実際に操作しながら学習できるプログラムです．

　これをインストールすると，Capture の Help とチュートリアル，および PSpice の Help が日本語で表示されます．9.2LE は，メニューやヘルプなどが英語で表示されるので，日本語ヘルプをインストールしておくと便利でしょう．ただし，64ビット版 OS にはインストールできません．

〈図2-11〉
日本語ヘルプ&チュートリアルのセットアップ・プログラムの起動

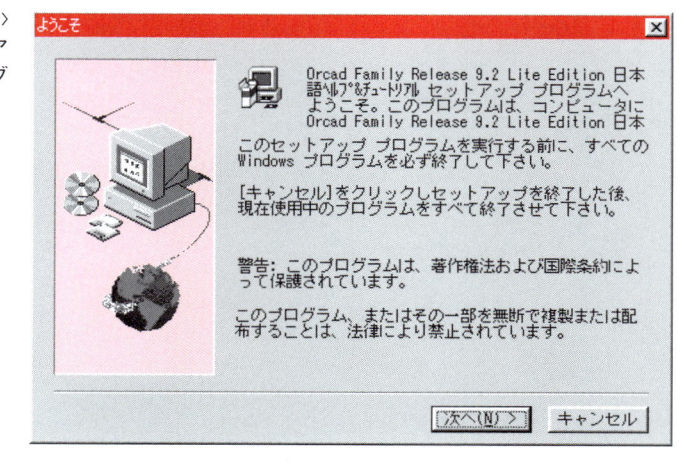

● インストール・プログラムの起動(図2-11)

付属CD-ROMの **PSpice¥Orcad¥Help_J** フォルダにある **setup.exe** を起動してください．［日本語ヘルプ&チュートリアル セットアップ］が起動します．［次へ(N)>］をクリックしてください．

● インストール・ドキュメントの選択

OrCAD Familiyルート・フォルダの設定ダイアログ・ボックス(図2-12)で，**Captureヘルプ+チュートリアル**と**PSpiceヘルプ**のチェック・ボックスにチェックを入れます．

インストール先ディレクトリを変更したい場合は，［参照(R)］をクリックしてディレクトリを指定します．通常は，そのまま［次へ(N)>］をクリックしてください．

● ファイル・コピーの開始とインストールの終了

インストール内容(図2-13)が表示されるので，確認できたら［次へ(N)>］をクリックしてください．インストールが開始されます．

最後にセットアップの完了ダイアログ・ボックス(図2-14)が表示されるので［完了］ボタンを押してください．

Capture のチュートリアルを見るためには，Captureの画面から［Help］-［Learning Capture］を選択してください．

2.4── 日本語ヘルプとチュートリアルのインストール

〈図2-12〉Captureヘルプ＋チュートリアル，PSpiceヘルプのチェック・ボックスをチェック

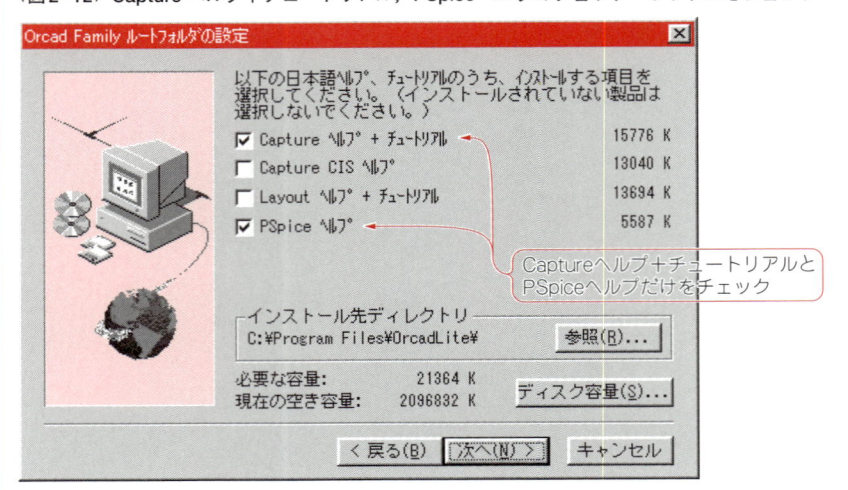

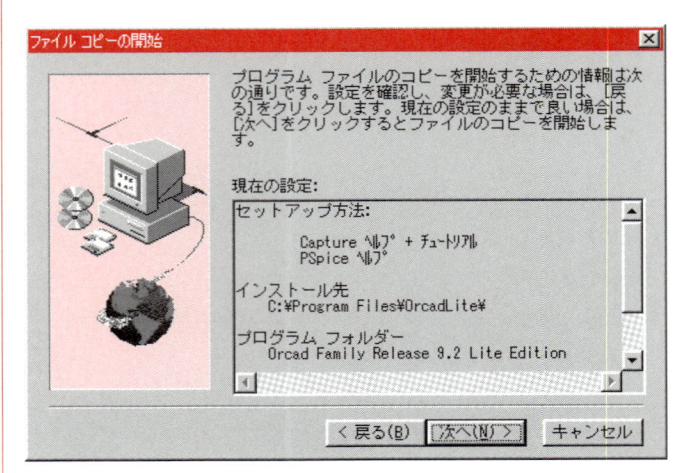

〈図2-13〉インストール内容が表示される

2.5 ── Windows 95/98/98SEユーザへ
…Windowsシステム・ファイルの修復について

　Windows 95/98/98SEを使用している場合，プログラムのインストールによって，Windowsのシステム・ファイル(**dll**ファイル)が上書きされ，インストール後にエラーが出ることがあります．このような場合は，システム・ファイルをフロッピ・ディスクに

〈図2-14〉
日本語ヘルプ&チュートリアルのインストール終了

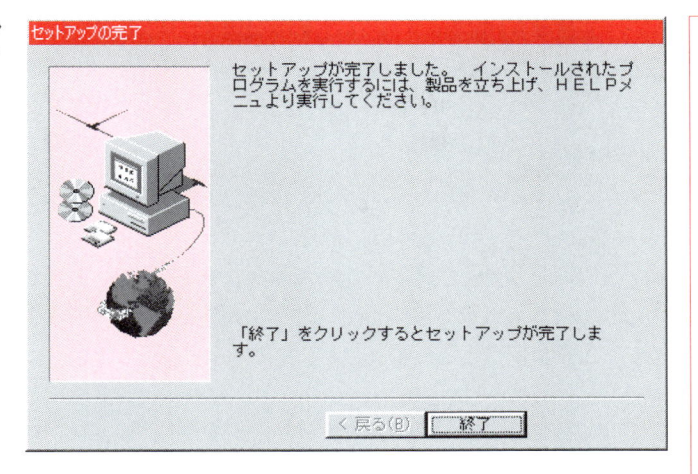

〈図2-15〉
Windows起動直後に出るシステム・ファイル・エラーの表示画面

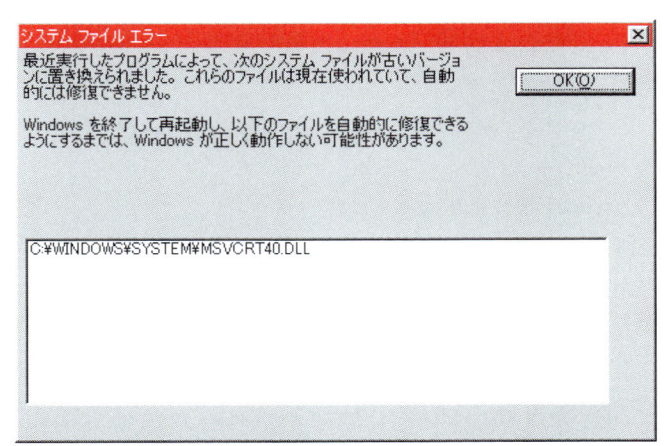

バックアップし，MS-DOSモードで修復する必要があります．

● インストール後にエラーが発生したら

　パソコンを再起動したとき，Windows起動直後に図2-15に示すようなシステム・ファイル・エラーの表示画面が出ることがあります．これは，現在使用中の**MSVCRT40.dll**というシステム・ファイルが，インストール後に古いバージョンのものに置き換わってしまったことを示すエラー・メッセージです．

とりあえず［OK］ボタンを押して先に進み，Windowsを起動してください．この表示は2回出ることがあります．

なお，Windows Me/NT 4.0/2000/XP/Vista/7については個々のアプリケーションごとに**MSVCRT40．dll**を管理しているらしく，古い**MSVCRT40.dll**ファイルがインストールされたとしてもWindows 98のような**dll**ファイルの書き戻し作業は必要ないようです．

● **インストール前に，必ずMSVCRT40.dllをフロッピ・ディスクにコピーする**

MSVCRT40.dllは，Windowsそのものが使用するファイルですから，Windowsが動作している環境下ではこのファイルを操作できません．そこで，一度OSをMS-DOSモードにしてから修復します．

MSVCRT40.dllファイルは，下記に保存されています．

▶ Windows 95/98/98SE/Meの場合

　　C:¥WINDOWS¥SYSTEMフォルダ内

▶ Windows NT 4.0/2000の場合

　　C:¥WINNT¥SYSTEM 32フォルダ内

▶ Windows XP/Vista/7の場合

　　C:¥WINDOWS¥SYSTEM 32フォルダ内

Windowsが起動したら，エクスプローラなどを使ってこのファイルを空のフロッピ・ディスクにコピーします．フロッピ・ディスクに**MSVCRT40.dll**がコピーされたことを確認して，次の手順に移ってください．

MOやCD-RなどはMS-DOSモードで使用できない可能性があるので，フロッピ・ディスクに保存してください．

● **MS-DOSモードで起動する**

デスクトップから［スタート］-［Windowsの終了］を選択します．

Windowsの終了画面(**図2-16**)から，**MS-DOSモードで再起動する**を選択してください．

Windowsがいったん終了し，再起動時にはスクリーンが黒色のMS-DOSモードになります．

〈図2-16〉
MS-DOSモードで起動して
`MSVCRT40.dll`を書き戻す

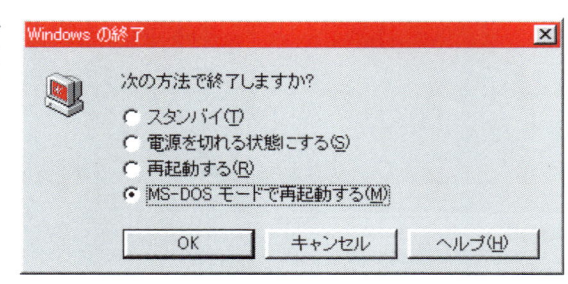

● `MSVCRT40.dll`を書き戻す

ここで，先ほどコピーを行ったフロッピ・ディスクを挿入してください．画面上に，

`C:¥windows >_`

と表示されるので，この後にすべて半角で次のようにタイプしてください．

`C:¥windows >copy a:¥msvcrt40.dll c:¥windows¥system`

続いてEnterキーを押してください．

「C:¥windows¥systemを上書きしますか(Yes/No/All)?」と尋ねてきますので，**Y**とタイプしてEnterキーを押してください．

先ほどフロッピ・ディスクに保存しておいた`MSVCRT40.dll`が，WindowsのSystemフォルダ内にコピーされます．

コピー終了後，パソコン内のフロッピ・ディスクを取り出し，**exit**とタイプしてEnterキーを押してください．再び，Windowsが起動します．

以上でこのファイルの修復作業は終了です．

第3章
シミュレーション回路を描く
~ PSpiceの起動と基本操作~

3.1 ── インストールが終了したら…

● メニューの内容

インストールが終了すると,スタート・メニューのプログラムの中に**OrCAD Family Release 9.2 Lite Edition**というアプリケーションが追加されています.

このアプリケーションは次の九つのツールで構成されています.

▶ Capture Lite Edition

本書では,Captureと略しています.回路図エディタです.回路図を入力し,シミュレーションするプログラムです.

▶ Online Manuals

PDF形式のマニュアルです.

▶ PSpice AD Lite Edition

計算エンジンと波形表示プログラムです.CaptureシミュレーションBATCHを開始すると自動的に起動します.Probeと呼ばれる波形アナライザを内蔵しており,シミュレーション結果を波形やボード線図などで表示します.

▶ PSpice Model Editor

PSpiceで使用するモデルを編集するプログラムです.ダイオードだけ編集可能です.

▶ PSpice Optimizer

回路定数を最適化するプログラムです.回路の定数を変化させて最適な動作が得られるまでシミュレーションを繰り返して,定数を最適化します.

▶ PSpice Simulation Manager

複数のシミュレーションを制御するプログラムです.Captureなどから新しいシミュレ

ーションを実行するたびに起動します．評価版なので，一度に一つのシミュレーションしか制御できません．

▶ **PSpice Stimulus Editor**

信号源の波形を編集するためのプログラムです．評価版ではアナログは正弦波，ディジタルはクロックだけ設定できます．

▶ **Release Notes**

9.2LEのリリース情報ファイルです．

▶ **Uninstall OrCAD Family Release 9.2 Lite Edition**

9.2LEのアンインストーラです．9.2LEを削除するときに使います．

3.2 —— プロジェクトの開始

● シミュレータを起動する

では，さっそく9.2LEを起動しましょう．

AC解析（第4章参照）を行いながら基本的な操作方法を順を追って説明します．はじめは説明どおり操作してみてください．シミュレーションが一つできるようになります．

スタートメニューから，［プログラム］-［OrCAD Family Release 9.2 Lite Edition］-［Capture Lite Edition］をクリックします（**図3-1**）．

すると，はじめに**図3-2**のウィンドウが開きます．

〈図3-1〉OrCAD Family Release 9.2 Lite Editionの起動

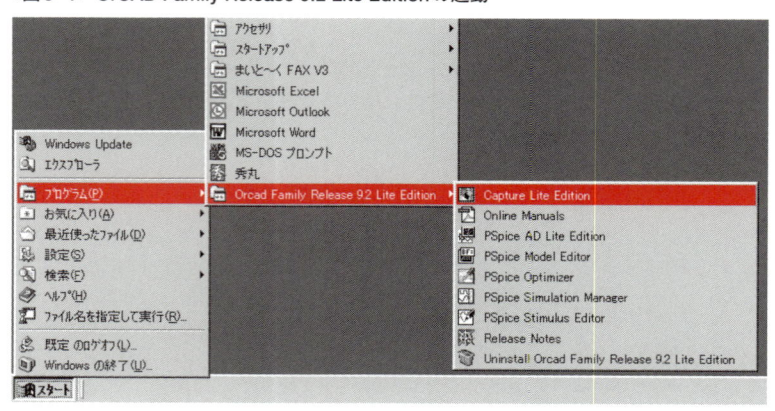

このSession Logウィンドウには，ネットリスト更新（第4章コラム参照）などの，CaptureのToolsメニューの各ユーティリティの結果とメッセージが記録されます．

CaptureがSession Logウィンドウにエラーや警告をレポートした場合，メッセージ上にカーソルを移動しF1キーを押すと，そのメッセージに関するヘルプを表示できます．

● プロジェクトを作成する

まずプロジェクトを作成します．プロジェクトとは，これから作業を行う回路図入力，計算，波形観測で関連するファイルやそれらの関係を一括管理するファイルです．それぞれのプロジェクトには名前を付ける必要があります．

メニューから，［File］-［New］-［Project］をクリックします（図3-3）．

すると，図3-4のNew Projectダイアログが表示されます．このダイアログ・ボックスのNameのところに，プロジェクト名を指定します．ここでは例題としてRCフィルタを

〈図3-2〉
Session Logウィンドウ

Captureの起動画面
（Session Logウィンドウ）

〈図3-3〉
新規プロジェクトの作成

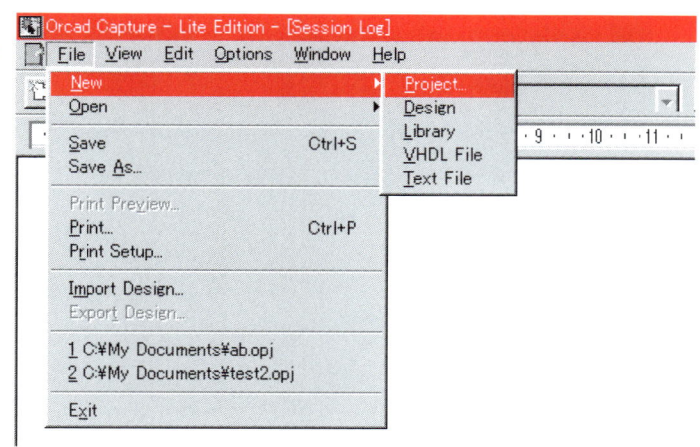

3.2──プロジェクトの開始　49

〈図3-4〉Name欄にプロジェクト名を指定

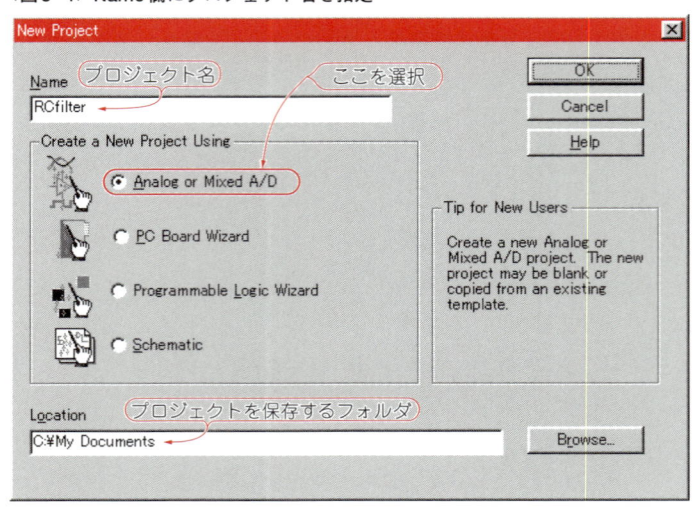

〈図3-5〉Create a brank projectをチェック

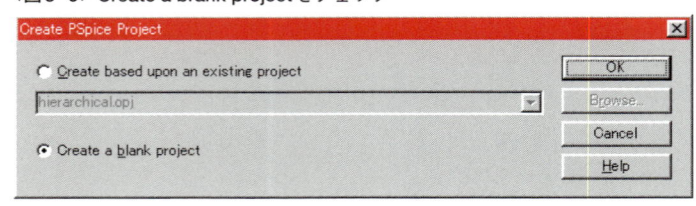

作成するので，**RCfilter**と入力します．

フォルダ名やファイル名に，日本語を使うことはできません．

Create a New Project Usingの欄から**Analog or Mixed-A/D**のボタンを選択して，PSpiceを使うことを宣言します．その下の**Location**には，プロジェクトを保存するフォルダを指定します．

すべての入力が終了したら，［OK］をクリックしてください．すると，次に**Create PSpice Project**というダイアログ・ボックスが表示されます．新規のプロジェクトを作成するので，［Create a brank project］のボタンを選択して［OK］をクリックします（**図3-5**）．**Create PSpice Project**の詳細については［Help］を参照してください．

図3-6のような回路図ウィンドウ（**SCHEMATIC1：PAGE1**）が開きます．

〈図3-6〉回路図ウィンドウ（SCHEMATIC1：PAGE1）が開く

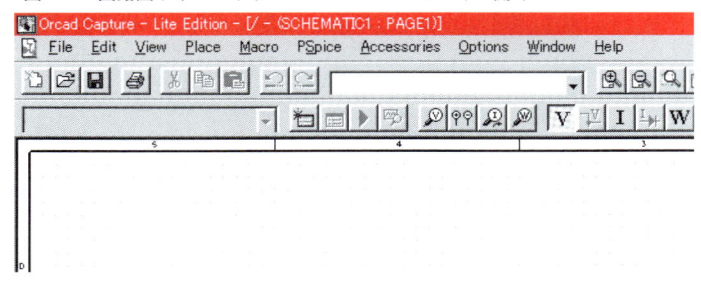

〈図3-7〉［Design Resources］-［.¥rcfilter .dsn］-［SCHEMATIC1］-［PAGE1］をダブル・クリックして回路図を開く

ここをダブル・クリックすると回路図ウィンドウが開く

　回路図ウィンドウが開かないときは，図3-7の［Design Resources］-［.¥rcfilter.dsn］-［SCHEMATIC1］-［PAGE1］をダブル・クリックすると回路図が開きます．

3.3 —— RCフィルタの回路図作成

● 回路図縮尺の変更

　では簡単なRCフィルタを作成し，振幅と位相の周波数特性を解析してみましょう．図3-8に例題のRCフィルタ回路を示します．

　回路図ウィンドウが開いたとき，回路図の縮尺は100％になっています．この縮尺は，部品を配置するには小さすぎるので，回路図の縮尺を400％に拡大しましょう．

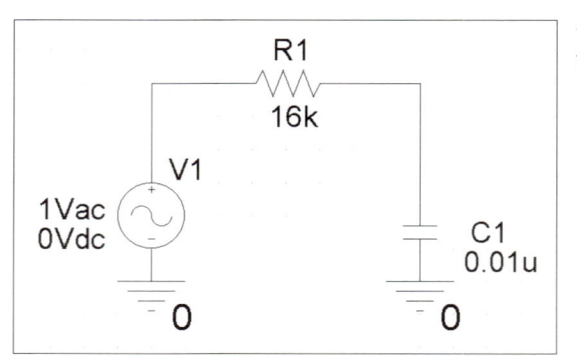

〈図3-8〉
例題のRCフィルタ回路

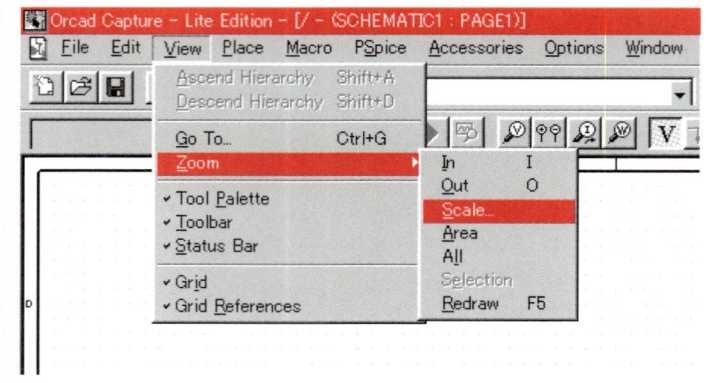

〈図3-9〉
回路図縮尺の変更

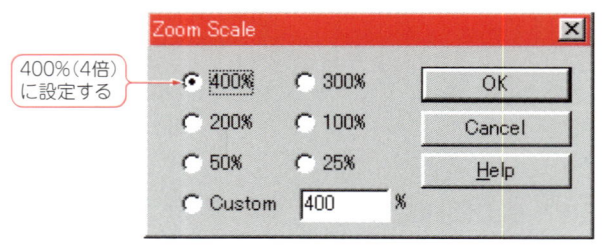

〈図3-10〉
縮尺を400％に拡大

400%(4倍)に設定する

メニューから，[View]-[Zoom]-[Scale]をクリックします(**図3-9**)．
[400 %]のボタンを選択し，[OK]をクリックします(**図3-10**)．

● パーツの呼び出しと配置そしてライブラリの追加

メニューから，[Place]-[Part]をクリックします(**図3-11**)．

〈図3-11〉
パーツの呼び出し

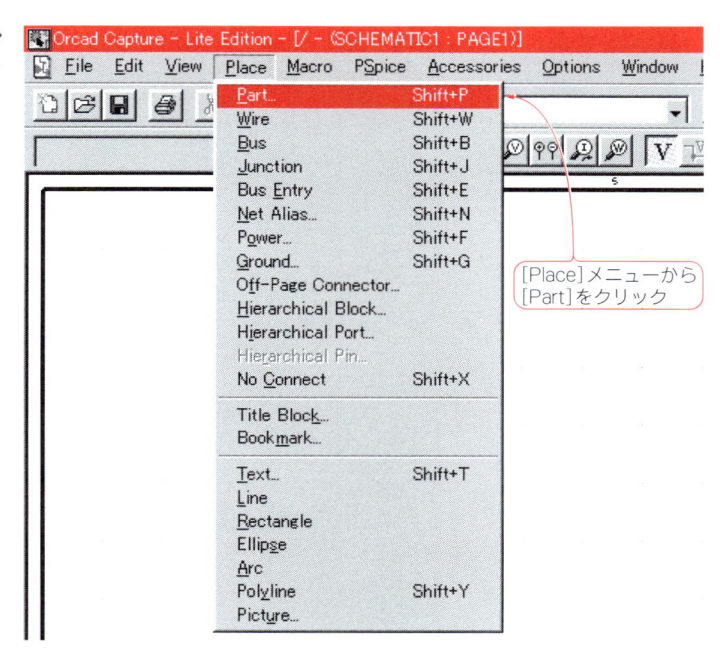

[Place]メニューから
[Part]をクリック

すると **Place Part** ダイアログが表示されます（図3-12）．

ここで，回路図に使用するライブラリを追加します．［Add Library］をクリックします（図3-13）．すると，**Browse File** ダイアログ・ボックスが表示されます．

通常は，**C:¥Program Files¥OrcadLite¥Capture¥Library¥PSpice** フォルダ配下が表示されています．表示されていない場合は，**ファイルの場所**で上記フォルダに移動してください．

例題の *RC* フィルタ回路では，抵抗 **R**，コンデンサ **C** が含まれている **analog.olb** と，電圧源が含まれている **source.olb** の二つが必要となるので，Ctrl キーを押しながら，**analog.olb** と **source.olb** の二つのファイルを選択します（図3-14）．

二つのファイルを選択したまま［開く(O)］ボタンをクリックすると，選択したライブラリが **Libraries** の欄に追加され，ライブラリに含まれる素子が回路図エディタで入力可能になります（図3-15）．追加されたライブラリが青く選択されていると，そのライブラリに含まれるパーツが **Part List** の欄に表示されます．ここから必要なパーツを呼び出し，回路図に配置していきましょう．

〈図3-12〉Place Partダイアログ

選択されたライブラリに含まれる
パーツ(部品)のリスト欄

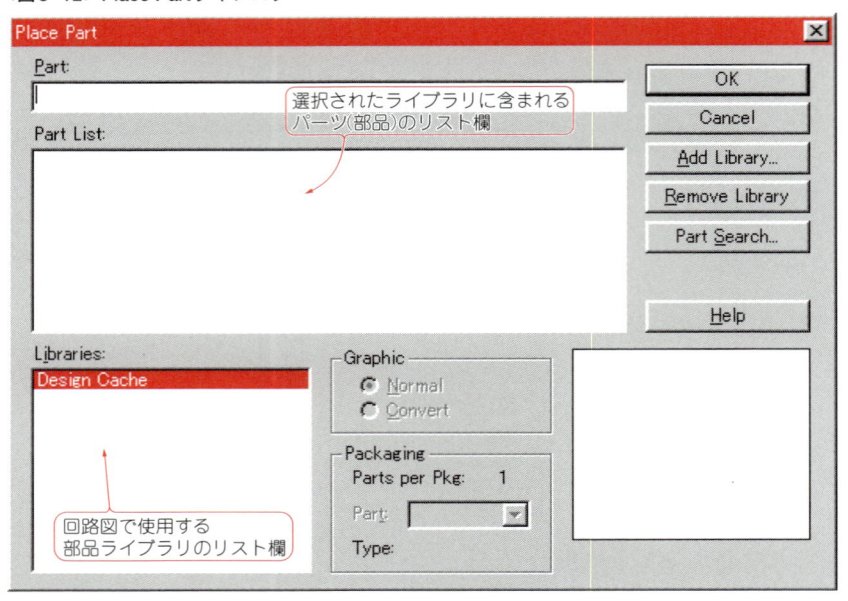

回路図で使用する
部品ライブラリのリスト欄

〈図3-13〉回路図に使用するライブラリを追加する

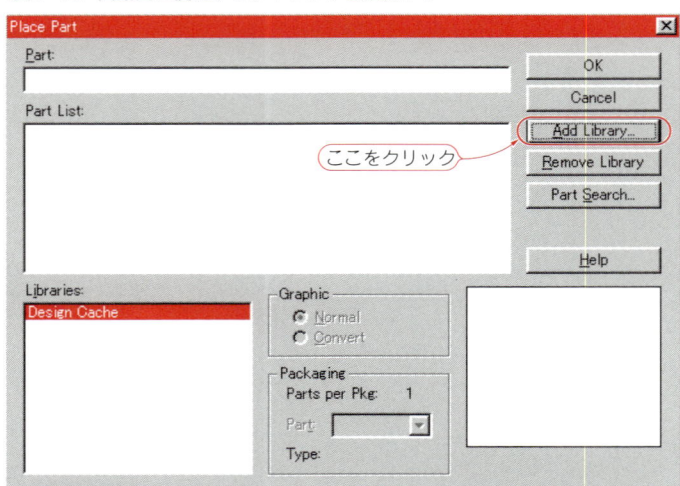

ここをクリック

第3章── シミュレーション回路を描く

〈図3-14〉
Ctrlキーを押しながらanalog.olbとsource.olbを選択

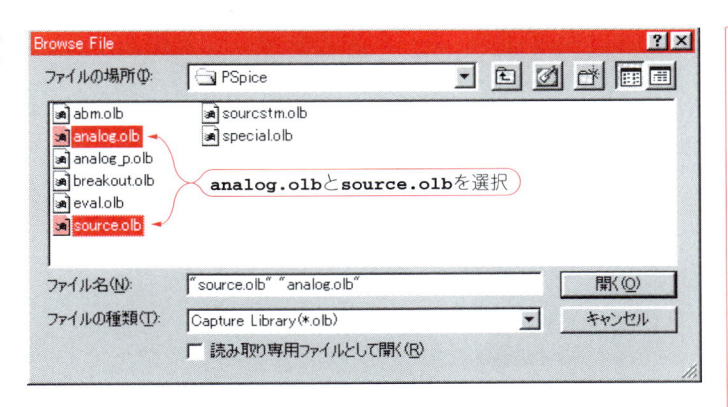

〈図3-15〉図3-14で選択したライブラリがLibrariesの欄に追加される

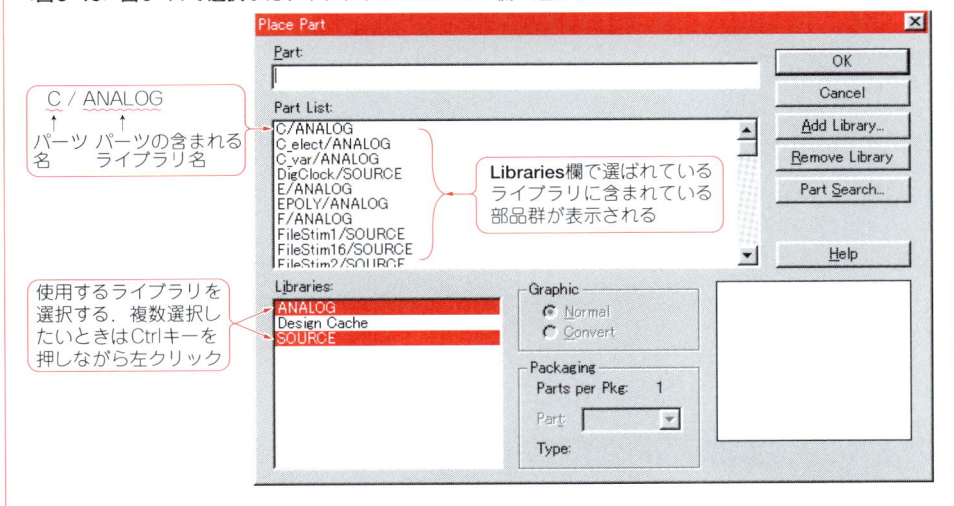

C / ANALOG
↑　　↑
パーツ　パーツの含まれる
名　　　ライブラリ名

Libraries欄で選ばれているライブラリに含まれている部品群が表示される

使用するライブラリを選択する．複数選択したいときはCtrlキーを押しながら左クリック

● 抵抗(R)の呼び出し

　まず，抵抗(R)を呼び出してみましょう．左上のPartテキスト・ボックスに抵抗のシンボル名Rを入力すると，その下のリストにR/ANALOGというシンボル名が表示されます（図3-16）．これがアナログ回路で利用する抵抗で，**analog.olb** に含まれています．右下にそのシンボル形状が表示されます．

　［OK］ボタンをクリックすると，このパーツが回路図ページ上に呼び出されます（図3-17）．マウスで画面中央に移動し，左ボタンをクリックしてください．図3-18の

3.3—— *RC*フィルタの回路図作成　55

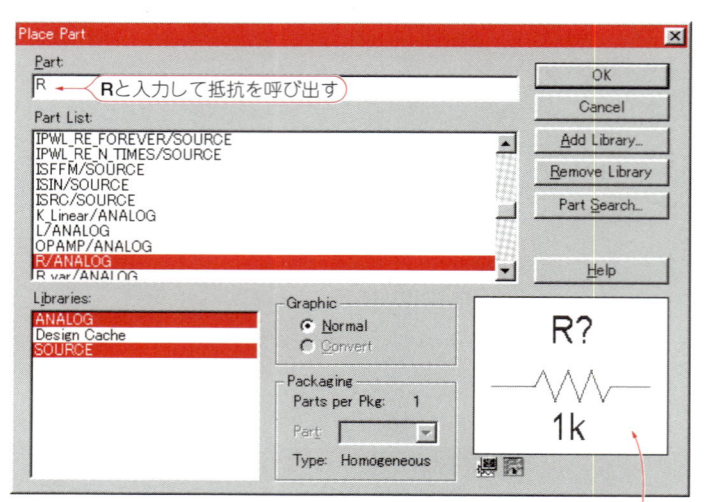

〈図3-16〉
Part欄にRと入力すると
R/ANALOGが表示される

Rと入力して抵抗を呼び出す

シンボル形状が表示される

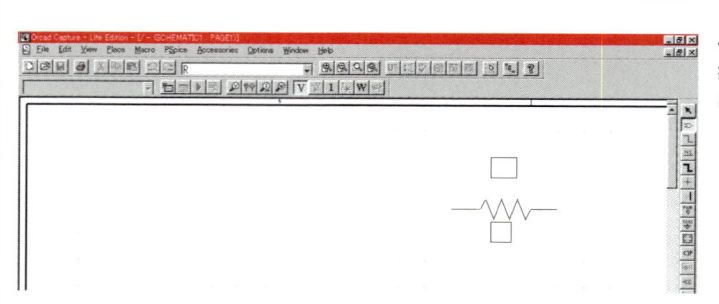

〈図3-17〉
抵抗Rが回路図上に呼び出されたところ

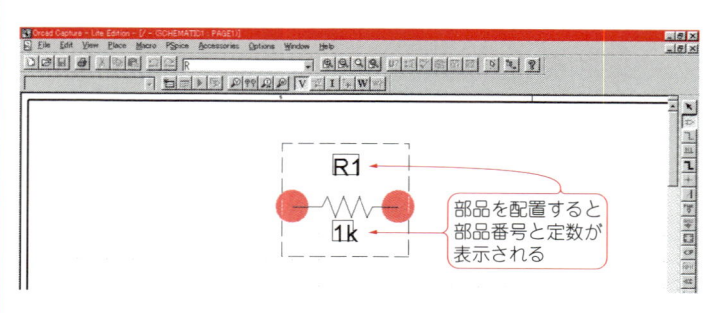

〈図3-18〉
Rをマウスで画面中央に移動して左ボタンをクリック

部品を配置すると部品番号と定数が表示される

ように抵抗のシンボルが一つ固定されます．このとき，シンボルの色とそれを囲む枠色はマジェンタ(赤紫色)になっています．

この段階では，まだカーソルに抵抗の形状が残ったままで，抵抗を配置するモードにな

56 第3章——シミュレーション回路を描く

〈図3-19〉Rの配置モードの終了

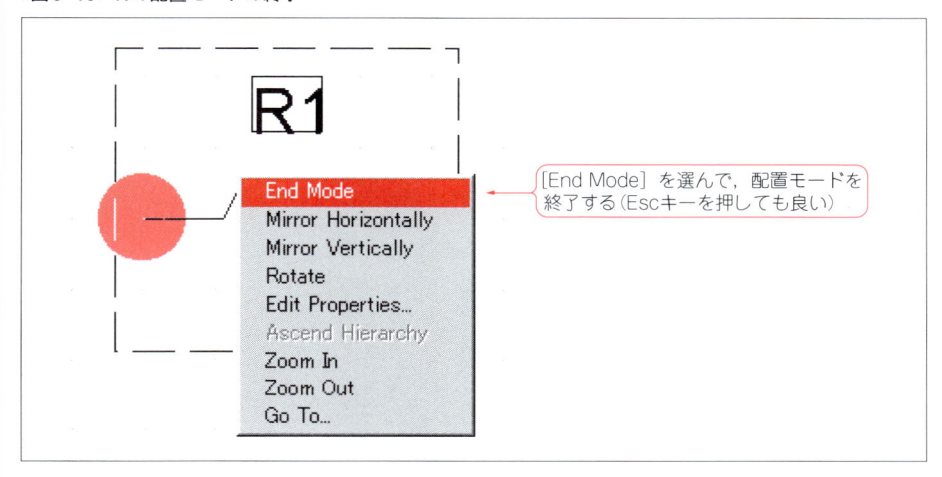

[End Mode]を選んで，配置モードを終了する(Escキーを押しても良い)

っています．これ以上抵抗は必要ないので，パーツの配置モードを終了します．Escキーを押すか，マウスの右ボタンをクリックすると表示されるポップアップ・メニューから，[End Mode]をクリックします(図3-19)．

● コンデンサ(C)の呼び出し

次にコンデンサ(C)を呼び出します．

先ほどと同様にメニューから，[Place]-[Part]をクリックします．左上の[Part]テキスト・ボックスにコンデンサのシンボル名Cを入力すると，その下のリストに**C/ANALOG**というシンボル名が表示されます(図3-20)．

右下にはコンデンサのシンボル形状が表示されるので，これを確認したら[OK]をクリックしてください．

コンデンサの向きが横向きになっているので，縦向きに変更してみましょう．マウスの右ボタンをクリックして表示されるポップアップ・メニューから，**Rotate**を選択(図3-21)するとコンデンサのシンボルが縦向きに変わります．

マウスで抵抗の右下に移動して左ボタンをクリックすると，コンデンサのシンボルが一つ固定されます．抵抗と同様，コンデンサは一つしか使用しないので，Escキーを押すか，マウスの右ボタンをクリックすると表示されるポップアップ・メニューから**End Mode**をクリックして，パーツの配置モードを終了します(図3-22)．

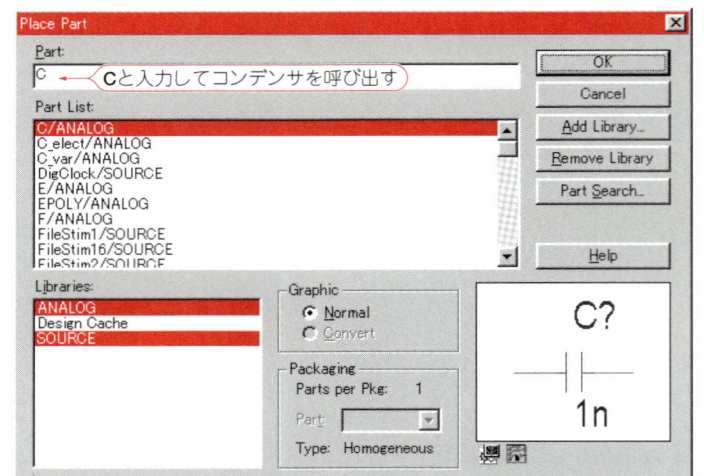

〈図3-20〉
Part欄にCと入力するとC/ANALOGが表示される

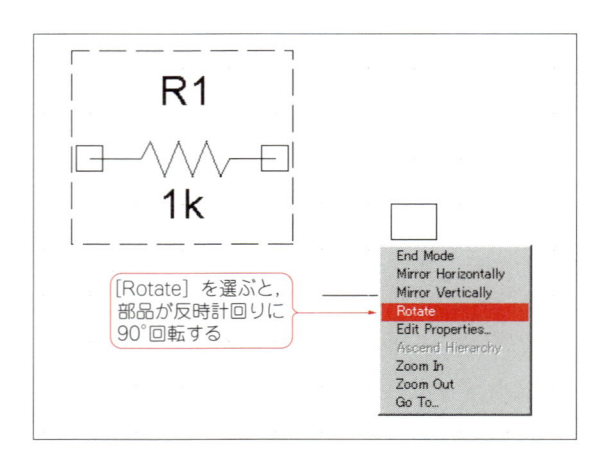

(Cと入力してコンデンサを呼び出す)

〈図3-21〉
コンデンサのシンボルを縦向きにする

[Rotate] を選ぶと，部品が反時計回りに90°回転する

● 電圧源の呼び出し

次に，電圧源を呼び出します．

メニューから [Place] - [Part] をクリックします．左上の**Part**テキスト・ボックスに**V**と入力すると，その下のリストに**VAC/SOURCE**というシンボル名が表示されます(**図3-23**)．右下のシンボル形状を確認し [OK] をクリックしてください．

電圧源をマウスで抵抗の左下に移動し，左ボタンをクリックすると電圧源のシンボルが一つ固定されます．電圧源も一つしか使用しないので，配置後，パーツの配置モードを終

〈図3-22〉
Cの配置モードを終了

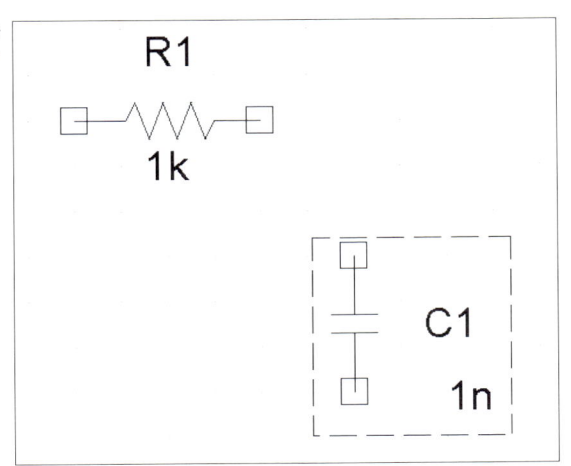

〈図3-23〉
Part欄にVと入力するとVAC/SOURCEが表示される

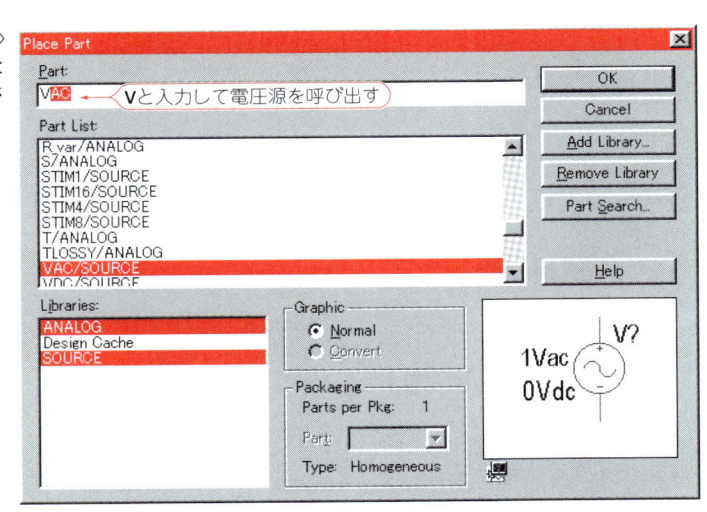

Vと入力して電圧源を呼び出す

了します(図3-24).

● グラウンドの配置

次にグラウンドを配置します．グラウンド・シンボルの呼び出し方法は，これまでのものと異なります．

メニューから，[Place] - [Ground] をクリックします(図3-25)．すると，図3-26に

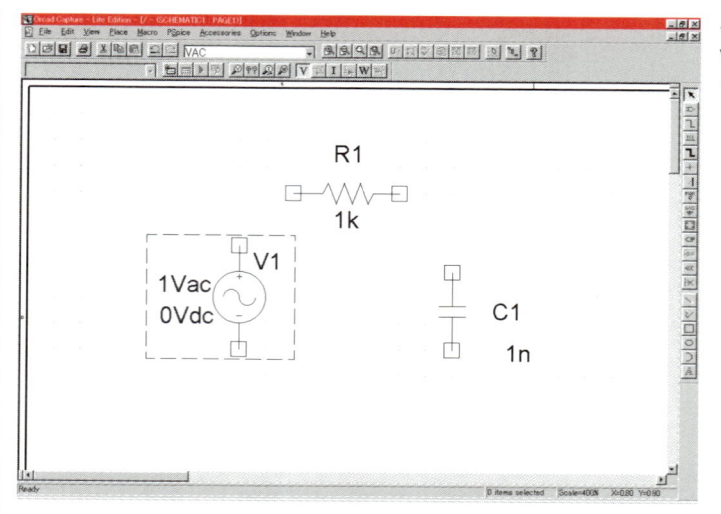

〈図3-24〉
VAC/ SOURCEの配置モードを終了

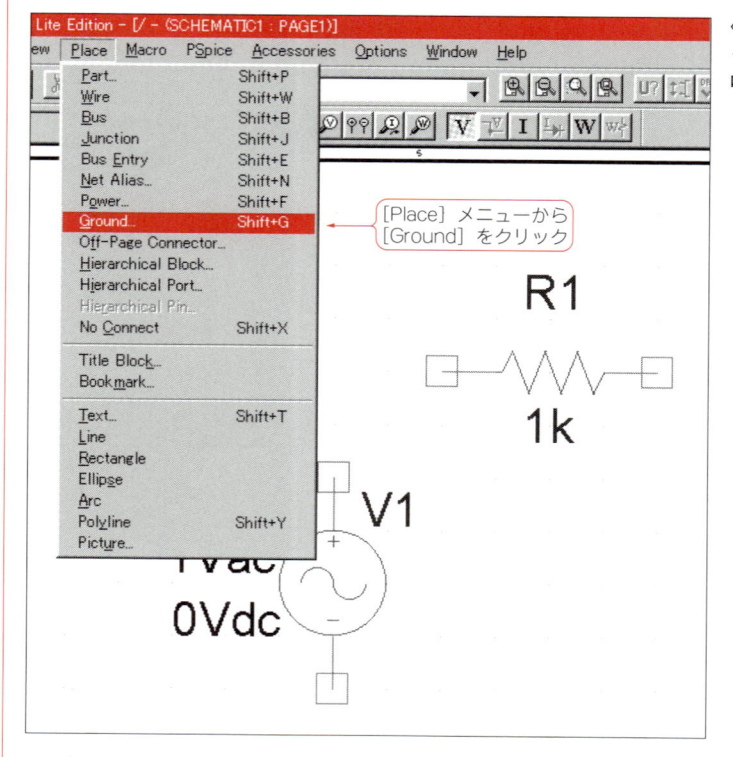

〈図3-25〉
グラウンド・シンボルの呼び出し

[Place] メニューから
[Ground] をクリック

60　第3章── シミュレーション回路を描く

〈図3-26〉
Place Ground ダイアログ

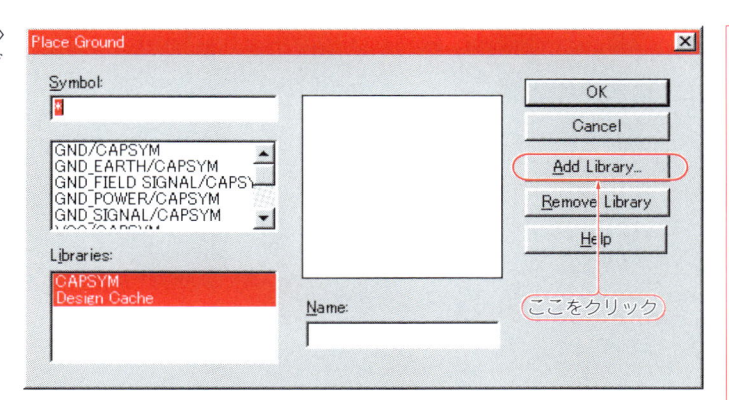

〈図3-27〉
ライブラリ source.olb
を追加する

示す Place Ground ダイアログが表示されます．

ここで，再びライブラリを追加します．［Add Library］をクリックしてください．

通常，`C:¥Program Files¥OrcadLite¥Capture¥Library` フォルダ配下が表示されているので，その下の `PSpice` フォルダを開きます．

▶ **source.olb を Libraries リストに追加する**

`C:¥Program Files¥OrcadLite¥Capture¥Library¥PSpice` フォルダに `source.olb` というファイルがあるので，これを選択して［開く(O)］ボタンをクリックします（図3-27）．

シンボル名のリストに **0** というシンボル名があります．シミュレーションを行う際には，この **0** のグラウンド・シンボルを使います．そのほかのグラウンド・シンボルではシミュレーションできません（図3-28）．

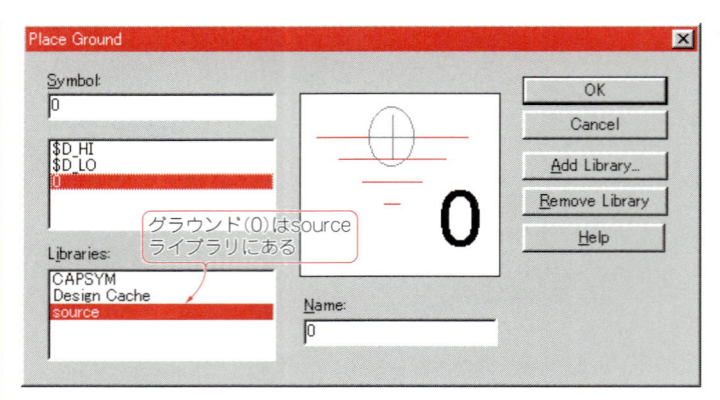

〈図3-28〉
グラウンドとして使えるのはグラウンド・シンボル0だけ

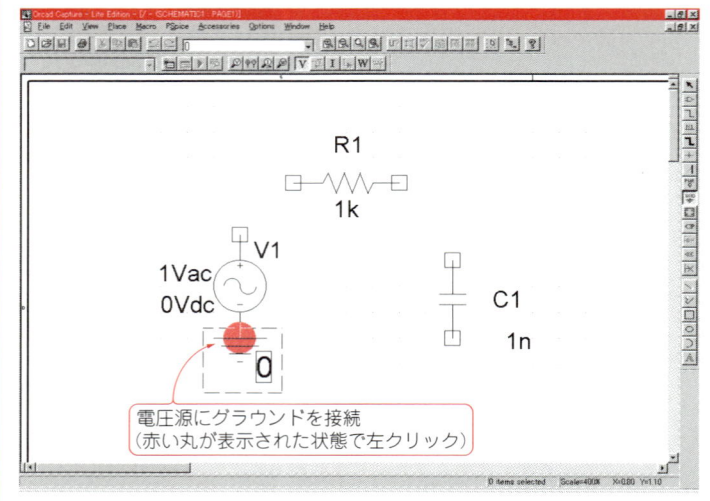

〈図3-29〉
電源にグラウンド・シンボル0を接続

0をクリックして形状が確認できたら［OK］をクリックしてください．マウスで電圧源の下に移動し，左ボタンをクリックすると電圧源にグラウンドが接続されます（**図3-29**）．

ここで，もう一つ同じグラウンド・シンボルが必要ですから，配置モードを終了せずにそのままマウスで二つ目のグラウンド・シンボルをコンデンサの下に移動します．左ボタンをクリックして，二つ目のグラウンド・シンボルを接続します（**図3-30**）．

これ以上グラウンドは必要ないので，Escキーを押すか，マウスの右ボタンをクリックし，［End Mode］を選択して，グラウンドの配置モードを終了します．

〈図3-30〉
コンデンサにグラウンド・シンボル0を接続

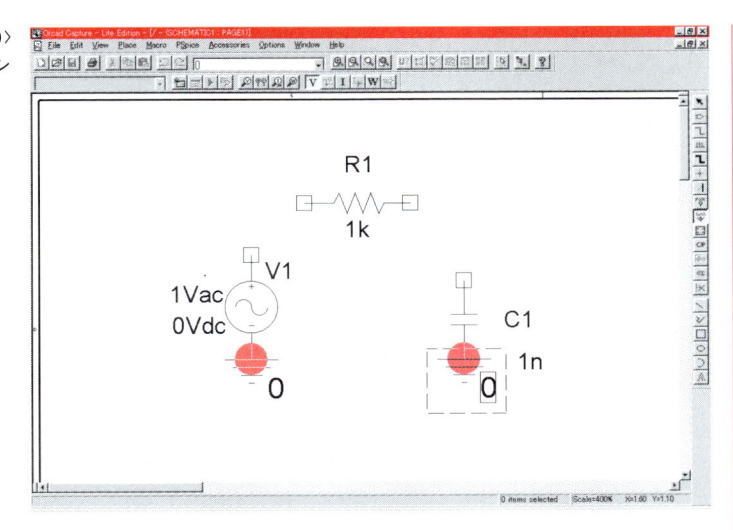

● 素子には必ずデバイス名をつける

抵抗，コンデンサなど，PSpiceで使用する素子には必ずデバイス名が必要です．同じデバイス名が同一回路に複数存在するとエラーになります．

デバイス名は，その素子の種別を表すアルファベットで始まり，その後の文字や数字がデバイス個々を区別する記号になります．アルファベットに大文字，小文字の区別はありません．

デバイス名には次のようなものがあります．

R：抵抗，C：コンデンサ，L：コイル，T：伝送線路，D：ダイオード，Q：バイポーラ・トランジスタ/FET，J：接合型FET，M：MOSFET，B：GaAsFET，V：固定電圧源，I：固定電流源，E：電圧制御電圧源，F：電流制御電流源，G：電圧制御電流源，H：電流制御電圧源，S：電圧制御スイッチ，W：電流制御スイッチ

● 端子間を配線する

パーツ・シンボルの配置がすべて終わったら，それぞれの端子間を配線します．

メニューから，[Place]-[Wire]をクリックします（図3-31）．すると，カーソルの形状が配線モードを示す+の形に変わるので，図3-32のように部品のピンの位置にカーソルの先端を移動し，マウスの左ボタンを1回クリックします．

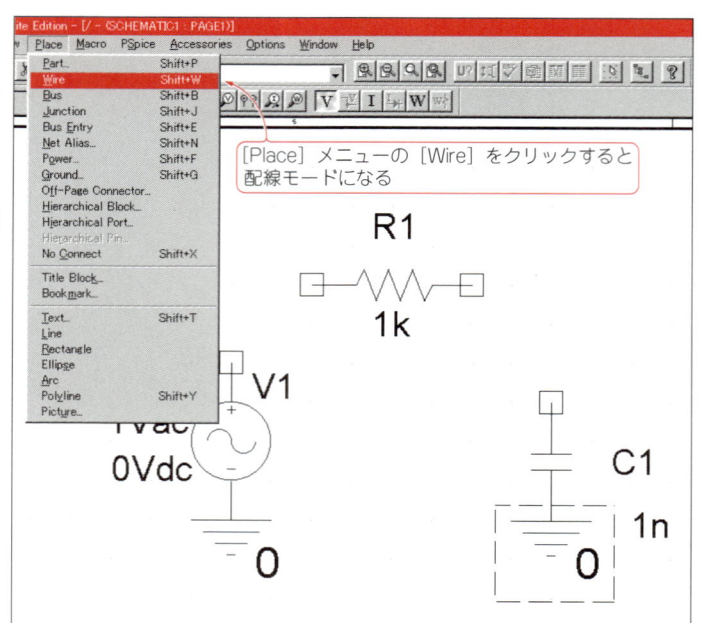

〈図3-31〉
端子間を配線するモードを選ぶ

[Place] メニューの [Wire] をクリックすると配線モードになる

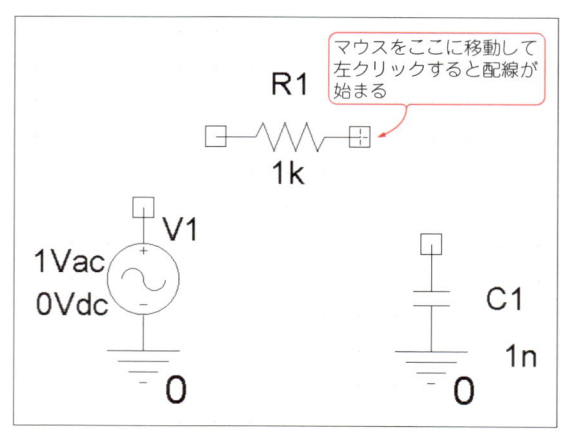

〈図3-32〉
R1のピンにカーソルの先端を移動して左ボタンを1回クリック

マウスをここに移動して左クリックすると配線が始まる

そのままカーソルを右に移動し，コンデンサのピンの位置にカーソルを合わせてマウスの左ボタンをクリックしてください．これで抵抗とコンデンサ間の配線が完了します（図3-33）．

図3-34のように残りも配線します．

〈図3-33〉
C1のピンにカーソルを合わせて左ボタンをクリック

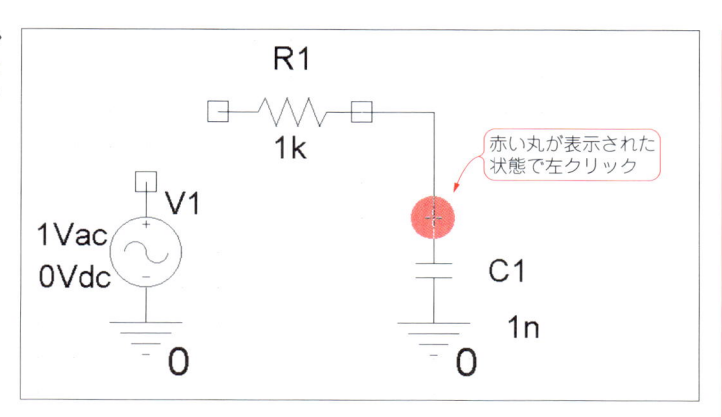

赤い丸が表示された状態で左クリック

〈図3-34〉R1とV1も配線する

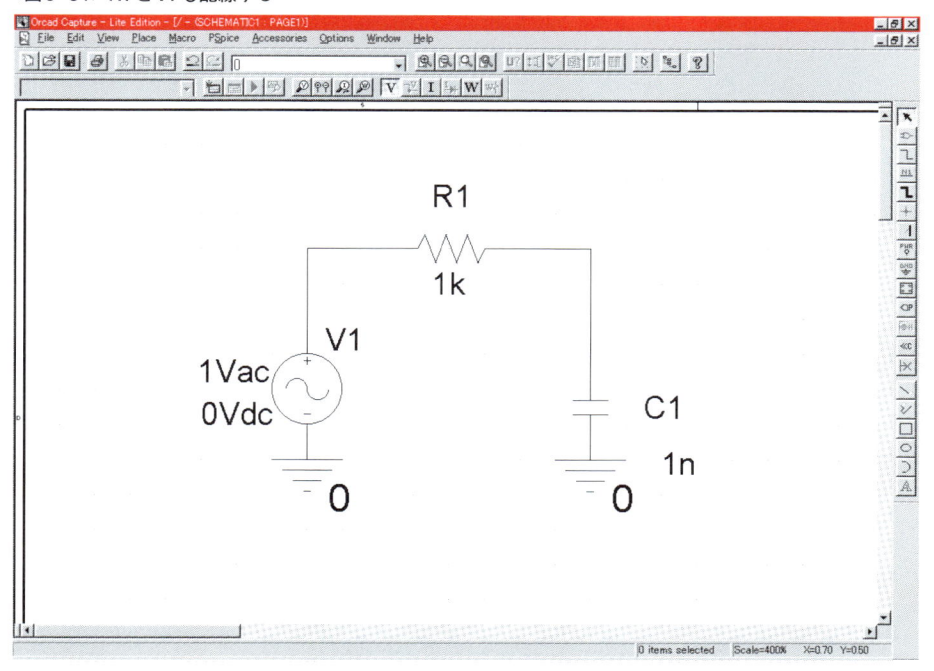

● 間違えて配線したときの消去方法

　ここまでの操作で，パーツ・シンボルを余計に配置したり，不要な配線をしてしまったなどの間違いがあったかもしれません．その場合の修正方法を説明しましょう．

3.3 —— RCフィルタの回路図作成　65

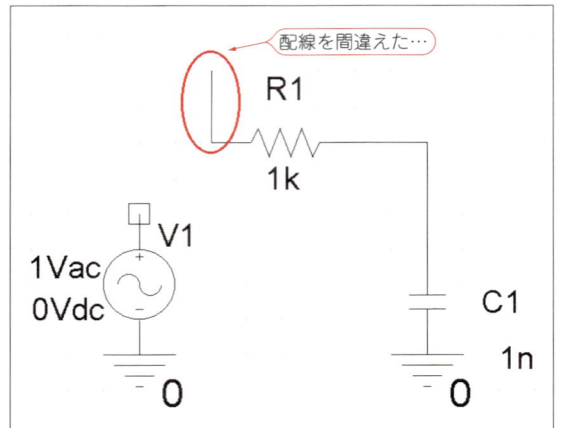

〈図3-35〉
余計な配線を描いてしまったら…

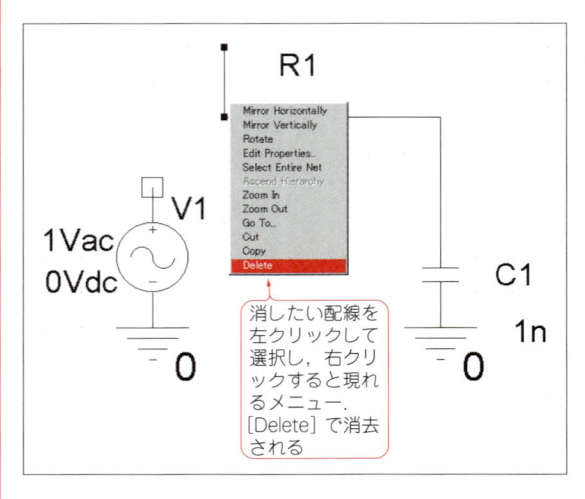

〈図3-36〉
右ボタンをクリックすると現れるポップアップ・メニューから［Delete］を選択

　図3-35のように，配線している最中にうっかり余計な線を引いてしまった場合は，まず，右ボタンをクリックしていったん**End Wire**を選択し，配線モードを解除します．
　次に，消したいオブジェクト，この場合は間違えて描いた配線を左クリックして選択します．配線がマジェンタ色に変わります．
　この状態で，マウスの右ボタンをクリックするとポップアップ・メニューが表示されるので，その中から［Delete］をクリックすると選択したオブジェクトが消去されます（図3-36）．

〈図3-37〉
属性の変更…図3-34の1kと書かれた部分をダブル・クリック

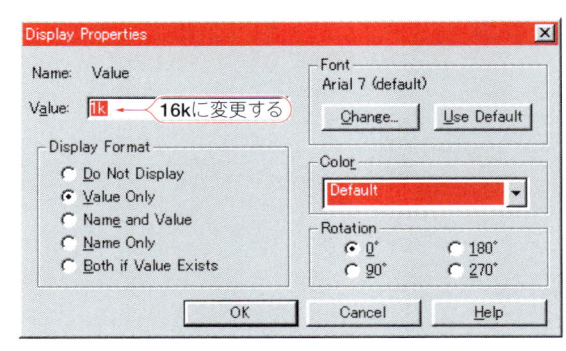

パーツ・シンボルの場合も，同様の方法で消去できます．消したいオブジェクトを選択して，キーボードのDeleteキーを押しても消すことができます．

● 属性の編集（定数入力）

次に属性の編集を行います．

属性とは，回路図中の各パーツがもつ電気的特性，定数，参照名（回路図中で割り振られる素子の通し番号）などを言います．

先ほど配置した抵抗R1について見てみましょう．R1の値は1kと書かれています．例題の回路図ではR1の値は16kですから，R1の抵抗値を16kに修正しましょう．

回路図中の1kと書かれた部分をダブル・クリックすると，図3-37に示すDisplay Propertiesダイアログが開きます（図3-37）．

Valueの欄に，16kと入力し，［OK］をクリックします．これで，抵抗R1の値は$16\,\mathrm{k}\Omega$に設定されました．

同じように，コンデンサC1の定数を設定しましょう．C1の1nと書かれた部分をダブル・クリックします．例題の回路図では，C1の値は0.01uと書かれています．PSpiceでは，スケール記号μ（マイクロ）をアルファベットのuで表します．0.01uと入力し，［OK］をクリックします．

電圧源の属性は，例題の回路図の値1Vac，0VDCがすでにデフォルトの値で設定されていますから，ここでは属性は編集しません．

パーツのシンボルをダブル・クリックすると，図3-38のようなProperty Editorウィンドウが開きます．

〈図3-38〉パーツのシンボルをダブル・クリックすると開くProperty Editorウィンドウでも属性を変更できる

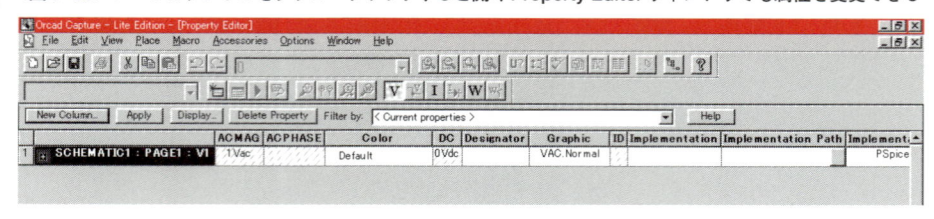

〈図3-39〉Filter by欄からOrcad PSpiceを選択

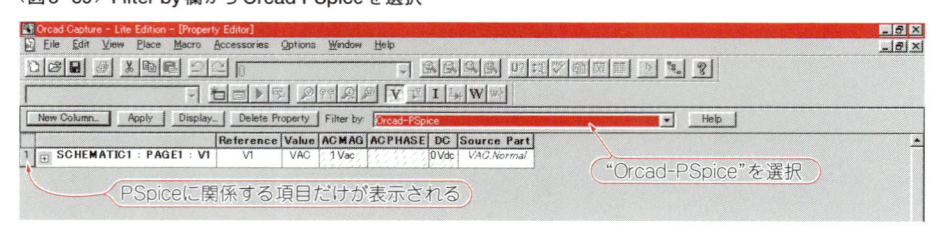

〈図3-40〉属性文字をグリッドと無関係に移動できるように設定する

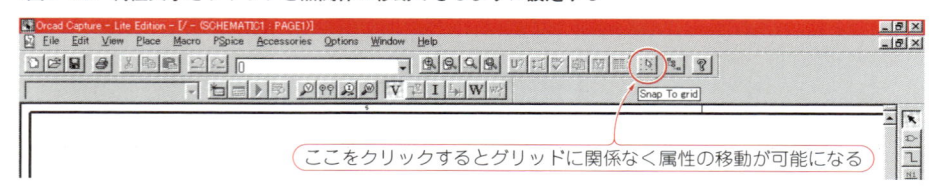

[Filter by] プルダウン・メニューから [Orcad-PSpice] を選択すると，PSpiceに関係した項目だけ表示されるので，ここでも属性を編集できます(**図3-39**)．

● 属性の移動

この段階で回路図はほぼ完成ですが，最後に属性の位置などを移動して回路図を清書します．

起動時の状態では，各シンボルや属性はグリッドに沿ってしか動かすことができません．そこで，ツール・バーの [Snap To grid] ボタンをクリックします(**図3-40**)．

すると，ツール・バーのアイコンが赤色に変わり，グリッドに関係なく移動できるようになります．デバイス名**R1**の上にカーソルを合わせ，マウスの左ボタンを押したままマ

〈図3-41〉
R1の上にカーソルを合わせ左ボタンを押したまま移動すると文字が動く

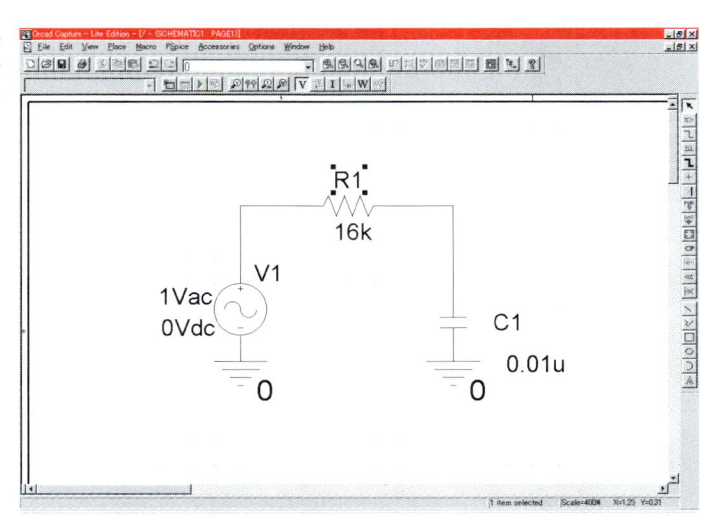

〈表3-1〉
スケール記号

記号	スケール	呼び名
F	10^{-15}	フェムト (femto)
P	10^{-12}	ピコ (pico)
N	10^{-9}	ナノ (nano)
U	10^{-6}	マイクロ (micro)
M	10^{-3}	ミリ (milli)
K	10^{3}	キロ (kilo)
MEG	10^{6}	メガ (mega)
G	10^{9}	ギガ (giga)
T	10^{12}	テラ (tera)

ウスを移動(ドラッグ)すると，R1の文字を移動できます(**図3-41**)．

適当な位置でマウスの左ボタンを離せば，その位置に固定されます．

パーツ・シンボルなども移動したい場合は，再度ツール・バーの［Snap To grid］ボタンをクリックし，グリッドに沿って移動するように戻してください．移動したいシンボルや配線の上にカーソルを合わせ，マウスの左ボタンを押したままドラッグしてシンボルを移動します．

● スケール記号のつけ方

スケールの記号には大文字と小文字の区別はありません．**M**(ミリ)と**MEG**(メガ)は混同しやすいので注意が必要です．

スケール記号の後には任意の文字を書くことができます．例えば，mV（ミリ・ボルト），pF（ピコ・ファラド）などの単位を書き込むことができます．
　なおFは，単独ではスケール記号フェムト（femto）に相当します．1Fは1ファラドではなく1フェムト・ファラドと解釈します．

電子回路シミュレータPSpice入門編

第4章
ゲインや位相の周波数特性を調べる「AC解析」

〜ネットワーク・アナライザのように〜

4.1 ── Simulation Profileの作成

● PSpice ADでできる解析の種類

回路図が完成したらいよいよシミュレーションに移ります．
基本的なアナログ回路の解析方法には，以下の3通りがあります[1]．

▶ DC解析（DCスイープ解析）
直流電圧や直流電流を変化させて，そのときの出力のようすを調べる解析です．

▶ AC解析（ACスイープ解析）
信号源の周波数を変化させて，そのときの出力のようすを調べる解析です．

▶ 過渡解析（トランジェント解析）
横軸に時間をとり，時間の経過とともに回路の信号が変化するようすを調べる解析です．
オシロスコープで波形を観察するのに相当します．

● 解析モードを選び条件を設定する　Simulation Profileの作成

それではまず，AC解析（ACスイープ解析）を使って，作成した回路 **RCfilter** の周波数特性を見ることにしましょう．

どんなシミュレーション解析を行う場合も，初めに解析の種類や条件を設定するためのSimulation Profile（シミュレーション・プロファイル）を作成する必要があります．

メニューから，[PSpice] - [New Simulation Profile] をクリックします（図4-1）．

図4-2のダイアログ・ボックスが表示されるので，**Name** のところに **RCfilter** と入力して [Create] をクリックします．

すると，**RCfilter** という名前の **Simulation Setting** ウィンドウが開きます（図4-3）．

〈図4-1〉解析の種類や条件を設定するSimulation Profileの作成

回路図が完成したら [Place] メニューから [New Simulation Profile] をクリックして解析モードを設定する

〈図4-2〉
Name欄にRCfilterと入力して [Create] をクリック

シミュレーション・プロファイルの名前（**RCfilter**）を入力

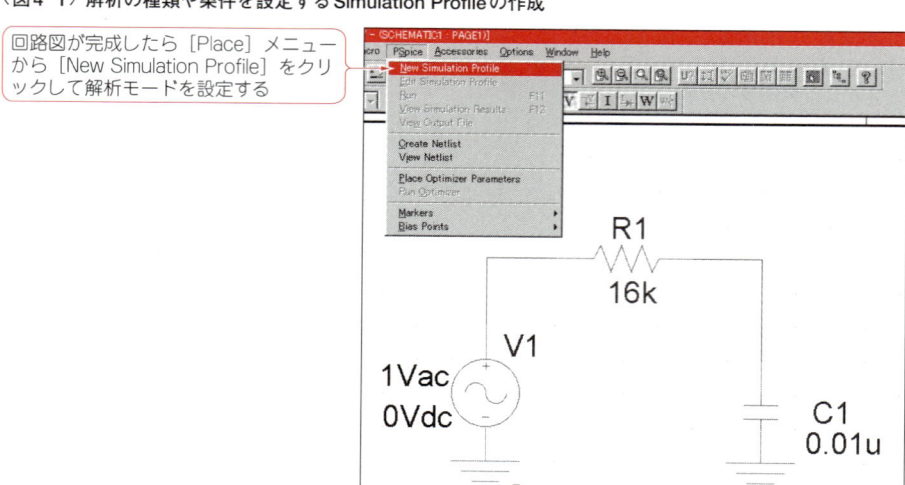

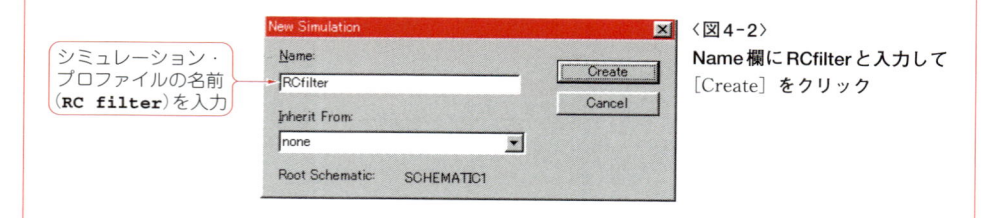

ここでは，まずAC解析(周波数スイープ)を行ってみます．AC解析とは，入力した正弦波の周波数を変化させ，ゲインや位相の変化を観測するものです．

先ほど描いた**RCfilter**についてAC解析を行い，その周波数応答特性を見てみましょう．

Analysis typeのリストから**AC Sweep/ Noise**を選択します(**図4-4**)．すると，ウィンドウ右側に**AC Sweep Type**という欄が現れます(**図4-5**)．各設定の内容は以下のとおりです．

- **Linear**…周波数を線形にスイープします．
- **Logarithmic**…周波数をログ・スイープします．ログ・スイープには**Decade**(10倍)と**Octave**(2倍)があります．
- **Start Frequency**…スイープを開始する周波数を設定します．

〈図4-3〉
解析の種類や条件を設定するSimulation Settingsダイアログ

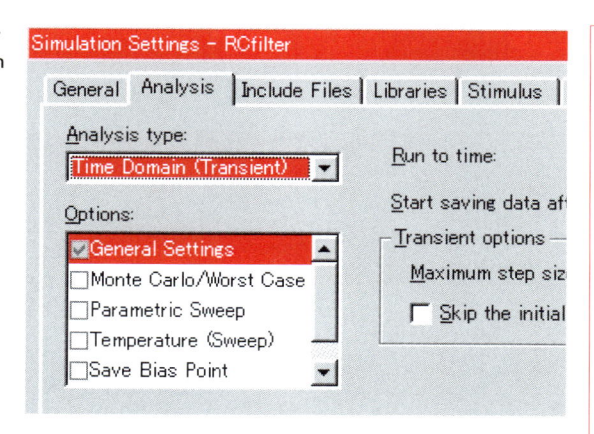

〈図4-4〉
RCfilterの周波数応答特性を調べるモードAC Sweep/ Noiseを選択

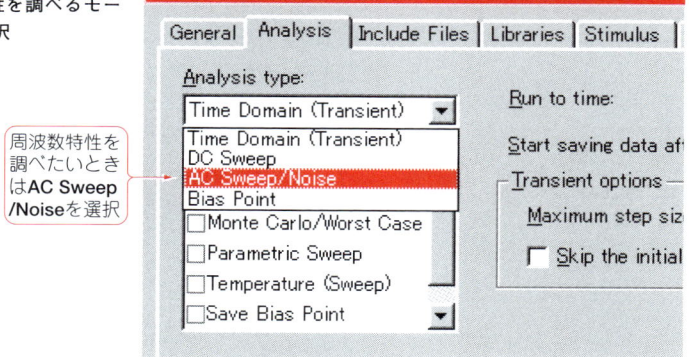

周波数特性を調べたいときはAC Sweep/Noiseを選択

- End Frequency…スイープを終了する周波数を設定します．
- Points/Decade(Octave)…解析ポイントを1ディケード(オクターブ)当たり何点取るかを設定します．

ここでは，Logarithmic，Decadeを選択し，Start Frequency=10 Hz，End Frequency= 100 kHz，Points/Decade=20と設定し，[OK] をクリックします(図4-5)．

● マーカの配置

回路図中にマーカを配置することで，観測したいポイントの解析結果を画面に表示することができます．

マーカにはいくつか種類がありますが，ここでは振幅と位相の周波数特性を観測したい

4.1 —— Simulation Profile の作成

〈図4-5〉AC Sweep Type欄の設定

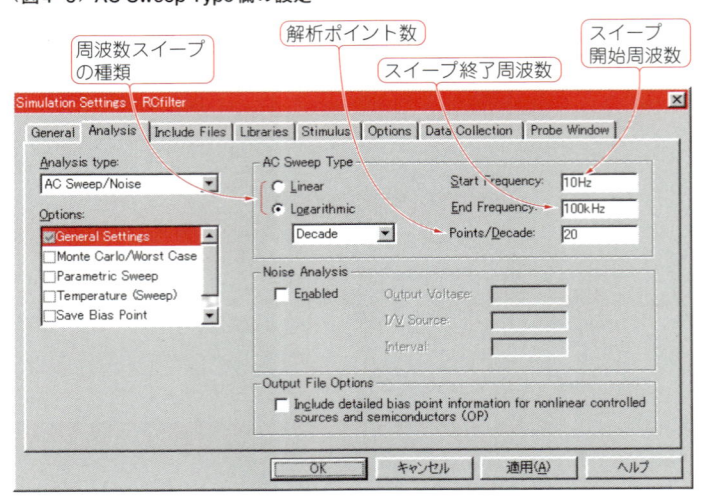

〈図4-6〉マーカVDBの配置…電圧振幅をデシベル表示（1V＝0dB）させる

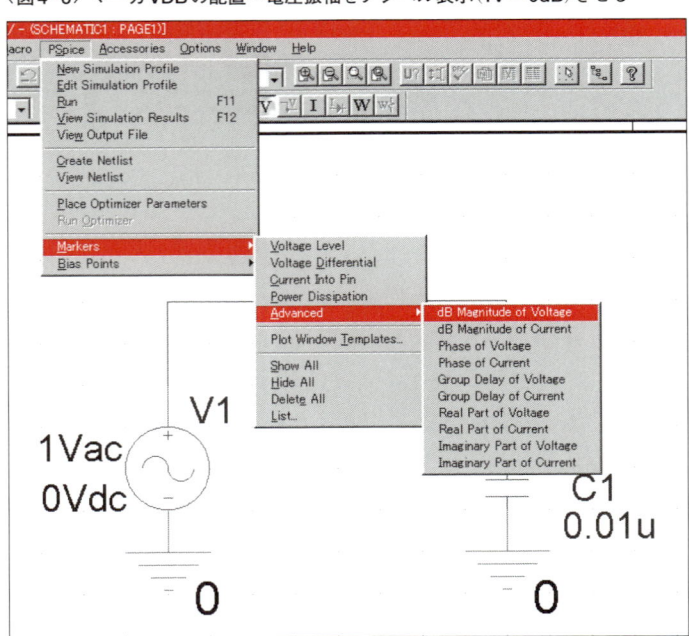

第4章── ゲインや位相の周波数特性を調べる「AC解析」

〈図4-7〉
マーカVDBの先端をR1とC1の間の配線に合わせて左ボタンをクリック

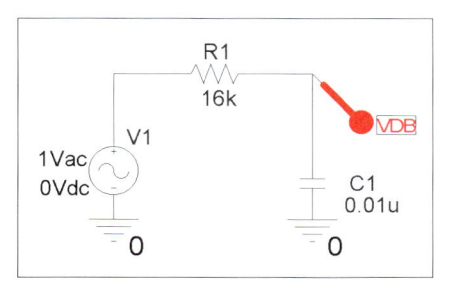

〈図4-8〉
マーカVPの配置…電圧の位相を表示させる

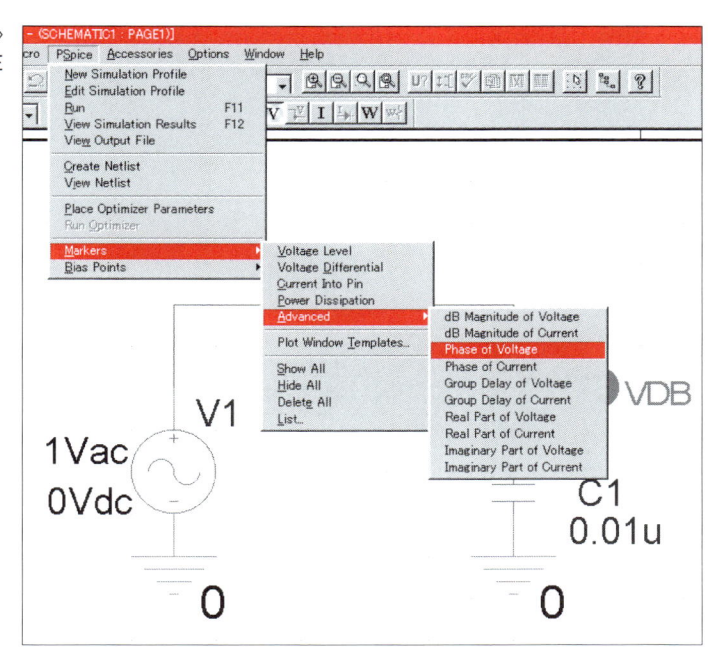

ので，電圧振幅をデシベル表示(1 V= 0 dB)する **dB Magnitude of Voltage** と電圧の位相を表示する **Phase of Voltage** を使います．

メニューから，[PSpice]‐[Markers]‐[Advanced]‐[dB Magnitude of Voltage]をクリックします(図4-6)．マーカの先端を**R1**と**C1**の間の配線に合わせ，マウスの左ボタンをクリックします(図4-7)．同様に，[PSpice]‐[Markers]‐[Advanced]‐[Phase of Voltage]をクリックします(図4-8)．

マーカの先端を**R1**と**C1**の間の配線に合わせ，マウスの左ボタンをクリックします(図4-9)．

4.1 —— Simulation Profile の作成

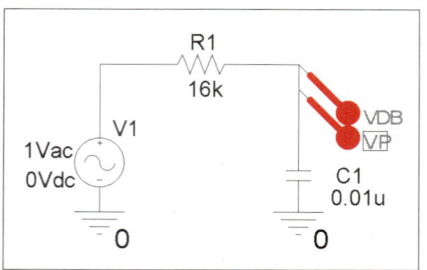

〈図4-9〉
マーカVPの先端をR1とC1の間の配線に合わせて左ボタンをクリック

4.2 ── いよいよシミュレーションの実行

　以上でシミュレーションの準備が整いました．メニューから，[PSpice]‐[Run]をクリックします(図4-10)．

　すると，回路図のネットリストが自動的に更新され，PSpiceが起動して計算が実行されます．このウィンドウ(図4-11)は，PSpiceのシミュレーションとProbeによる波形観測を兼ねており，シミュレーションが終了すると，ウインドウ上部のProbe画面に回路図でマーカを接続したポイントのシミュレーション結果が表示されます．

　グラフは横軸が周波数，縦軸がゲイン[dB]と位相[deg]となっています．

　このように，横軸に周波数の対数をとり，ゲインと位相を縦軸に表したグラフをボード線図またはボーデ線図(Bode plot)と呼びます．

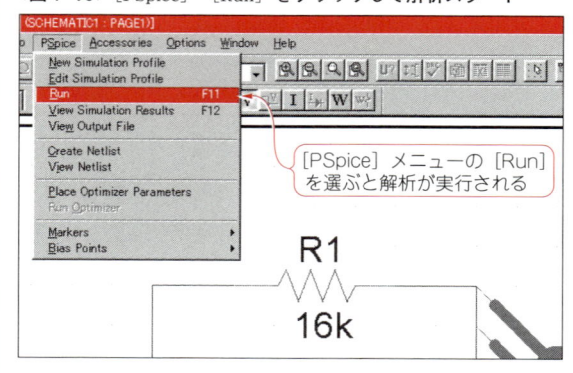

〈図4-10〉[PSpice]‐[Run]をクリックして解析スタート

[PSpice]メニューの[Run]を選ぶと解析が実行される

第4章── ゲインや位相の周波数特性を調べる「AC解析」

〈図4-11〉マーカを接続したポイントのAC解析結果

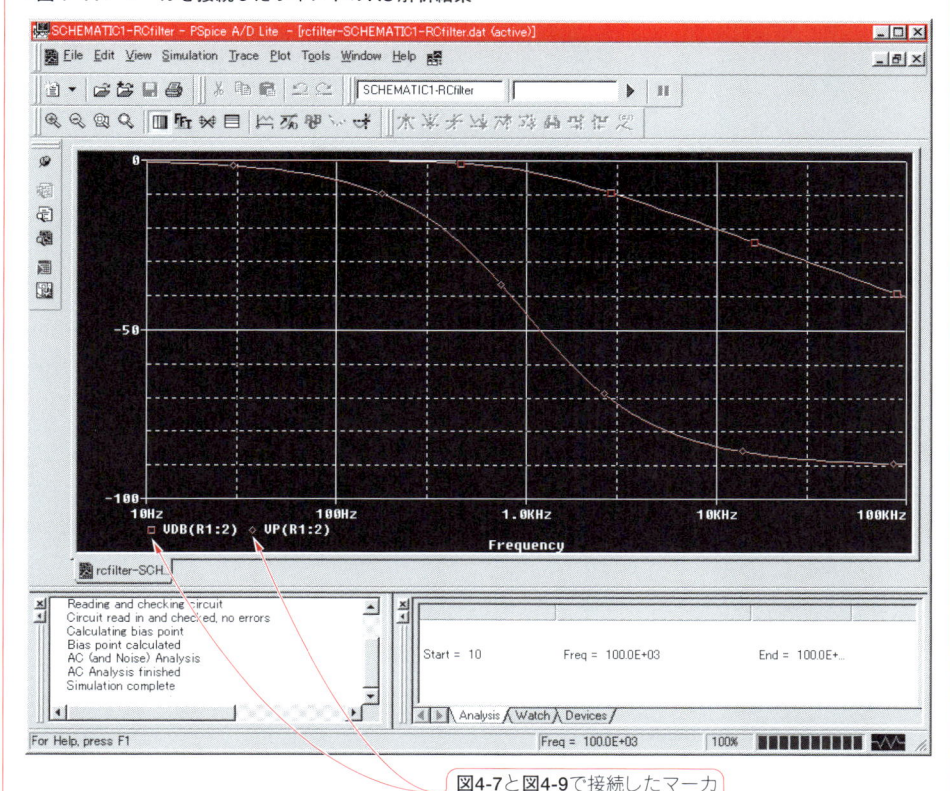

図4-7と図4-9で接続したマーカ（**VDB**と**VP**）が表示されている

4.3 ── 計算結果を表示する機能 "Probe"

● 画面の色の変更

　画面に表示する色を設定するには，メモ帳などのテキスト・エディタで**PSPICE.INI**ファイルを編集します．

　C:¥Program Files¥OrcadLite¥PSpiceフォルダに**PSPICE.INI**というファイルがあります．テキスト・エディタを使用してファイル**PSPICE.INI**を開いてください．

　ファイルの中に，**[PROBE DISPLAY COLORS]**という記述があるので，色を次の形式で追加，編集します．

`<アイテム名>=<色>`

　例えば，`BACKGROUND=BRIGHTWHITE`と指定すると，グラフの背景が白色で表示されます．

▶ 有効なアイテム名

　　`BACKGROUND`…グラフの背景
　　`FOREGROUND`…グラフの軸や目盛り
　　`TRACE_1`～`TRACE_12`…各グラフ線の色

▶ 有効な色の名称

　　`BLACK, BLUE, GREEN, CYAN, RED, MAGENTA, YELLOW, BRIGHTWHITE, BROWN, LIGHTGRAY, DARKGRAY, DARKBLUE, DARKGREEN, DARKCYAN, DARKRED, DARKMAGENTA` など

▶ 色設定の例

　次に示すのは，背景を白色，グラフの軸を黒，`TRACE_1`を青色，`TRACE_3`を緑色にそれぞれ変更した`PSPICE.INI`の一部です．

```
[PROBE DISPLAY COLORS]
NUMTRACECOLORS=12
BACKGROUND=BRIGHTWHITE
FOREGROUND=BLACK
TRACE_1=BRIGHTBLUE
TRACE_2=BRIGHTRED
TRACE_3=BRIGHTGREEN
      ⋮           ⋮
```

　データの編集が終わったら，ファイルをテキスト形式で保存して閉じてください．この設定は，次にPSpiceを起動したときに有効になります．

● X軸の表示範囲と目盛りの設定

　PSpiceウィンドウのメニューから，[Plot]-[Axis Settings]をクリックするか，または設定を変更したい軸をダブル・クリックすると**図4-12**に示すウィンドウが開きます．

　Axis Settingsウィンドウの各タブの設定は次のとおりです．

- `X Axis`：X軸(横軸)の設定
- `Y Axis`：Y軸(縦軸)の設定

column　ネットリストとは

　ネットリストは，部品間の接続情報をテキスト形式で記述したものです．SPICEプログラムはこのネットリストを元にシミュレーションを行います．

　従来は，まず手で回路図を描き，その回路図を元にネットリストを作成して，テキスト・エディタで入力しなければなりませんでした．しかし，現在ではほとんどのSPICEプログラムには回路図エディタが付いています．Orcad Capture もその一つです．

　回路図エディタで描いた回路図（図4-A）は，シミュレーションを行うとき，自動的にネットリストに変換され（リスト4-A），計算エンジンであるPSpice ADに渡されます．これにより，回路図からネットリストを起こす作業が不要となり，ネットリストを作成する際の間違いも起こらなくなりました．

　回路図エディタの登場により，SPICEはより使いやすく便利になったと言えます．

〈リスト4-A〉例題 RCfilter のネットリスト

```
* source RCFILTER
R_R1      N01371 N01241   16k
C_C1      0 N01241  0.01u
V_V1      N01371 0 DC 0VDC AC 1Vac
```

「N01371という名前（番号）の接続点（ノード）とN01241という接続点の間に，部品番号R1の抵抗を配置せよ．定数は16k（16kΩ）である」と宣言している

〈図4-A〉回路図とネットリストの対応

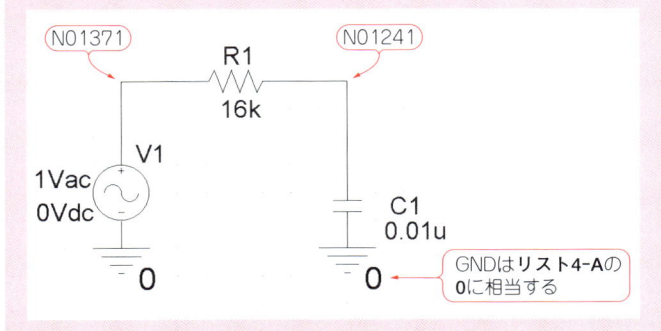

GNDはリスト4-Aの0に相当する

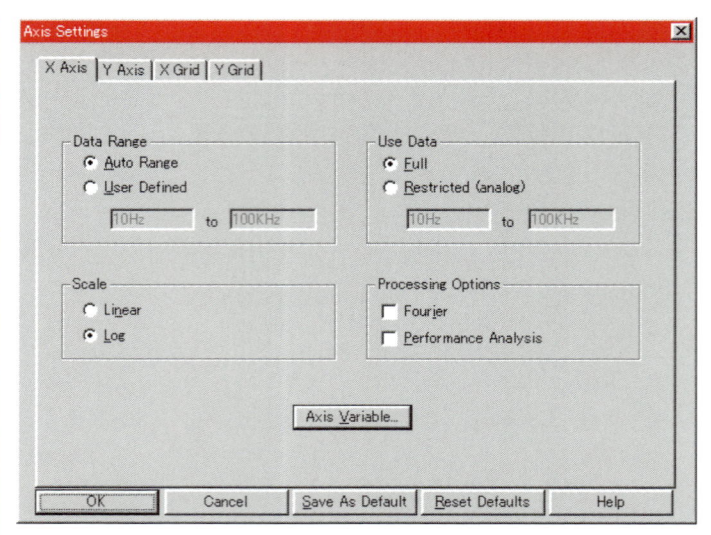

〈図4-12〉
軸と目盛りを設定するAxis Settingsダイアログ

- **X Grid**：X軸(横軸)目盛りの設定
- **Y Grid**：Y軸(縦軸)目盛りの設定

それでは，先ほどのシミュレーション結果のグラフについて，データの表示範囲と目盛りを変更してみましょう．

▶ 表示範囲を10 Hzから10 kHzまでに変更する

X Axisタブの**Data Range**で**User Defined**を選択して，周波数範囲を**10 Hz to 10 kHz**に変更します(図4-13)．

▶ X軸(横軸)の目盛りを変更する

X Gridタブをクリックすると，図4-14に示すダイアログが開きます．**Automatic**のチェックを外して，**Log(# of decades)** のプルダウンから**1**を選択します．これで，X軸の対数目盛りが1ディケード当たり1本に設定されます．つまり，10 Hz, 100 Hz, 1 kHz, 10 kHzに軸が描かれるようになります．

次に，**Minor**フレームの**Intervals between Major**で**10**を選択します．これで，1ディケード対数目盛りの間に，10本の補助目盛りが挿入されます．10 Hz軸と100 Hz軸の間，100 Hz軸と1 kHz軸の間，1 kHz軸と10 kHz軸の間に10本の補助軸が描かれる設定になります．

［OK］をクリックするとグラフ表示が更新されて，表示範囲が10 Hzから10 kHzとな

〈図4-13〉
User Defined を選択して範囲を 10 Hz to 10 kHz に変更

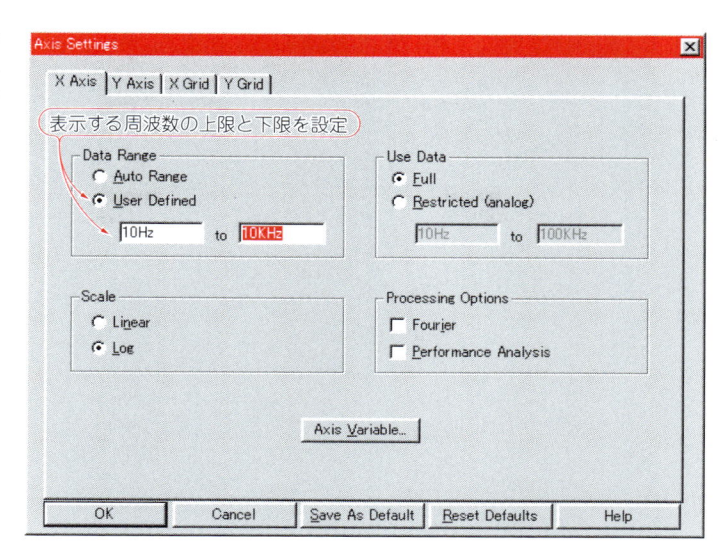

表示する周波数の上限と下限を設定

〈図4-14〉
X軸(横軸)の目盛りを変更するダイアログ…Intervals between Major で 10 を選択

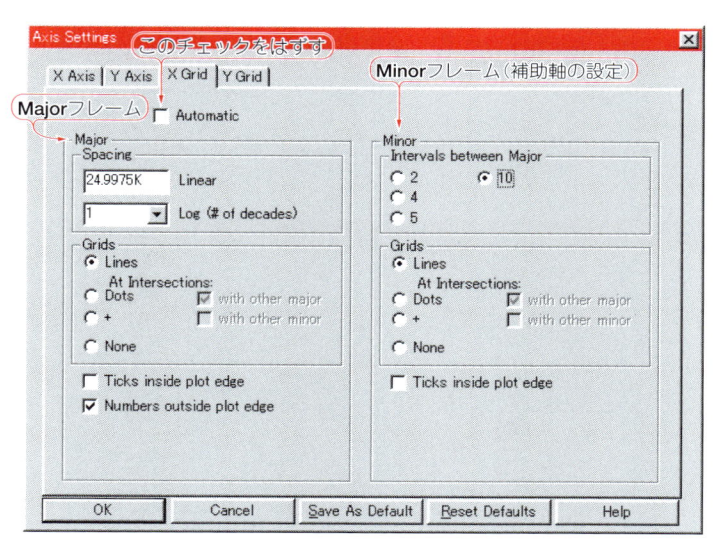

このチェックをはずす
Majorフレーム
Minorフレーム(補助軸の設定)

り，対数目盛りが変更されます(図4-15)．

　Axis Settings設定項目の詳細は，Axis Settingsウィンドウの[Help]をクリックすると参照できます(図4-16)．

〈図4-15〉表示範囲や目盛りが更新されたところ

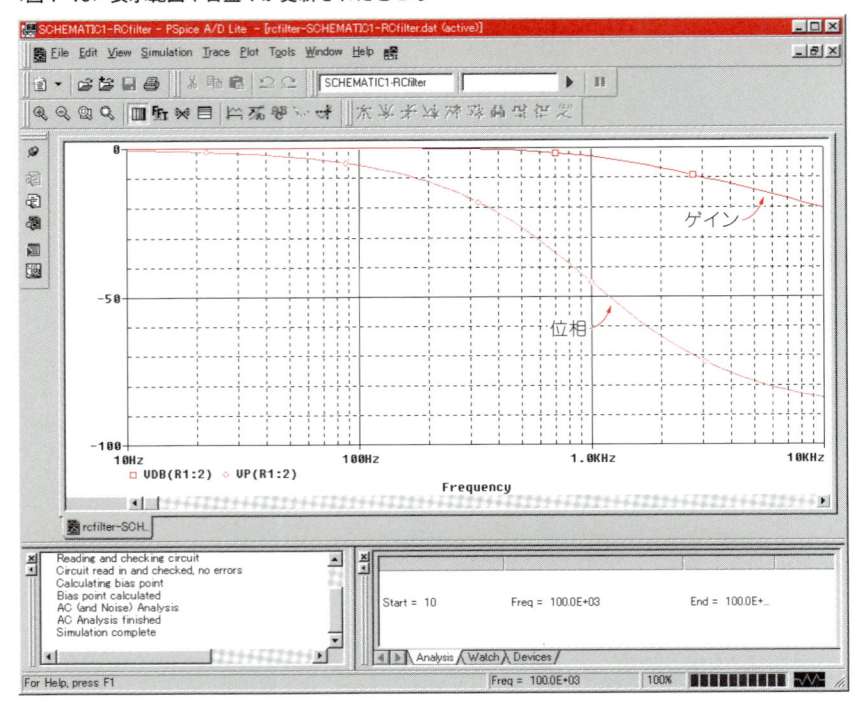

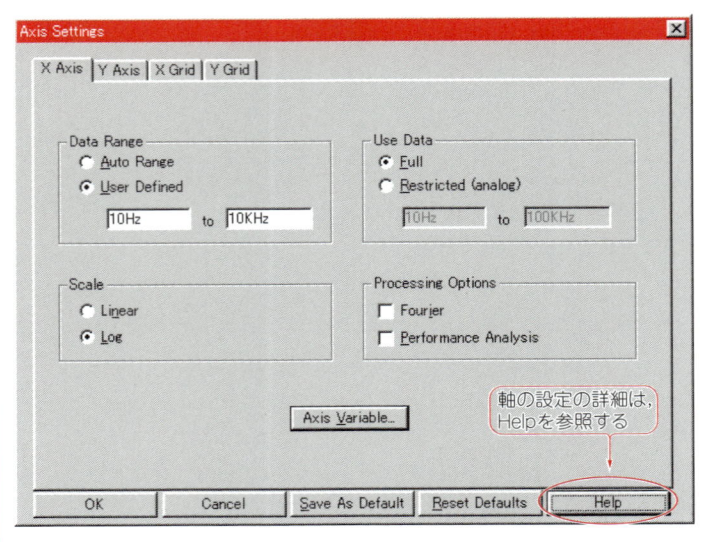

〈図4-16〉
Axis Settings 設定項目の詳細は [Help] をクリックして参照する

軸の設定の詳細は, Helpを参照する

第4章──ゲインや位相の周波数特性を調べる「AC解析」

〈図4-17〉[Plot]-[Add Y Axis]をクリックしてY軸を1本追加

[Plot]メニューの
[Add Y Axis]を
クリックすると
Y軸が追加される

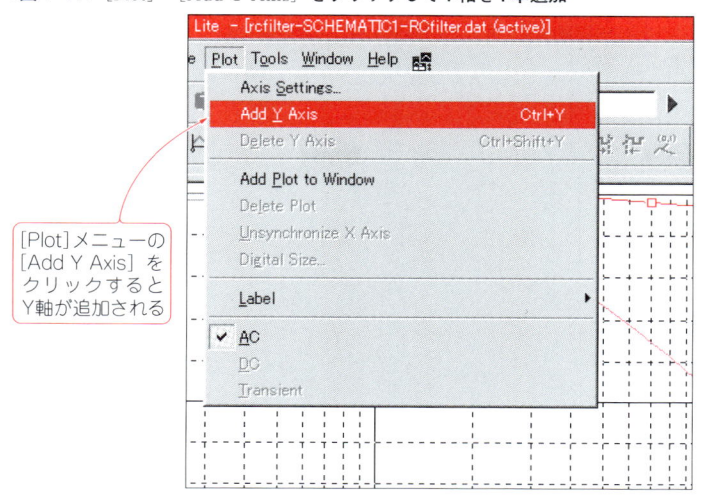

〈図4-18〉新たなY軸(No.2)がグラフ枠の左側に現れる

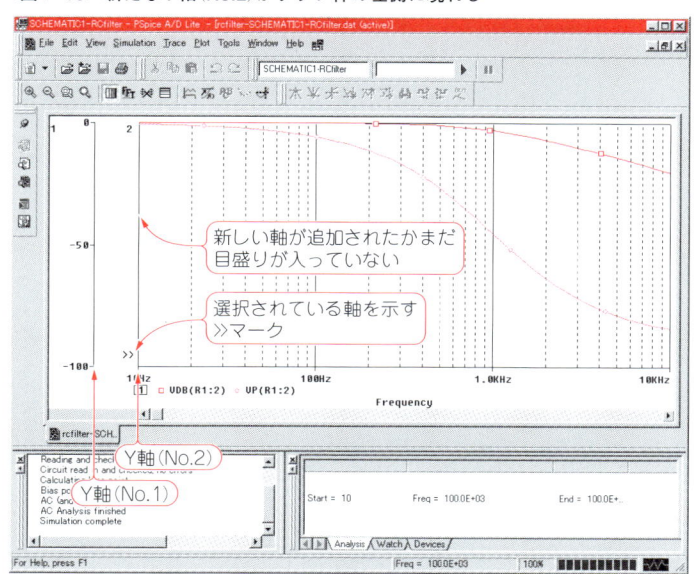

新しい軸が追加されたかまだ
目盛りが入っていない

選択されている軸を示す
≫マーク

Y軸(No.2)
Y軸(No.1)

4.3 —— 計算結果を表示する機能"Probe"　83

〈図4-19〉表示されている位相のデータをいったん消去する…VP(R1:2)を選択してDeleteキーを押す

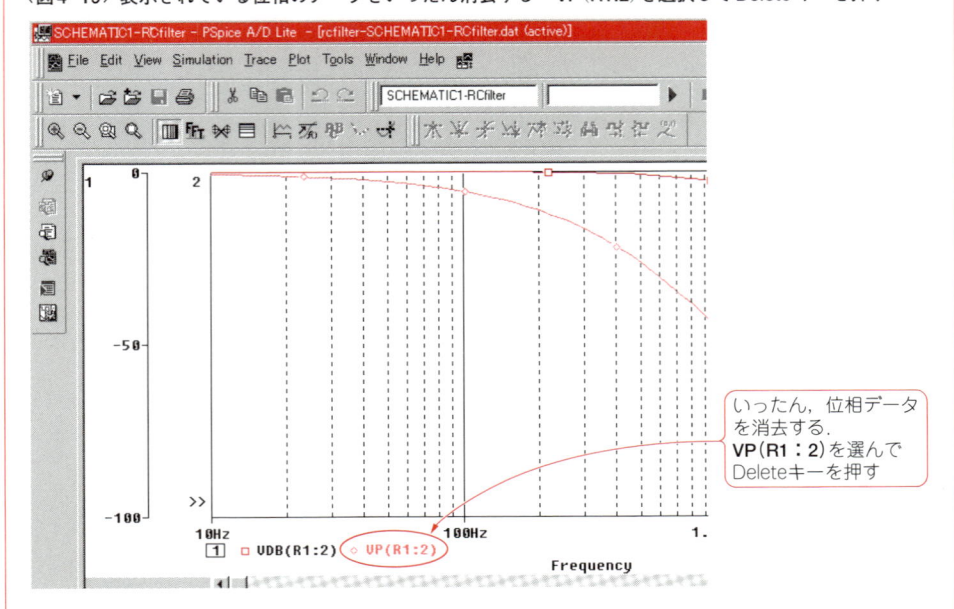

> いったん，位相データを消去する．
> **VP(R1：2)** を選んでDeleteキーを押す

● Y軸の追加

Probe機能では，シミュレーション結果のグラフに新しい軸や新しいプロット(グラフ)を追加できます．

図4-15に示すシミュレーション結果のY軸の設定を変えてみます．例えば，一つのグラフ上に2本のY軸を使ってゲインと位相を表示させてみましょう．

▶ Y軸と目盛りの追加

PSpiceウィンドウのメニューから，[Plot]-[Add Y Axis]をクリックします(**図4-17**)．

すると現在のY軸(No.1)が左にシフトし，新たなY軸(No.2)がグラフ枠の左側に現れます(**図4-18**)．

図中の >> のマークが左下に表示されている軸が，現在選択されているY軸です．

では，現在表示されている位相のデータをいったん消去し，新しく追加したY軸に位相のデータを表示させてみます．

まず，グラフの左下に表示されている**VP(R1:2)**をクリックして選択します(**図4-19**)．選択すると**VP(R1:2)**の文字が赤色になるので，この状態でキーボードのDeleteキーを押します．

〈図4-20〉
位相のデータが消去されてゲインのデータだけが表示される

No.1軸（ゲイン軸）の目盛りが自動的に更新される

位相のデータが消える

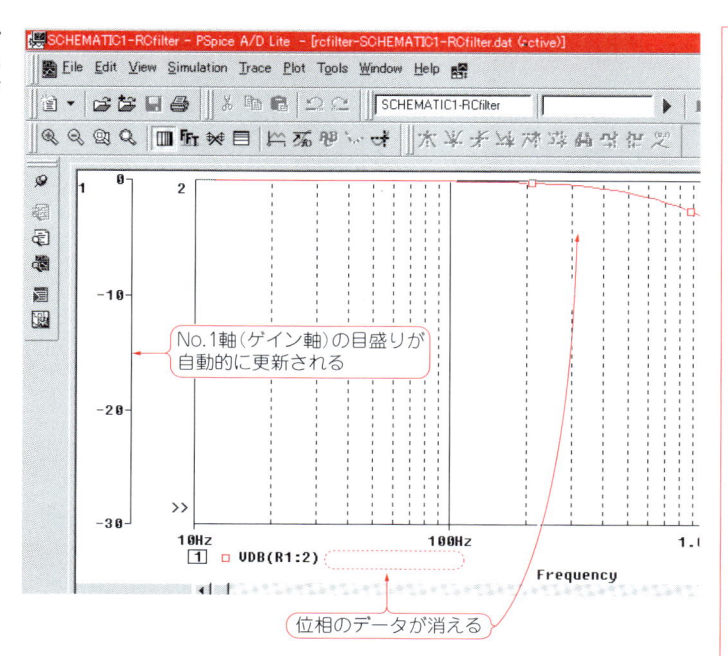

〈図4-21〉
[Trace] - [Add Trace]をクリック

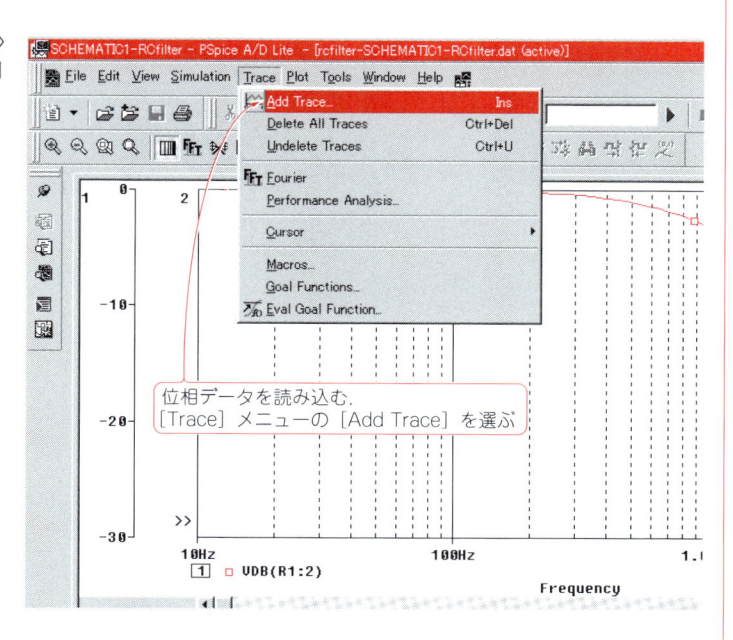

位相データを読み込む．
[Trace] メニューの [Add Trace] を選ぶ

4.3 ── 計算結果を表示する機能 "Probe"

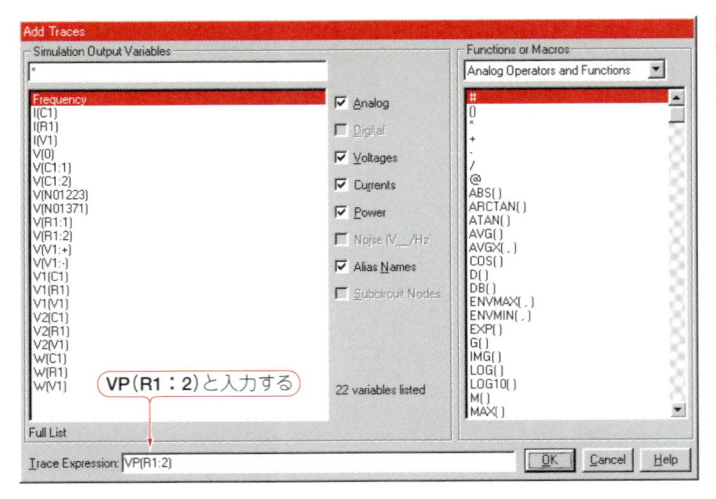

〈図4-22〉
Trace Expressionの欄にVP(R1:2)を入力して[OK]をクリック

VP(R1:2)と入力する

〈図4-23〉No.2のY軸に位相が表示され，No.1のY軸の目盛りが自動更新される

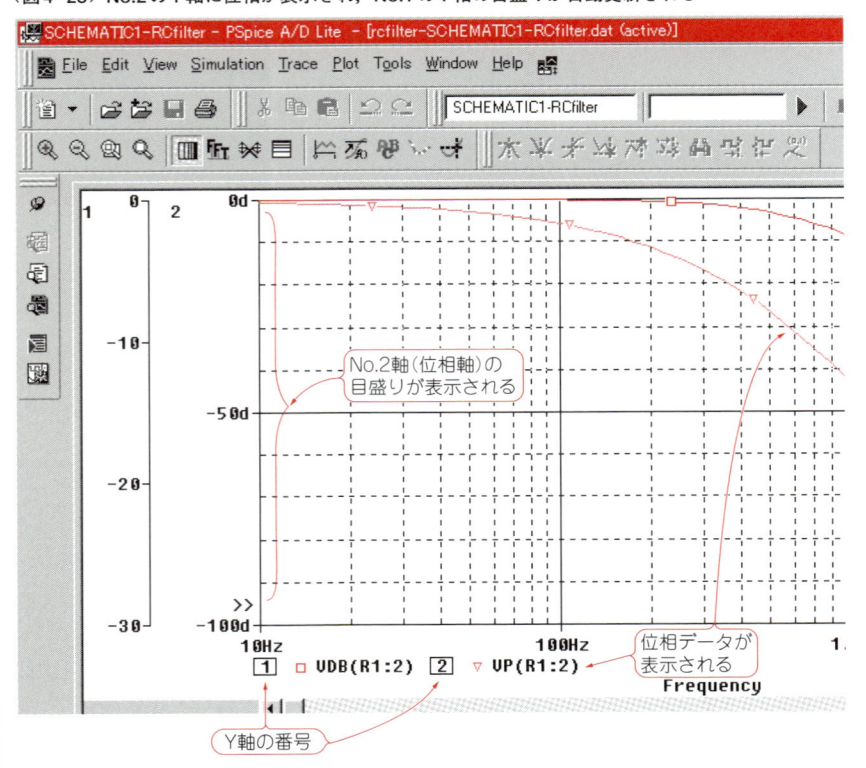

No.2軸(位相軸)の目盛りが表示される

位相データが表示される

Y軸の番号

86　第4章——ゲインや位相の周波数特性を調べる「AC解析」

〈図4-24〉Y軸の消去

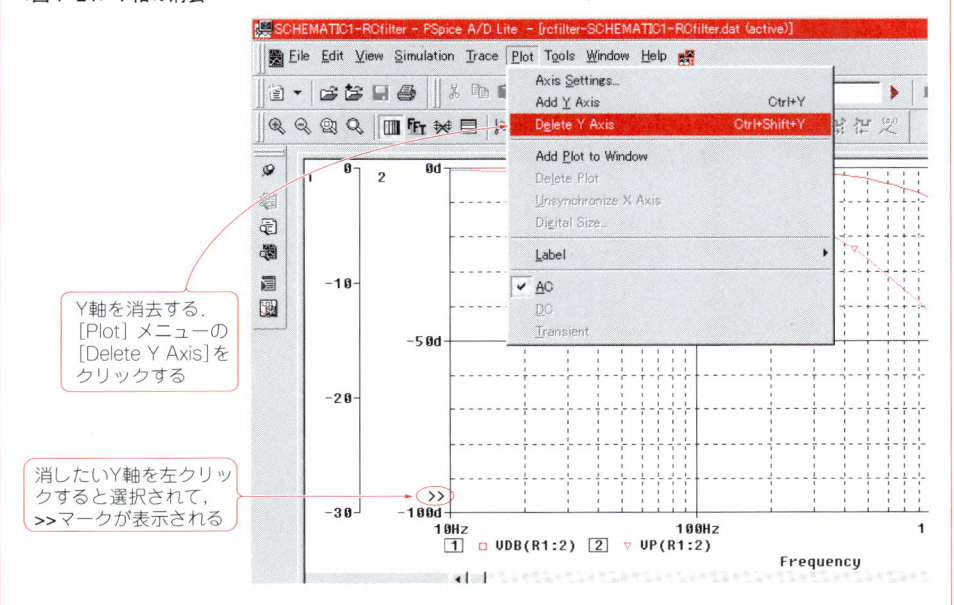

Y軸を消去する．
[Plot]メニューの
[Delete Y Axis]を
クリックする

消したいY軸を左クリックすると選択されて，
>>マークが表示される

すると位相のデータが消去され，ゲインのデータだけが表示されます(図4-20)．このとき，No.1のY軸の目盛りは自動更新されます．

次に，メニューから［Trace］-［Add Trace］をクリックします(図4-21)．すると，**Add Traces**ダイアログが表示されるので，一番下の**Trace Expression**欄に先ほど消去した**VP(R1:2)**を入力して［OK］をクリックします(図4-22)．これで，No.2のY軸に位相のデータが表示され，No.1のY軸の目盛りも自動更新されます(図4-23)．

なお［Add Trace］は，いったん回路図に戻り，回路図内のマーカをダブル・クリックしても行うことができます．

▶ Y軸を消去したいとき

消したいY軸をクリックすると，>>のマークが左下に表示されY軸が選択されます．この状態で，メニューから［Plot］-［Delete Y Axis］をクリックします(図4-24)．

● 位相とゲインを別々のグラフに表示する

▶ グラフの追加

PSpiceウィンドウのメニューから，［Plot］-［Add Prot to Window］をクリックしま

〈図4-25〉
グラフの追加

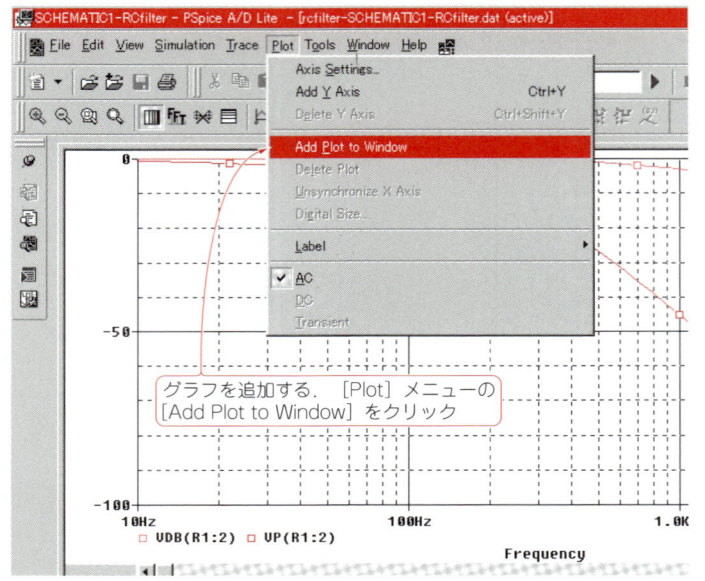

グラフを追加する．[Plot]メニューの[Add Plot to Window]をクリック

す(図4-25)．するとProbeウィンドウに，新たなグラフ(Plot)が表示されます(図4-26)．

図中の**SEL>>**のマークが左下に表示されているグラフが，現在選択されているグラフです．

先ほどと同様に，移動したいデータをいったん消去し，新しく追加したグラフを選択して［Add Trace］を実行すれば，二つのグラフにゲインと位相を別々に表示できます．上がゲイン，下が位相です(図4-26)．

▶ グラフの消去

消したいグラフをクリックすると，**SEL>>**のマークが左下に表示されグラフが選択されます．この状態で，メニューから［Plot］-［Delete Plot］をクリックします(図4-27)．

● Probe とマーカ

回路図を作成したCaptureの回路図ページ画面と，グラフ表示ソフトウェアProbeの間はマーカでリンクされています．回路図ページ中にマーカを接続すると，接続したポイントの電圧や電流がProbeのウィンドウに表示される仕組みになっています．

PSpiceは，デフォルトではネットリストのすべてのポイントの電圧や電流を計算し，その結果を保存しています．したがって，シミュレーション終了後に回路図中に新しいマ

〈図4-26〉Probeウィンドウに新たなグラフが表示される

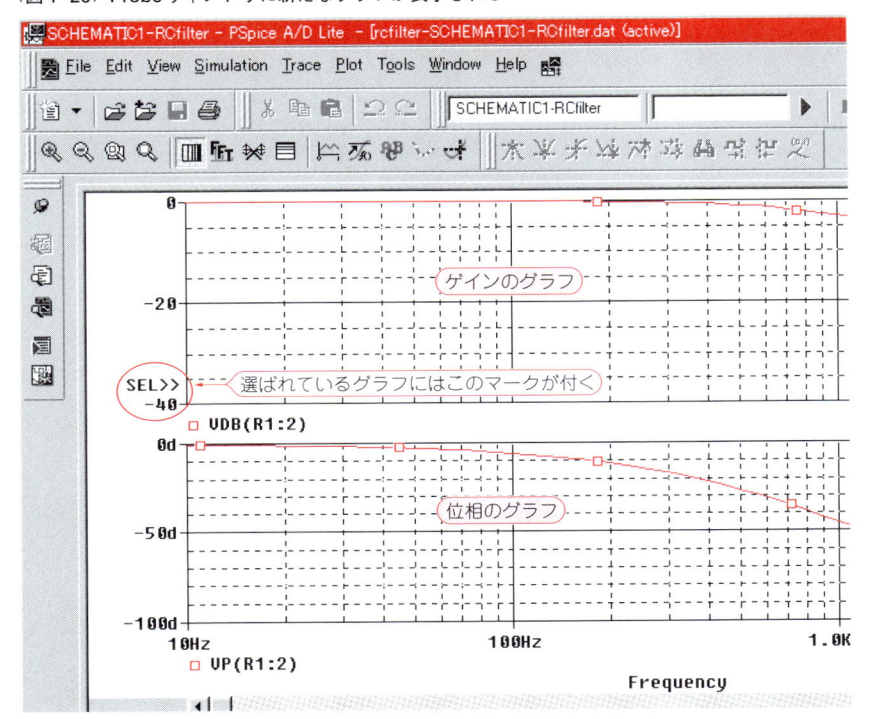

ーカを接続すると，接続したポイントの電圧や電流がProbe上に即座に表示されます．Probeのグラフには，回路図に接続したマーカの色と同じ色で，シミュレーション結果が表示されます．

● カーソルを利用した値の直読

カーソル機能を利用すると，Probe上に表示された波形の値を直読することができます．
メニューから［Trace］-［Cursor］-［Display］をクリック（図4-28），またはショートカット・アイコン**Toggle cursor**をクリックします（図4-29）．

画面の右下に**Probe Cursor**ウィンドウが現れ，**VDB**（**R1:2**）のグラフ・シンボルが四角い点線で囲まれます（図4-30）．

カーソルは「カーソル1」と「カーソル2」の二つがあり，**Probe Cursor**ウィンドウの**A1**と**A2**に対応しています．**dif**には二つのカーソルの差が表示されます．

〈図4-27〉プロットの消去

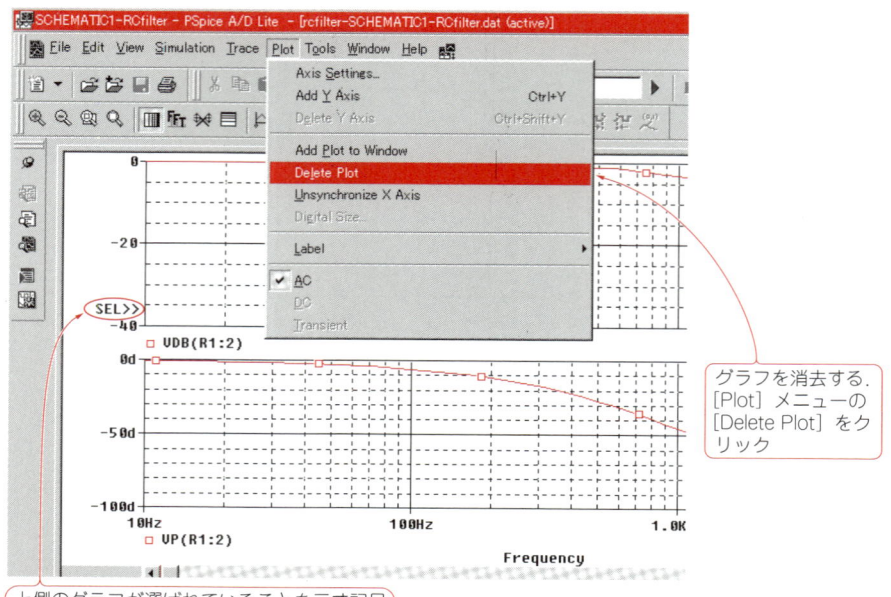

上側のグラフが選ばれていることを示す記号

グラフを消去する．[Plot] メニューの [Delete Plot] をクリック

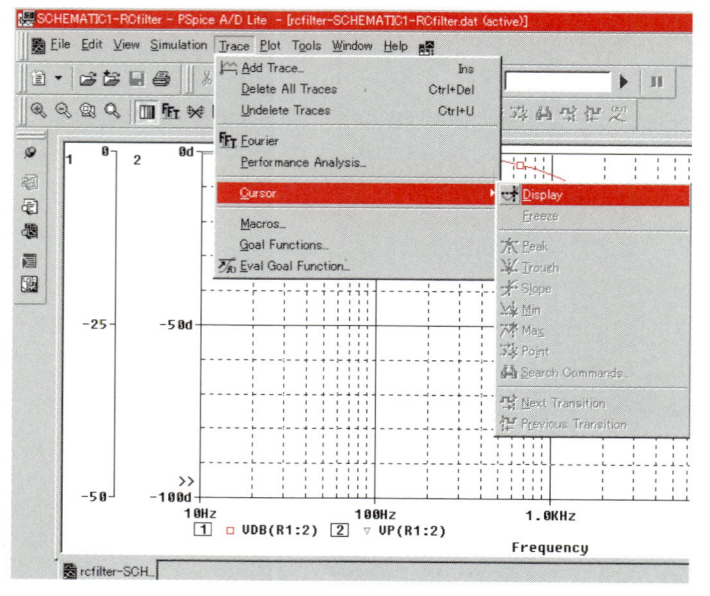

〈図4-28〉
カーソル機能の起動…[Trace] - [Cursor] - [Display] をクリック

第4章── ゲインや位相の周波数特性を調べる「AC解析」

〈図4-29〉カーソル機能の起動…アイコンToggle cursorをクリック

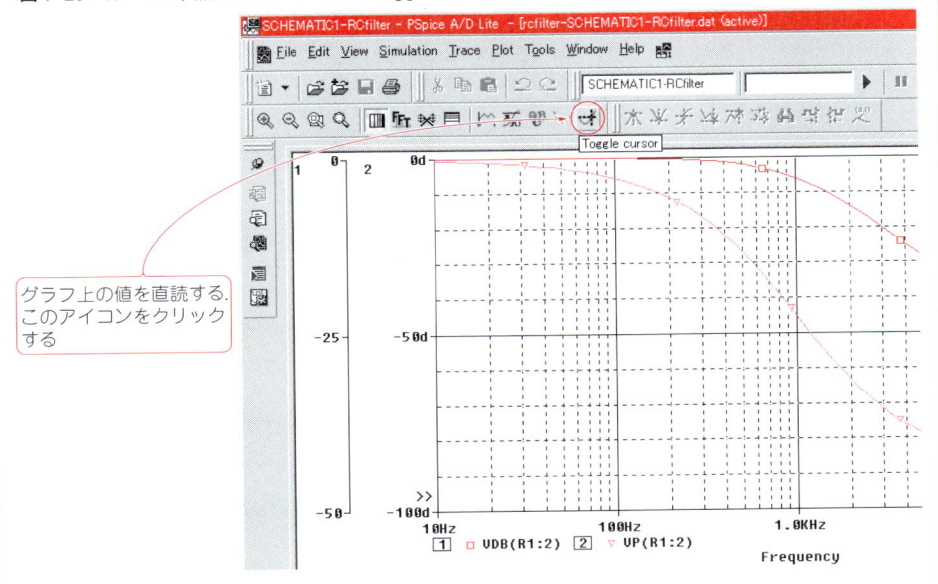

グラフ上の値を直読する．このアイコンをクリックする

〈図4-30〉画面の右下に現れたProbe Cursorウィンドウ

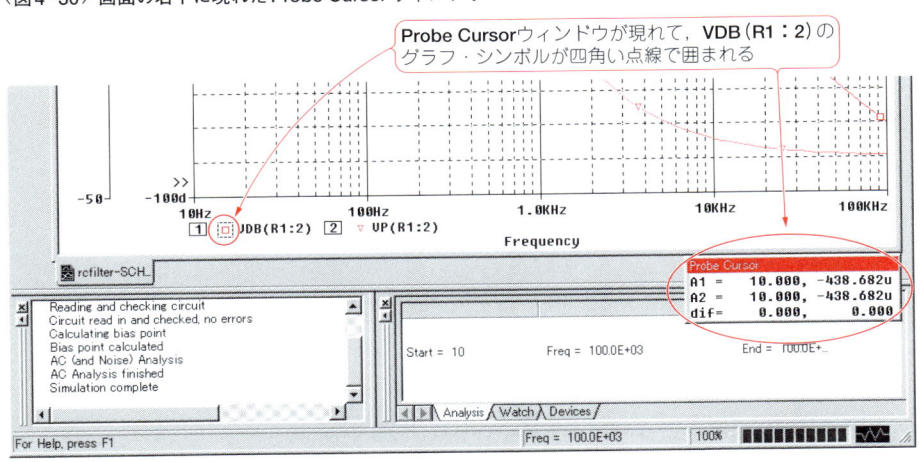

Probe Cursorウィンドウが現れて，VDB(R1：2)のグラフ・シンボルが四角い点線で囲まれる

4.3——計算結果を表示する機能"Probe"

〈図4-31〉
Probe Cursorウィンドウに表示されたカーソル1の値

```
Probe Cursor
A1 =    1.0000K,    -3.0334
A2 =    10.000, -438.682u
dif=   990.000,    -3.0329
```

〈図4-32〉VP(R1:2)のグラフ・シンボルをクリックするとProbe CursorウィンドウのA1の値が位相に変わる

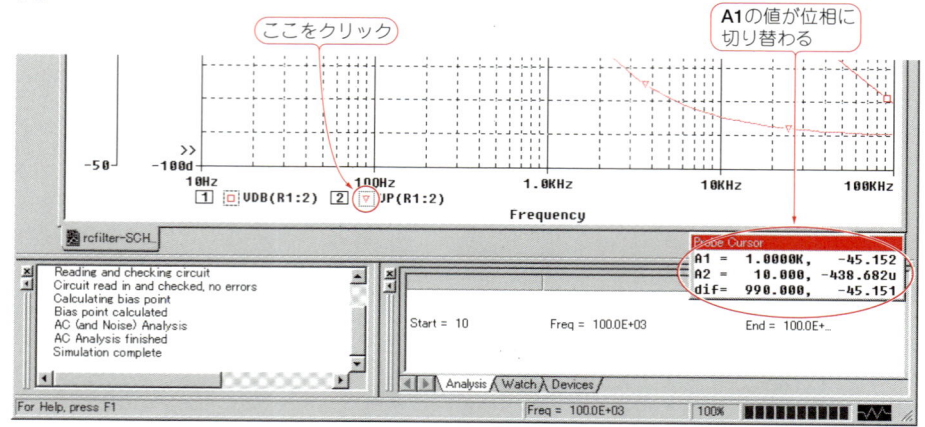

　カーソル1はマウスの左ボタン，カーソル2は右ボタンにそれぞれ対応しています．それでは，カーソルを移動して周波数1kHzのゲインを読んでみましょう．グラフの上でマウスの左ボタンをクリックすると，グラフ上に十字の点線が表示されます．これがカーソル1です．左ボタンをクリックしたままカーソルをドラッグして，1kHzの目盛りのところに移動します．図4-31に示すProbe Cursorウィンドウに，

　　A1 = 1.0000K，−3.0334

と表示されているのが，カーソル1の値です．今はVDB(R1:2)が選択されているので，「周波数1kHzのゲインは−3.0334 dB」と読むことができます．

　カーソルを位相のデータに切り替えたい場合は，VP(R1:2)のグラフ・シンボルをクリックすると，VDB(R1:2)のグラフ・シンボルが四角い点線で囲まれ，Probe CursorウィンドウのA1の値が位相に変わります（図4-32）．Probe Cursorウィンドウには，

　　A1 = 1.0000K，−45.152

と表示されます．今はVP(R1:2)が選択されているので，周波数1kHzの位相は−45.152°と読むことができます．

● キーボードを使用したカーソルの移動方法

カーソルは，下記のキー操作でも移動できます．

▶ カーソル1を右または左に移動

→ または ←

▶ カーソル2を右または左に移動

Shift + → または Shift + ←

▶ カーソル1を次または前の波形に移動

Ctrl + → または Ctrl + ←

▶ カーソル2を次または前の波形に移動

Shift + Ctrl + → または Shift + Ctrl + ←

▶ カーソル1を波形の最初または最後に移動

Home または End

▶ カーソル2を波形の最初または最後に移動

Shift + Home または Shift + End

● グラフ・フォーマットの復活

ここまで，シミュレーションした結果のグラフをいろいろと加工してきましたが，Captureに戻り定数を変えるなどして再度シミュレーションを実行すると，せっかく設定したグラフの条件がすべて最初に表示された元に戻ってしまいます．シミュレーションを実行するたびにグラフを作り直していたのではたいへんです．

そんなときは，以前に加工したグラフ・フォーマットを記憶させておきます．ここでは，先ほど作成したゲインと位相を上下別々に表示させたグラフ(図4-26)を記憶させておきます．

メニューから，[Window] - [Display Control] をクリックします(図4-33)．

Display Controlダイアログが表示されるので，**New Name**欄に**RCfilter**と入力し[Save]ボタンをクリックします．すると，図4-34に示すように**Displays**リストに**RCfilter**が追加されます．Captureに戻って定数を変更し，再度シミュレーションを行います．

すると，初めにシミュレーションを実行したときと同じフォーマットのグラフ(図4-15)が表示されます．

ここでメニューから，[Window] - [Display Control] をクリックします(図4-35)．

〈図4-33〉図4-26を記憶させる

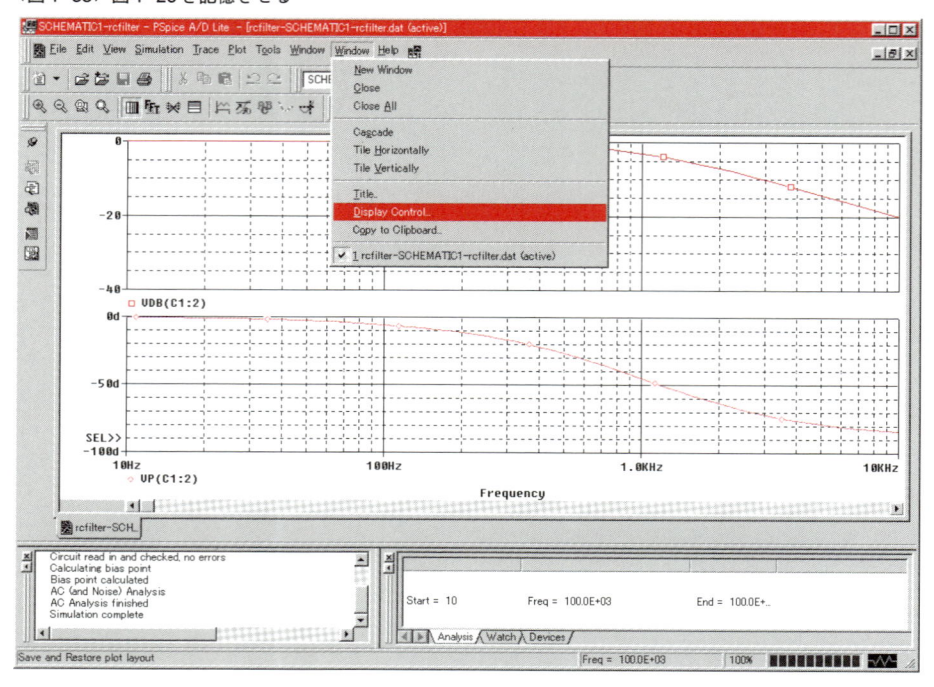

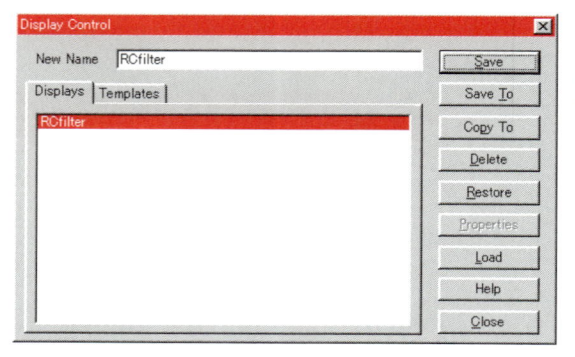

〈図4-34〉
グラフの表示形式の保存…New Name 欄に RCfilter と入力し［Save］ボタンをクリック

Displays リストの RCfilter を選択し，［Restore］ボタンをクリックします(図4-36)．すると，先ほど保存しておいたフォーマットのシミュレーション結果(図4-33)が表示されます(図4-37)．

〈図4-35〉［Window］-［Display Control］をクリック

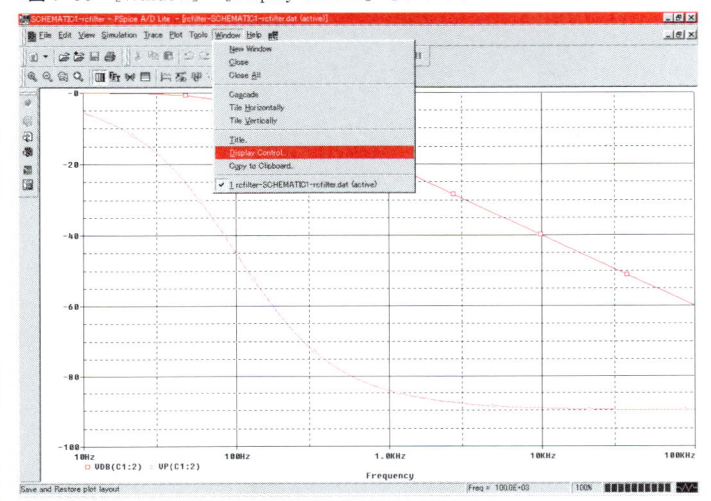

〈図4-36〉
RCfilterを選択し，［Restore］ボタンをクリック

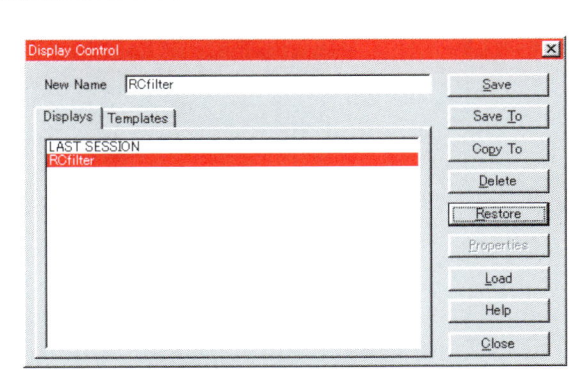

● シミュレーション・グラフをほかのアプリケーションにbmpで渡す

　シミュレーション・グラフは，ビット・マップ形式でほかのアプリケーションに渡すことができます．
▶ Probeウィンドウをクリップ・ボードにコピーする
　メニューから，［Window］-［Copy to Clipboard］をクリックします（図4-38）．
　すると，以下のダイアログ・ボックスが表示されるので，make window and plot backgrounds transparentのチェックを確認し，change all colors to blackを選択して，

4.3──計算結果を表示する機能"Probe"　95

〈図4-37〉図4-33が表示される

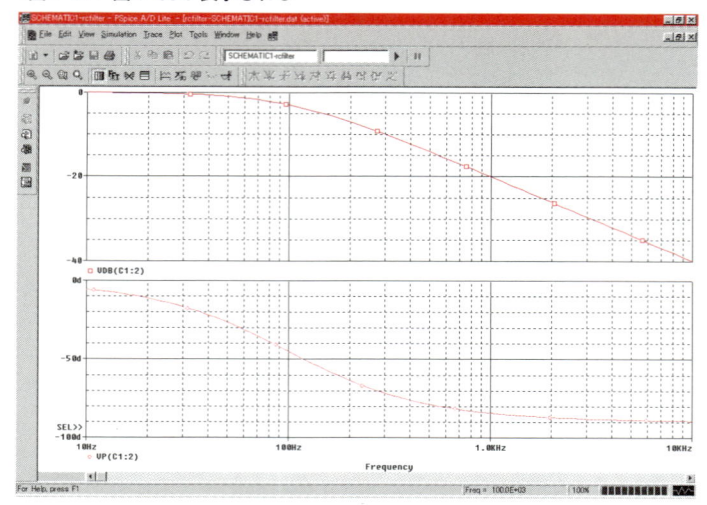

〈図4-38〉解析結果をExcelなどで活用したい…まずProbeウィンドウをクリップ・ボードにコピーする

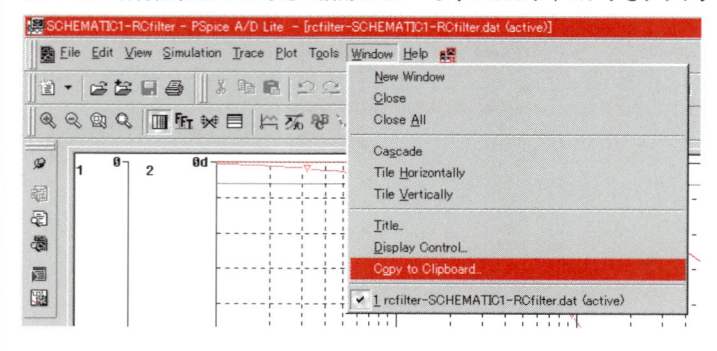

[OK]をクリックします(**図4-39**).これでクリップ・ボードにProbeのグラフ部分がコピーされ,ほかのアプリケーションに貼り付けることができます.

図4-40に示したのは,クリップ・ボードにコピーされたグラフです.本章のAppendix Aも参照してください.

〈図4-39〉make window and plot backgrounds transparent と change all colors to black をチェック

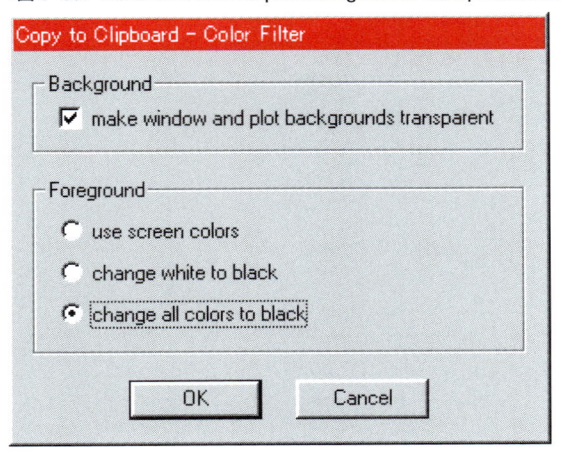

〈図4-40〉クリップ・ボードにグラフがコピーされたところ

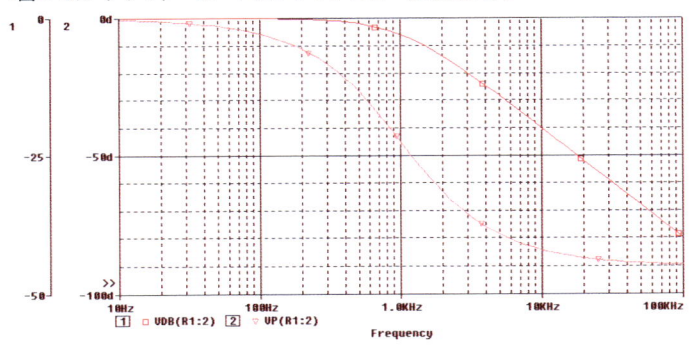

4.3──計算結果を表示する機能"Probe"

Appendix A
解析結果をExcelで利用する方法

● 解析データをテキスト・ファイルに出力する

コピーしたい解析結果が表示された状態にします．

次に，[Edit]メニューの[Select All]を選びます(図4-B)．グラフ上の曲線がすべて選択され，マーカが出ます(図4-C)．

もう一度，[Edit]から今度は[Copy]を選びます．これで，プロットのデータがクリップ・ボード（データの一時的な格納場所）にコピーされます．データはスペース区切りの数値データです．

● Excelを起動してクリップ・ボード上のデータを貼り付け，グラフ表示する

Excelを起動します．[編集]メニューの[貼り付け]を選択すると，Excel上にデータがコピーされます(図4-D)．

プロット数が多いと，データ量がかなり大きくなり，Mバイト超になります．特に過渡解析(transient)の場合，プロット数が多くなることがあります．

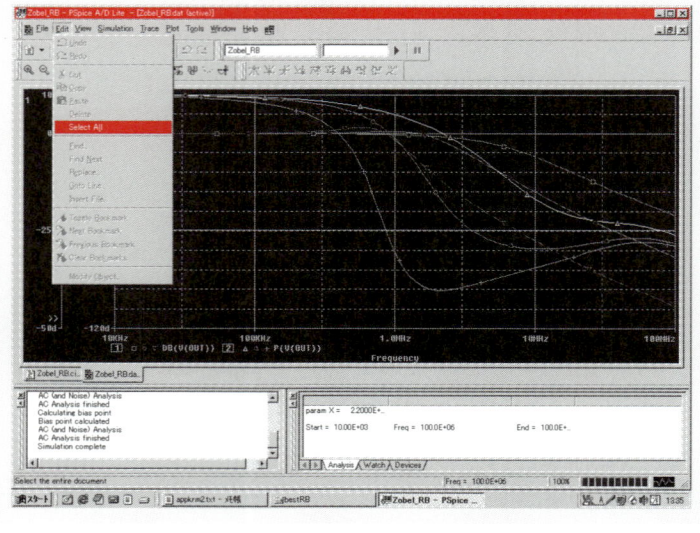

〈図4-B〉
解析データをテキスト・ファイルに出力する…[Edit]メニューの[Select All]を選ぶ

コピーされるデータは，シミュレーションされた範囲全体のもので，画面に表示された範囲のものではありません．例えば，0sから1sまでの過渡解析をした場合，画面には100msぶんしか表示していなくても，データは0sから1sまでコピーされます．

〈図4-C〉
グラフ上の曲線がすべて選択され，マーカが表示される

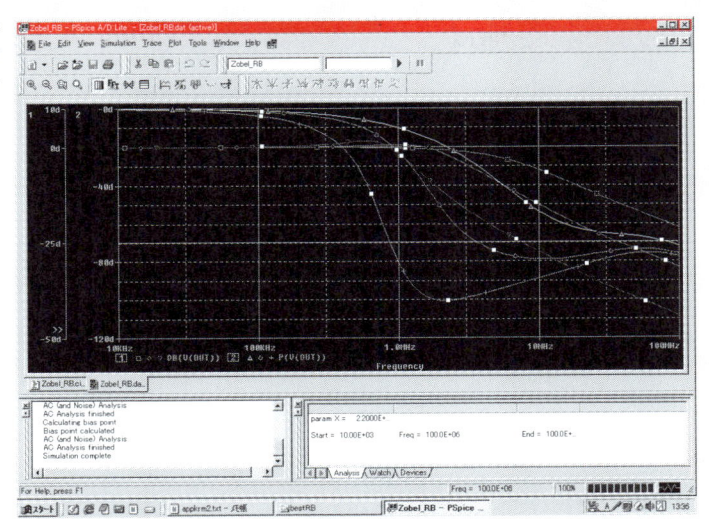

〈図4-D〉
Excelを起動して［編集］メニューの［貼り付け］を選択

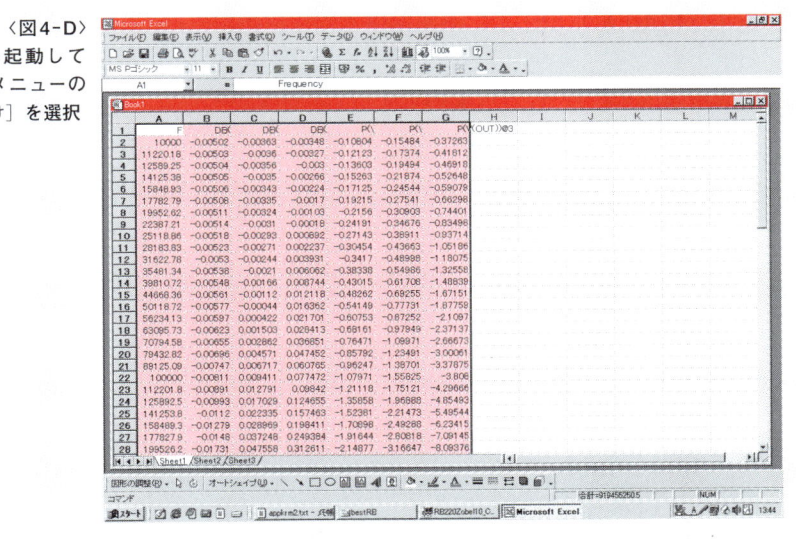

Appendix A──解析結果をExcelで利用する方法

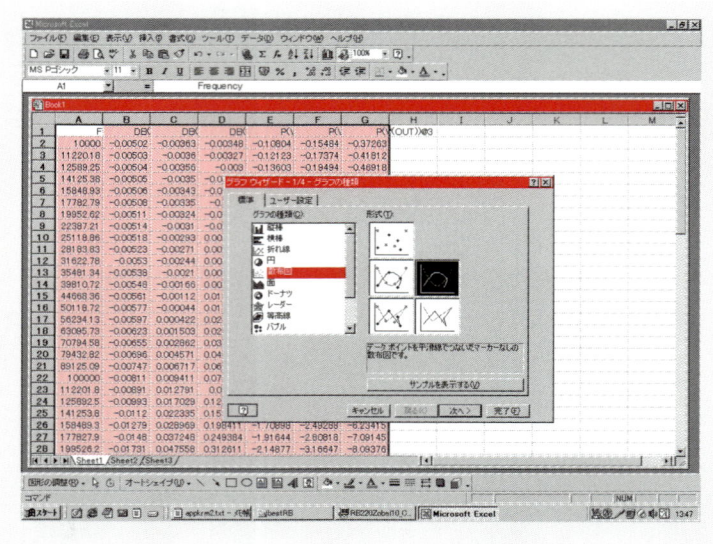

〈図4-E〉
グラフウィザード-
1/4-グラフの種類
ダイアログで散布
図を選ぶ

　曲線にしたいデータを選択します．［挿入］メニューから［グラフ］を選びます．
グラフウィザードが表示されます．

▶ グラフウィザード-1/4-グラフの種類

　散布図を選びます(**図4-E**)．PSpiceから移したデータは，プロット点が非常に多
いので，マーカなしが良いでしょう．［次へ］をクリックして先に進みます．

▶ グラフウィザード-2/4-グラフの元のデータ

　PSpiceから移したデータを選択します．コピー＆ペーストしたデータ範囲を丸ご
と囲みます．問題がなければ［次へ］をクリックして先に進みます．

▶ グラフウィザード-3/4-グラフオプション

　タイトルや軸の名前を入力し，軸や目盛りの設定をします．終わったら［次へ］を
クリックして先に進みます．

▶ グラフウィザード-4/4-グラフの作成場所

　見やすさから，新しいシートをチェックすることを勧めますが，どちらでもかまい
ません．［完了］でグラフが作成されます(**図4-F**)．

▶ グラフのタイトル，軸の名前，目盛り線などの変更

　軸，目盛り線，曲線を避け，グラフの適当な場所で右クリック(**図4-G**)して，［グ

〈図4-F〉
グラフが作成され
たところ

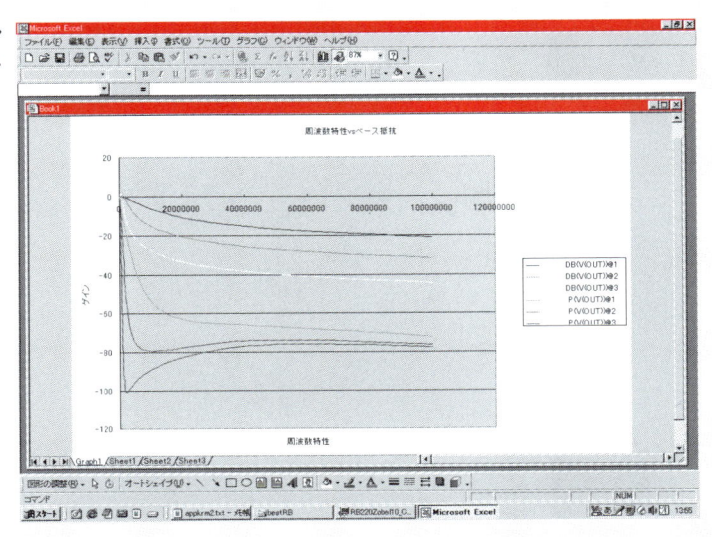

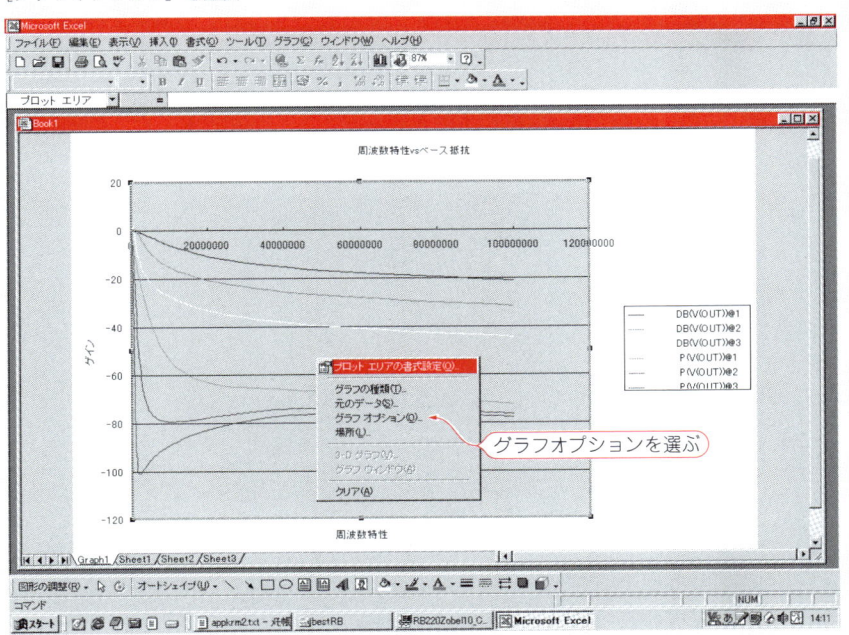

〈図4-G〉グラフのタイトル，軸の名前，目盛り線を変更…グラフ上の適当な場所で右クリックして
［グラフオプション］を選択

グラフオプションを選ぶ

Appendix A──解析結果を Excel で利用する方法

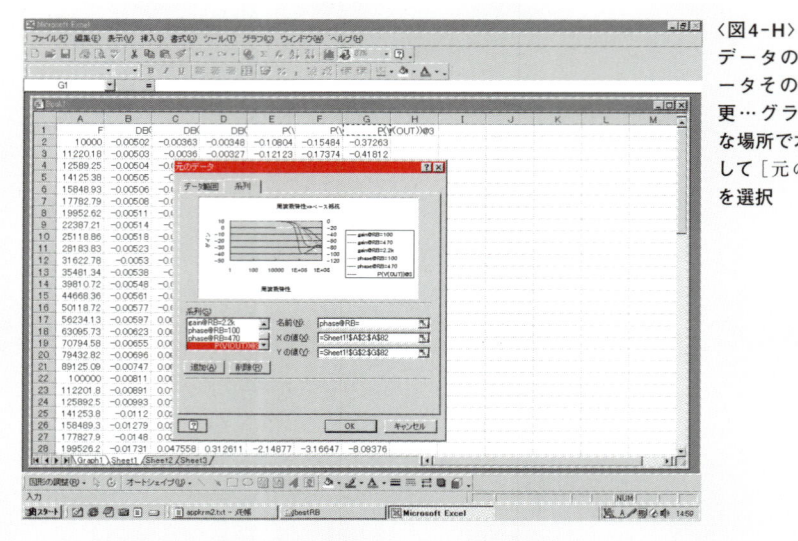

〈図4-H〉
データの名前やデータそのものを変更…グラフの適当な場所で右クリックして［元のデータ］を選択

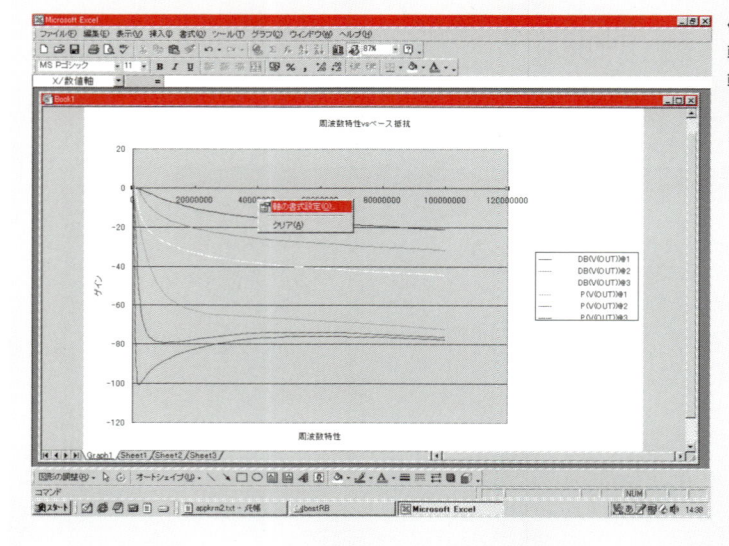

〈図4-I〉
軸を対数にする…軸の上で右クリックして［軸の書式設定］を選ぶ

ラフオプション］を選択します．

▶データの名前やデータそのものに関する変更

軸，目盛り線，曲線は避け，グラフの適当な場所で右クリックして［元のデータ］

〈図4-J〉
軸を追加したいとき
…曲線が選択された状態で右クリックして［データ系列の書式設定］を選ぶ

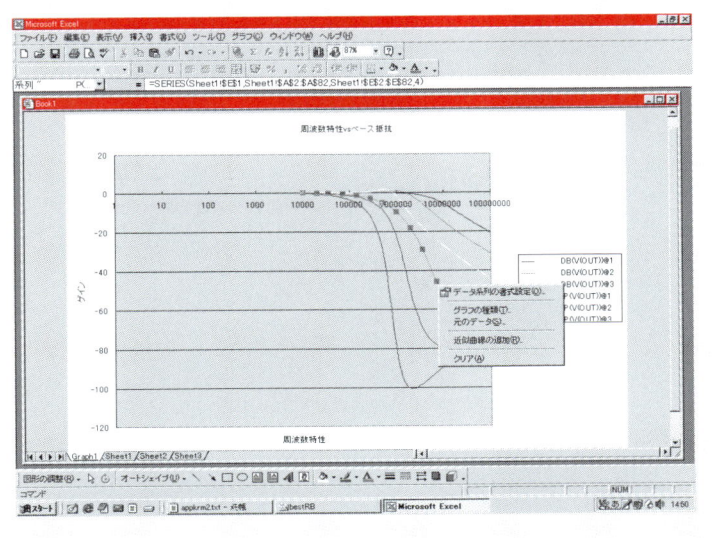

を選択します（図4-H）．

▶ 軸を対数にするとき

軸の数字の上で右クリックして［軸の書式設定］を選び（図4-I），目盛りタブをクリックします．下のほうにある対数目盛りをチェックします．

▶ X軸の表示位置を動かしたいとき

Y軸を選択して右クリックし，［軸の書式設定］を選びます．目盛りタブをクリックして，X軸との交点ボックスに，X軸を表示させたい位置のY値を入力します．

▶ Y軸の表示位置を動かしたいとき

X軸とY軸との交点ボックスに，X値を入力します．

▶ 軸を追加したいとき

とりあえず，一つの軸にまとめたままでグラフを描きます．

グラフができ上がったら，別の軸で表示したい曲線を左クリックで選択します．うまく選択できれば，曲線にマーカがつきます．

曲線が選択された状態で右クリックするとメニューが出るので（図4-J），［データ系列の書式設定］を選びます．軸タブをクリックして，使用する軸で第2軸をチェックします（図4-K）．［OK］を押してグラフ画面に戻れば，新しい軸ができます（図4-L）．

残念ながら2本以上の軸は設定できません．

Appendix A —— 解析結果をExcelで利用する方法

〈図4-K〉軸タブをクリックして，使用する軸で第2軸をチェック

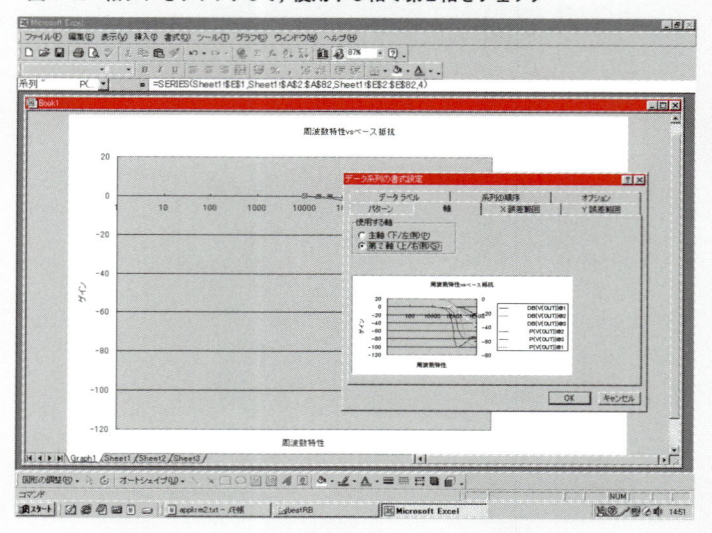

〈図4-L〉新しい軸が追加されたところ

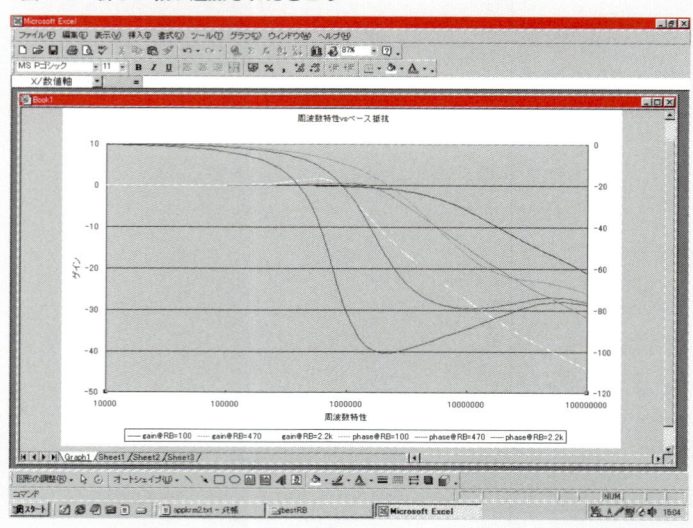

104　第4章── ゲインや位相の周波数特性を調べる「AC解析」

Appendix B
ショートカット利用の勧め

　ここまでは，基本的にウィンドウ上部のメニューからの操作を説明してきましたが，ショートカット・アイコン，またはショートカット・キーを使用することで，作図や

〈図4-M〉
Captureのショート
カット・アイコン

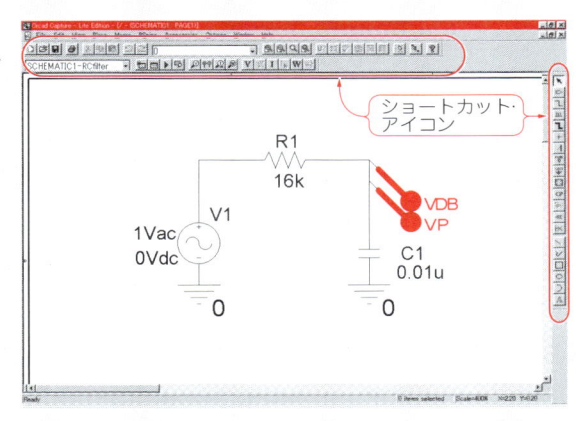

〈図4-N〉
Probeのショート
カット・アイコン

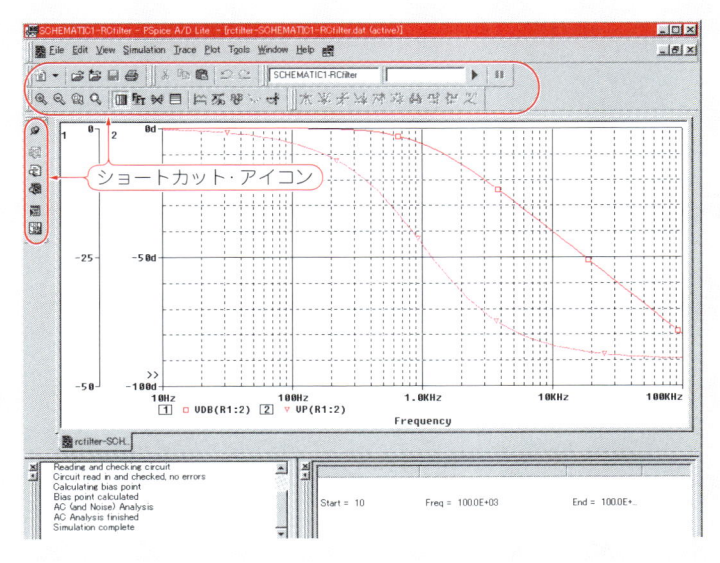

Appendix B── ショートカット利用の勧め　**105**

シミュレーションを素早く行うことができます．

図4-Mや図4-Nに示すように，ショートカット・アイコンは，ウィンドウの上部，または右側に配置されています．

図4-Oと図4-Pに，主なショートカット・アイコンとショートカット・キーを示します．次に示すのはCapture(回路図)の主なショートカット・キーです．

P：Place part(パーツ呼び出し)，**W**：Wire(配線)，**R**：Rotate(反時計回りに回転)，**H**：Mirror Horizontally(左右反転)，**V**：Mirror Vertically(上下反転)，**I**：Zoom in(拡大表示)，**O**：Zoom out(縮小表示)

〈図4-O〉Captureのショート・カット・アイコンの詳細

(a) Place part (パーツ呼び出し)
(b) Wire (配線) 
(c) 電源 
(d) グラウンド 
(e) Zoom in (拡大表示) 
(f) Zoom out (縮小表示) 
(g) Zoom to region (領域表示) 
(h) Zoom to all (ページ全体表示) 
(i) New Simulation Profile (新規解析の設定) 
(j) Edit Simulation Settings (解析設定の編集) 
(k) Run PSpice (解析の実行) 
(l) View Simulation results (結果の表示) 

〈図4-P〉Probeのショートカット・アイコンの詳細

(a) Log X Axis (X軸の対数/線形スケールの切り替え)
(b) Log Y Axis (Y軸の対数/線形スケールの切り替え) 
(c) Add Trace (波形表示の追加) 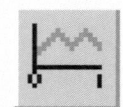
(d) Toggle cursor (カーソルを表示)

電子回路シミュレータ PSpice 入門編

第5章
電圧や電流の波形を調べる「過渡解析」
~信号の時間変化をオシロスコープのように表示する~

● 過渡解析とは

　この章では，第3章のRCフィルタ回路を例題にして過渡解析を行ってみます．

　過渡解析とは，横軸を時間軸として電圧や電流などの変化を観測するものです．オシロスコープを使った波形観測に相当します．

5.1 ── 過渡解析の準備

● 電圧源を変える

　先ほどは電圧源に交流信号源VACを使用しましたが，今度はVPULSを使ってパルス信号に入力します．

　回路図の電圧源シンボルをクリックし，Deleteキーを押して電圧源VACを削除します．次に，メニューから［Place］-［Part］をクリックし，VPULSE/SOURCEを呼び出します（図5-1）．VPULSEシンボルを元の電圧源があった場所に配置します（図5-2）．

● 属性の編集

　VPULSEは，次の七つの属性を設定しなければなりません（図5-3）．

　　V1：初期電圧
　　V2：パルス電圧
　　TD：遅延時間
　　TR：立ち上がり時間
　　TF：立ち下がり時間
　　PW：パルス幅

〈図5-1〉電圧源をVACからVPULSに変更する…VPULSE/SOURCEの呼び出し

電圧源を交流信号出力タイプからパルス信号出力タイプに変更する．**VPULSE**と入力

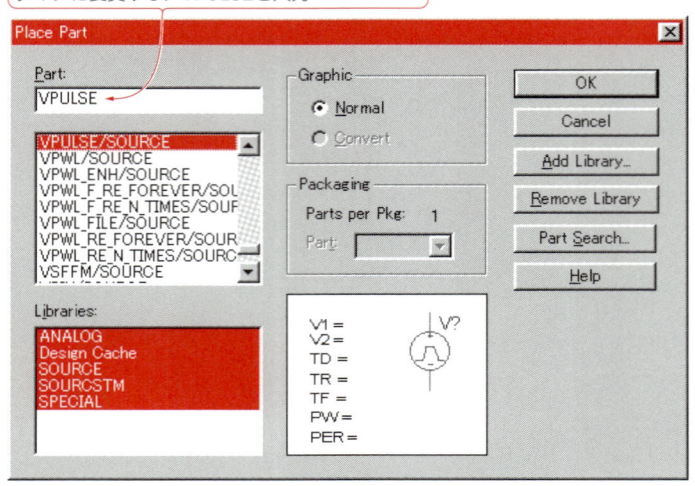

〈図5-2〉VPULSEシンボルを元の電圧源があった場所に配置する

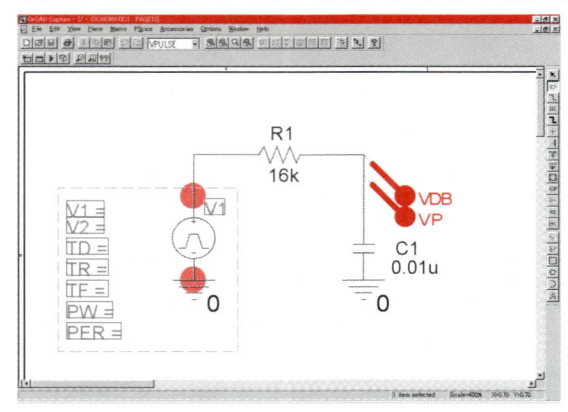

PER：周期

周波数100 Hz，デューティ50 %，電圧1 Vの繰り返しパルスを設定してみましょう．周波数が100 Hzですから，周期は10 msとなります．また，デューティ50 %なのでパルス幅は5 msです．したがって実際の設定は，

第5章—— 電圧や電流の波形を調べる「過渡解析」

〈図5-3〉VPULSEの七つの設定パラメータ

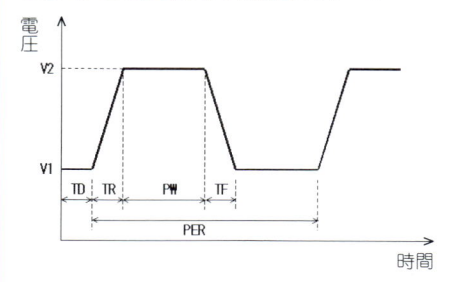

〈図5-4〉周波数100 Hz, デューティ50 %, 電圧1 Vの繰り返しパルスを設定したところ

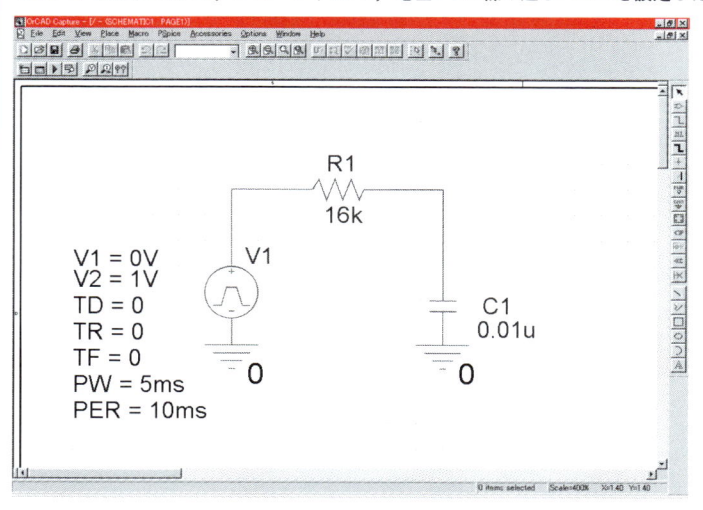

```
V1  =0V
V2  =1V
TD  =0s
TR  =0s
TF  =0s
PW  =5ms
PER=10ms
```

となります(図5-4).

5.1 —— 過渡解析の準備

〈図5-5〉Simulation Profileを編集する…過渡解析モードに設定

過渡解析モードに設定する.
Time Domain(Transient)を選択

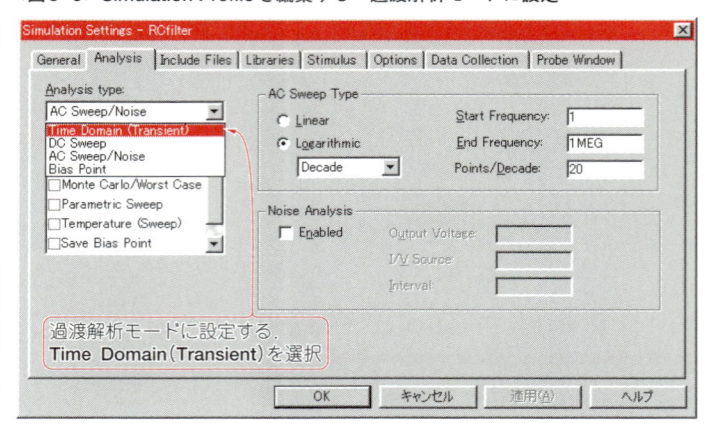

〈図5-6〉ダイアログ・ボックス右側に過渡解析の設定メニューが現れる

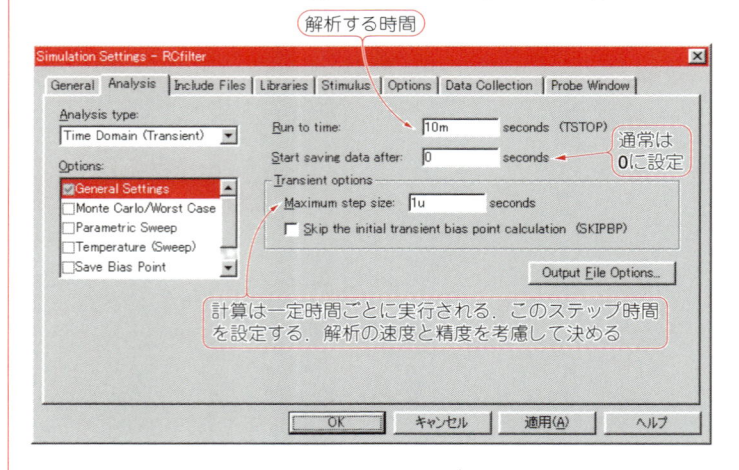

解析する時間

通常は0に設定

計算は一定時間ごとに実行される.このステップ時間を設定する.解析の速度と精度を考慮して決める

● Simulation Profile の編集

Simulation Profileを編集し,過渡解析用に変更します.

メニューから,[PSpice] - [Edit Simulation Settings]をクリックして,Simulation Settingsダイアログ・ボックスを開き,Analysis typeのリストからTime Domain (Transient)を選択します(図5-5).

すると,ダイアログ・ボックス右側に過渡解析の設定メニューが現れます(図5-6).各

〈図5-7〉
振幅と位相の周波数特性を観測するためのマーカを配置

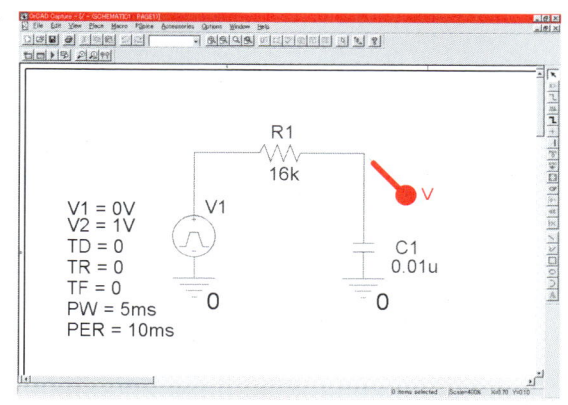

設定の内容は次のとおりです．

▶ Run to time

過渡解析を終了する時間です．何秒まで解析するかを設定します．

▶ Start saving data after

解析が実行された後に生成されるデータは，***.dat**というファイルに保存されます．ここに設定した時間以前のデータは，***.dat**ファイルに保存されません．セトリングに時間を要する回路などで，シミュレーション開始から回路が安定動作するまでの間，解析データをカットすることができます．

▶ Maximum step size

解析の最大時間ステップです．この設定値を小さくすると解析ポイントが増えるため，精度の高い解析を行えますが，シミュレーション時間が長くなり，データ・ファイルが膨大になります．ここでは，

　　Run to time=10m

　　Start saving data after=0

　　Maximum step size=1u

と設定し，［OK］をクリックします（図5-6）．

● マーカの配置

第4章ではゲインと位相の周波数特性を観測するために，電圧振幅をデシベル表示（1 V=0 dB）する **dB Magnitude of Voltage** と，電圧の位相を表示する **Phase of Voltage**

5.1 —— 過渡解析の準備　111

を使用しました．ここでは過渡応答を観測するので，電圧振幅を表示する **Voltage Level** を使います．

先ほどの **VDB** マーカと **VP** マーカを削除し，メニューから，[PSpice] - [Markers] - [Voltage Level] をクリックして，電圧源，および **R1** と **C1** の間にマーカを配置します（**図5-7**）．

5.2 ── シミュレーションの実行

以上でシミュレーションの準備が整いました．

メニューから，[PSpice] - [Run] をクリックします．シミュレーションが終了すると，

〈図5-8〉図5-7のマーカを接続したポイントの電圧波形が表示される

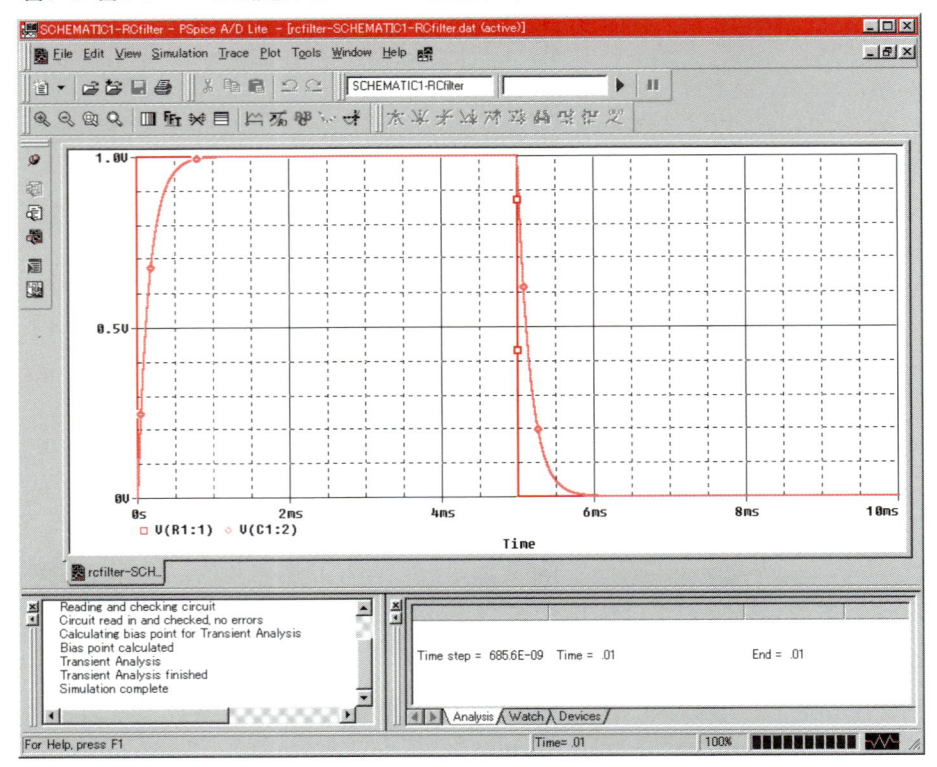

第5章── 電圧や電流の波形を調べる「過渡解析」

ウィンドウ上部のProbe画面に回路図でマーカを接続したポイントのシミュレーション結果が表示されます(図5-8)．グラフは，横軸が時間(ms)，縦軸が電圧(V)になっています．

● 過渡応答波形の比較

過渡解析を利用して，特性の異なる回路のシミュレーション結果を比較してみましょう．

図5-9に，3次のLCローパス・フィルタを二つ示します．カットオフ周波数は二つとも10 kHzですが，上がバターワース特性，下がベッセル特性のフィルタになっています．

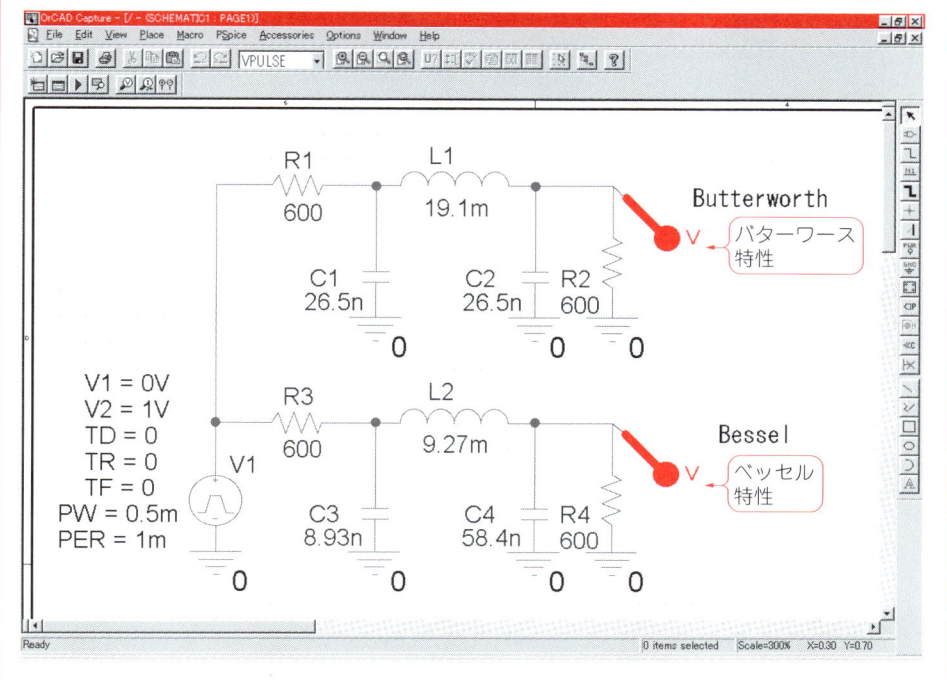

これら二つのフィルタに，1 kHzの矩形波を入力した場合の応答波形を比較してみましょう．パルス幅は0.5 ms，周期は1.0 msと設定します．シミュレーション結果を図5-10に示します．

シミュレーション結果から，バターワース特性よりもベッセル特性のほうがリンギングが少なく，矩形波に与える影響が小さいことが確認できます．

ベッセル特性フィルタは特に位相直線(phase linear)と呼ばれることもあり，波形ひず

〈図5-9〉3次LCローパス・フィルタのパルス応答を調べる(上：バターワース特性，下：ベッセル特性)

5.2——シミュレーションの実行

〈図5-10〉1 kHzの矩形波を入力したときの応答波形

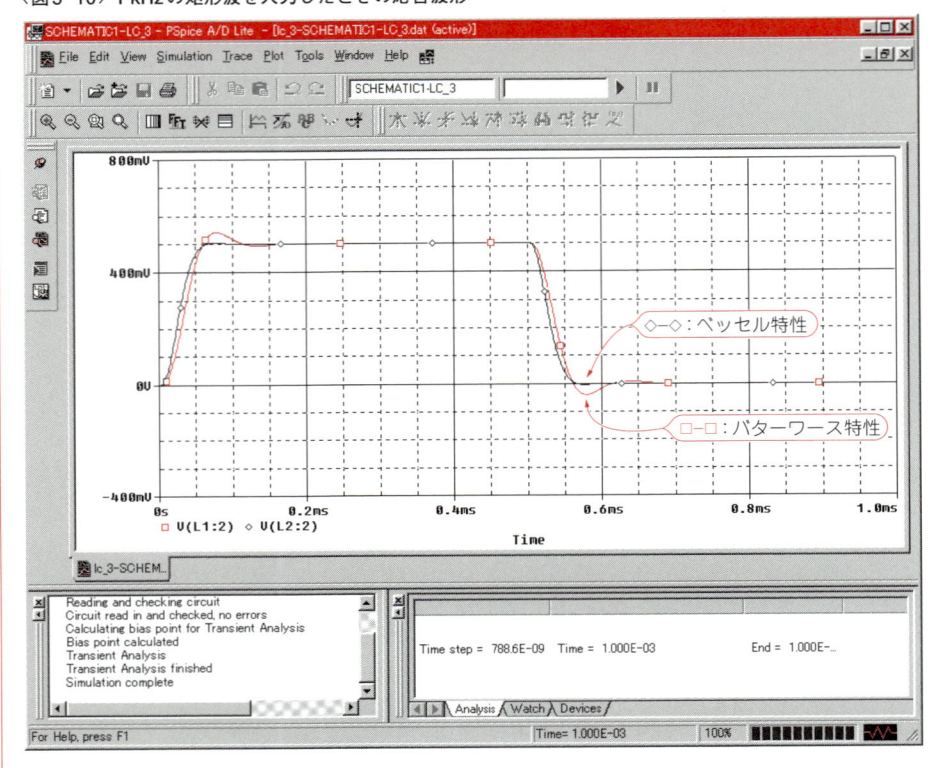

みが少なく再現性が良いことから，波形のピーク値分析やパルス伝送などのフィルタによく使われています[2].

電子回路シミュレータ PSpice 入門編

第6章
直流の入出力特性を調べる「DC解析」
~電圧や電流の静特性を調べる~

● DC解析とは

順序が少し前後しますが，本章でアナログ回路の基本的な解析方法の一つ目に挙げたDC解析について説明しましょう．

先に説明したとおり，DC解析とは直流電圧や直流電流を変化（スイープ）させて，そのときの出力のようすを調べる解析です．回路の直流利得や保護回路などのコンパレータ動作などの検証に役立ちます．

6.1 ── DC解析の準備

● インバータ回路を例にする

ここではDC解析を使って，トランジスタを使ったインバータ回路（**図6-1**）をシミュレーションしてみます．とても簡単な回路ですが，保護回路やTTL/CMOSロジックでLEDやリレーなどを駆動するときに使われています．

● 新規プロジェクトの作成

*RC*フィルタとは違う回路なので，新たにプロジェクトを作成しましょう．

先の操作と同様，［File］-［New］-［Project］をクリックします．

Name欄に**Tr-SW**と入力，［OK］をクリックし，［Create a brank project］のボタンを選択して新規プロジェクトを作成します（**図6-2**）．

● 回路図を描く

では，パーツを呼び出して回路図に配置していきます．トランジスタはこれまで使用し

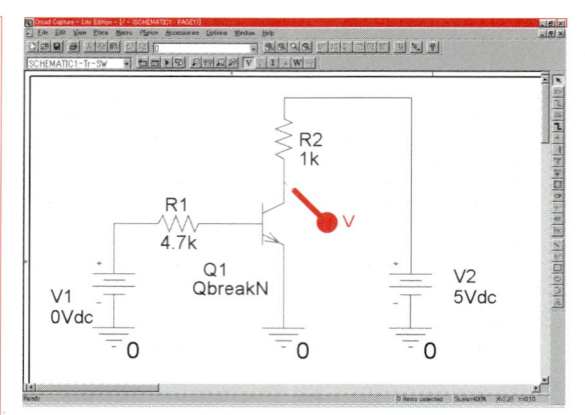

〈図6-1〉
例題…トランジスタによる
インバータ回路

〈図6-2〉
新規にプロジェクトを作成する
名前は**Tr-SW**にする

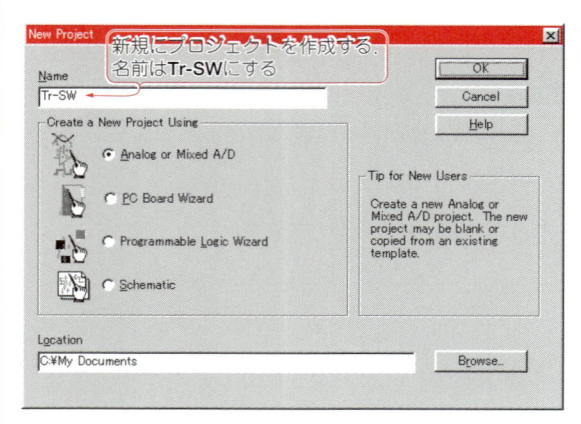

新規プロジェクトを作成する
（プロジェクト名Tr-SW）

たライブラリには含まれていないので，ライブラリの追加を行う必要があります．

メニューから，[Place]-[Part]をクリックします．**Place Part**ダイアログ・ボックスが開くので，[Add Library]をクリックします（**図6-3**）．

次に，`C:¥Program Files¥OrcadLite¥Capture¥Library¥PSpice`フォルダにある`breakout.olb`を選択して［開く(O)］ボタンをクリックします（**図6-4**）．通常，このフォルダの配下が表示されています．

図6-5に示すようにダイアログ・ボックス下部のLibraries欄にBREAKOUTライブラリが追加されるので，**Part**の欄に**QbreakN**と入力すると，NPNトランジスタが現れます．[OK]をクリックして，回路図にトランジスタを配置します．そのほかの部品も，

〈図6-3〉
トランジスタはこれまで使用したライブラリに含まれていないのでライブラリを追加する

トランジスタ・モデルを含むライブラリを追加する．
Add Libraryをクリック

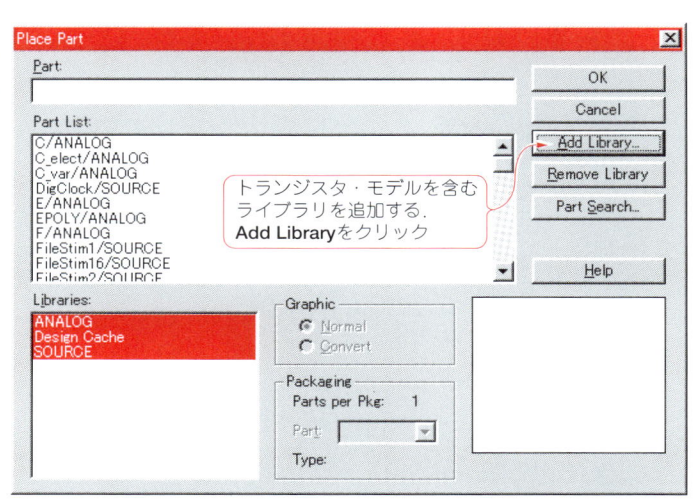

〈図6-4〉
breakout.olbを選択

トランジスタ・モデルを含むライブラリ
breakout.olbを追加する

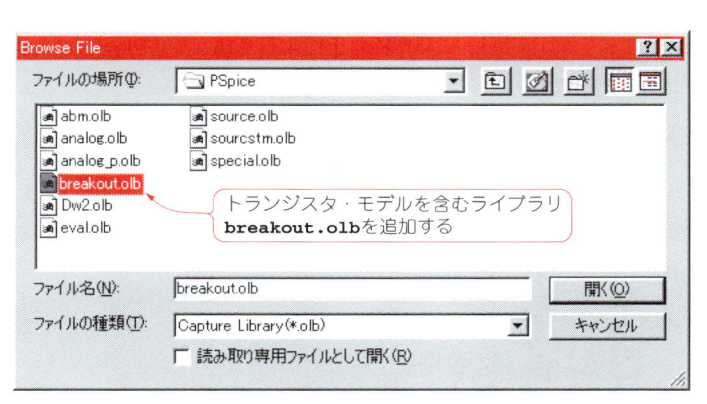

図6-1にしたがって入力していきます．

Place Partダイアログ・ボックスの下部に表示されたライブラリ一覧は，青く選択されたものが使用できます．ライブラリを追加すると，追加されたライブラリだけが選択されています．

抵抗や電圧源を追加するときは，それらの含まれているライブラリを選択して部品を呼び出してください．すべてのライブラリをあらかじめ選択しておいてもかまいません．なお，新規プロジェクト作成直後は，以前に追加されたすべてのライブラリが選択されています．

電圧源は，**VDC/SOURCE**を使います．**SOURCE**ライブラリに含まれている

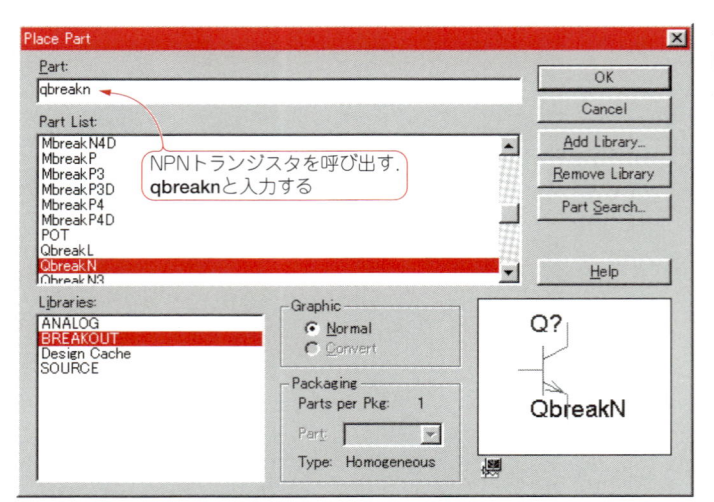

〈図6-5〉
Partの欄にQbreakNと入力するとNPNトランジスタが現れる

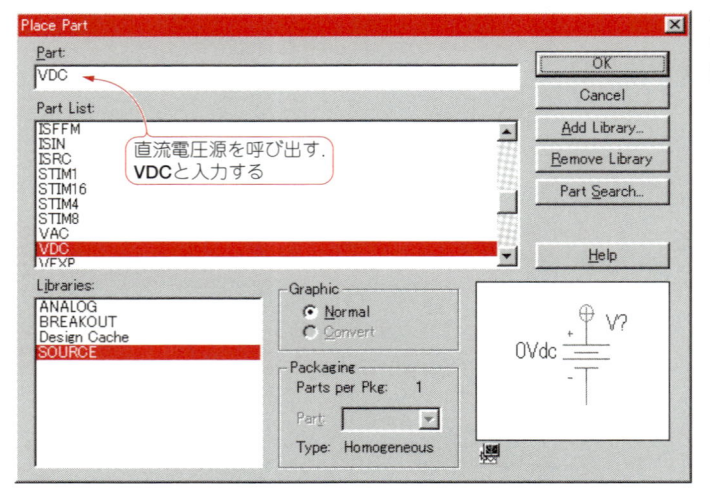

〈図6-6〉
電圧源VDC/SOURCEを配置する

VDC/SOURCEを選択して(図6-6)，回路図に配置します．

残りの抵抗やグラウンド・シンボル，マーカも，先ほどと同様に回路図に配置します．属性(抵抗値や電圧源の値)の編集も図6-1を参照しながら入力してください．回路図が完成したら，Simulation Profileの作成に移ります．

〈図6-7〉
Simulation Profileの作成（DC解析に設定）

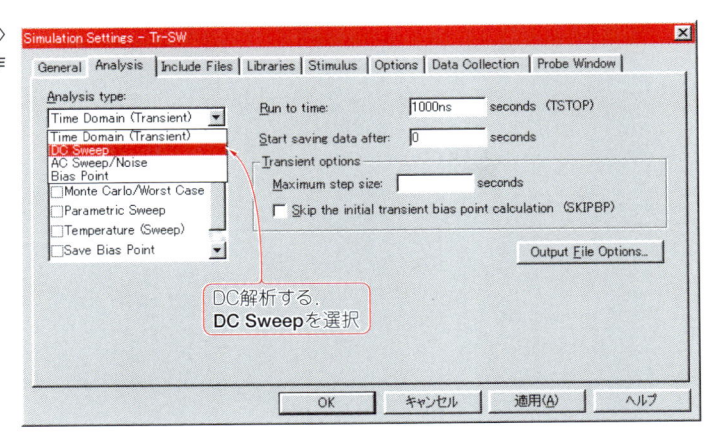

● Simulation Profileの作成

メニューから，[PSpice]‐[New Simulation Profile]をクリックし，**Tr-SW**という名前で新しいSimulation Profileを作成します．

DC解析を行うので，**Analysis type**のリストから**DC Sweep**を選択します（図6-7）．すると，ウィンドウ右側にDC解析のための設定欄が現れます．

各設定の内容は次のとおりです．

▶ Sweep variable

スイープを行うパラメータを指定します．

▶ Sweep type

スイープをリニア・スイープするかログ・スイープするかを選択します．ログ・スイープには**Decade**(10倍)と，**Octave**(2倍)があります．

▶ Start value

スイープを開始する値を設定します．

▶ End value

スイープを終了する値を設定します．

▶ Increment

リニア・スイープの場合，値をいくつずつスイープさせるかを設定します．ログ・スイープの場合は，・**Points/Decade**(**Octave**)となり，1ディケード(オクターブ)当たり何点値を取るかを設定します．

〈図6-8〉入力電圧を0Vから5Vまでリニアに変化させる設定

電圧を変化(スイープ)させる. Voltage sourceを選択.

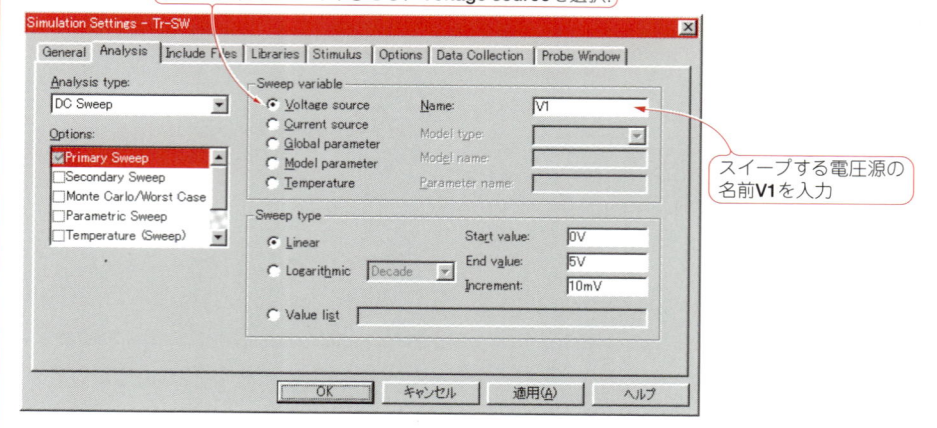

スイープする電圧源の名前V1を入力

● リニアにスイープするには

入力電圧が0Vから5Vまで線形(Linear)に変化した場合の出力をシミュレーションしてみます.

Sweep variableはVoltage sourceを選択, NameにV1と入力します. Sweep typeはLinearを選択, Start value=0V, End value=5V, Increment=10mVと入力します(図6-8).

[OK]をクリックして, Simulation Profileの設定を完了します.

図6-1の回路図にしたがって, 電圧を観測するVoltage Levelマーカを配置します.

これでシミュレーションの準備が整いました.

6.2 ── シミュレーションの実行

それでは, シミュレーションしてみましょう. メニューから, [PSpice]-[Run]をクリックします. シミュレーション結果を図6-9に示します.

入力電圧V1がトランジスタのベース-エミッタ間に加えられています. 入力電圧が0.7Vを越えたあたりからトランジスタがONし始め, 出力電圧が急激に下がり始めます. 入力電圧が約1Vを越えたあたりで, トランジスタは完全にONし, 出力電圧はほぼ0Vとなります.

このように, DC解析では電圧や電流などのパラメータを横軸にとり, それによる出力

〈図6-9〉DC解析の実行結果

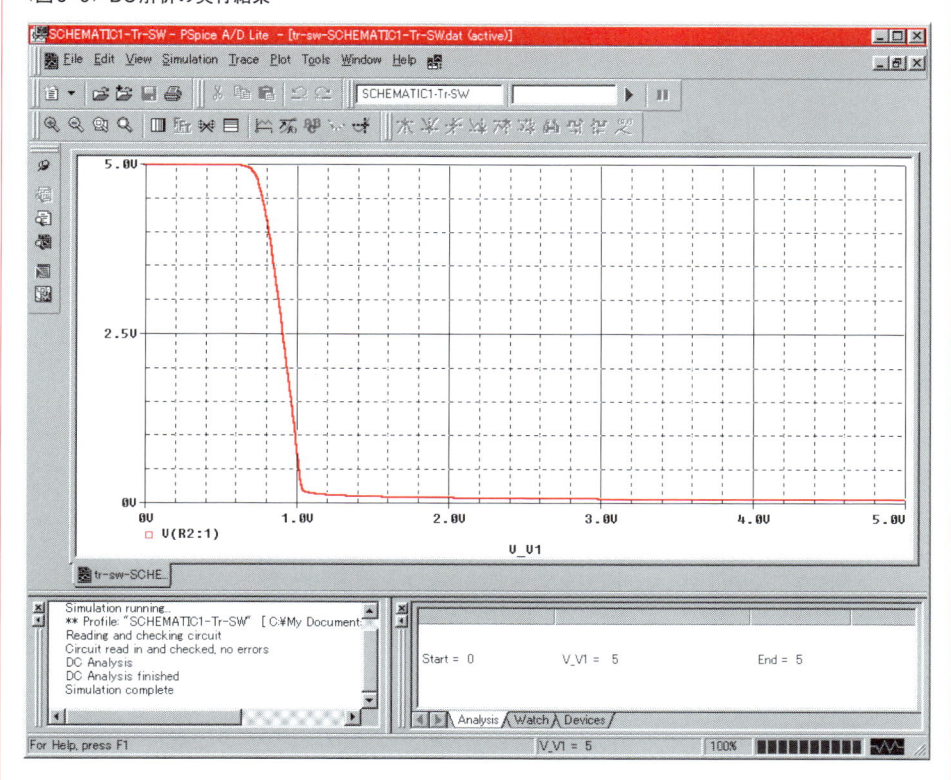

電圧の変化などを解析できます．

● 温度を変化させる

トランジスタの V_{BE}-I_C 特性が，温度によって変化することはよく知られています．PSpiceでは，シミュレーションを行う際の温度も設定することができるので，温度による回路動作の変化も解析できます．

通常，PSpiceは温度27℃で解析を行っています．この設定を変えることにより，周囲の温度が変化したと想定して回路動作を解析できます．

先ほどのトランジスタを使ったインバータ回路を例に，温度による特性の変化を見てみましょう．

メニューから，［PSpice］-［Edit Simulation Settings］をクリックして **Simulation**

〈図6-10〉
温度を変化させる設定

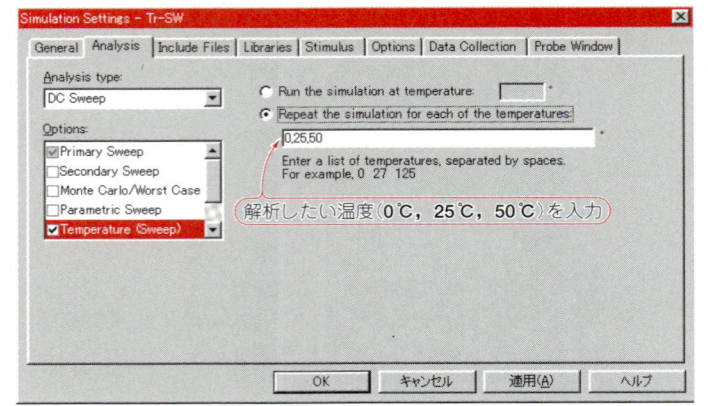

〈図6-11〉
0℃, 25℃, 50℃の三つの条件で解析する設定

Settingsダイアログ・ボックスを開き, Optionsの中のTemperature(Sweep)をチェックします(図6-10).

Repeat the simulation for each of the temperaturesを選択して, リストに0, 25, 50と入力します(図6-11). 温度リスト値の間は, カンマまたはスペースで区切ります. [OK]をクリックして設定を終了します.

再度, シミュレーションを実行してください. Available Sectionsダイアログが現れます(図6-12).

これは, 先ほどのDC解析を設定した温度リストに示されている0℃, 25℃, 50℃の三つの条件でシミュレーションが行われたことを示しています. 右側に各シミュレーション

〈図6-12〉Available Sectionsダイアログに0℃, 25℃, 50℃の三つの条件で解析が実行されたことが示される

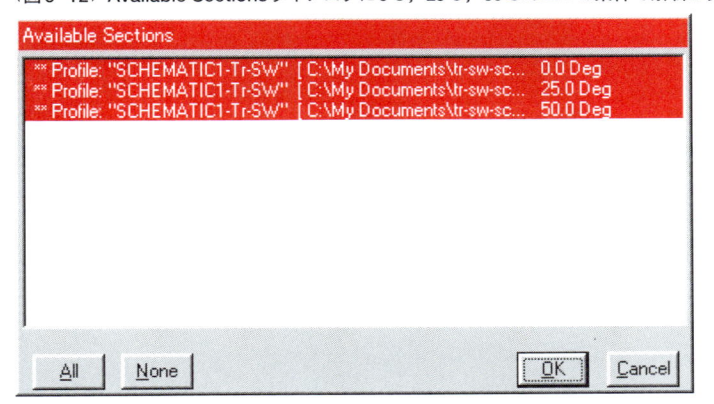

〈図6-13〉各設定温度ごとのDC解析結果

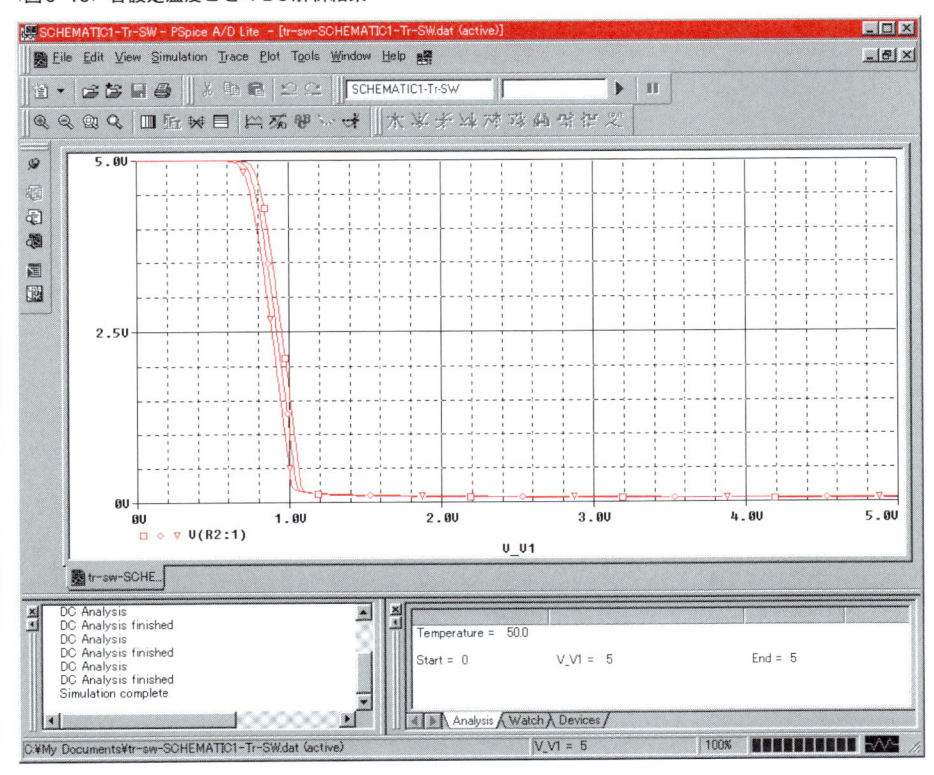

6.2 ── シミュレーションの実行

〈図6-14〉横軸のスケールを設定して，入力電圧1V付近を拡大

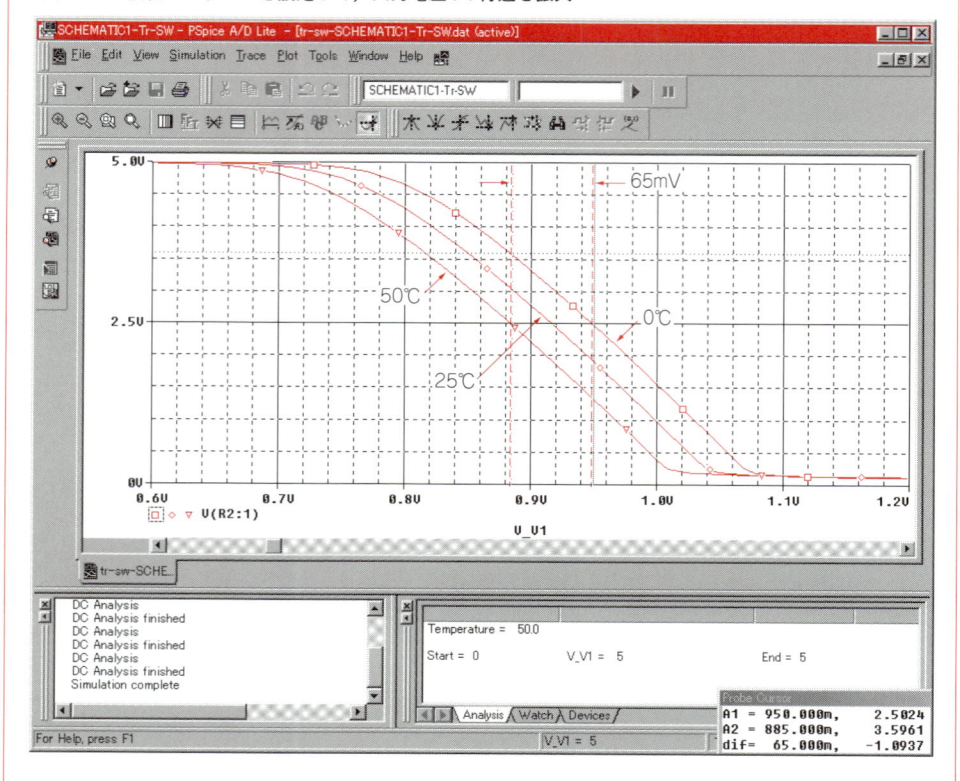

の設定温度が表示されています．このまま［OK］をクリックすると，各設定温度ごとのDC解析結果が表示されます(**図6-13**).

横軸のスケールを設定して，入力電圧1V付近を少し拡大してみましょう(**図6-14**).

グラフから，出力電圧が2.5Vになるときの入力電圧は，温度が0℃のときと50℃のときでは約65mVの差が生じることがわかります．このインバータ回路を保護回路などに使用する場合は，温度が0℃のときと50℃のときでは，保護レベル電圧に約65mVの差が生じる可能性があります．

電子回路シミュレータPSpice入門編

第7章
定数変化に対する特性の変動を調べる「パラメトリック解析」
~回路定数の決定やトラブル・シュートに有効~

● パラメトリック解析とは

　回路中に使用している素子の値(定数)が変わったときに，回路の振る舞いがどのように変化するかを見たいときがあります．

　このような場合，属性を変更して，そのつどシミュレーションしてもよいのですが，PSpiceには，回路定数を自動的に変化させながら解析できる機能が用意されています．これをパラメトリック解析といいます．

▶ AC解析，過渡解析，DC解析に適用できる

　パラメトリック解析は，AC解析，DC解析，そして過渡解析において実行できます．回路設計時における定数決定やトラブルの解析などにたいへん有効な機能です．

　本章では第3章のAC解析と第4章の過渡解析で事例に使った*RC*フィルタ回路を例にして，コンデンサの定数を変化させ，それによって周波数特性がどのように変わるかを解析してみます．

7.1 ── 解析の準備

● 電圧源を変えてPARAMシンボルを配置する

　AC解析を実行するので，まず電圧源をVACに戻します．

　パラメトリック解析を行うためには，PARAMシンボルが必要です．このシンボルは**special.olb**というライブラリに含まれています．

　メニューから，[Place]-[Part]をクリックし，[Add Library]ボタンをクリックします(図7-1)．

　C:¥Program　Files¥OrcadLite¥Capture¥Library¥PSpiceフォルダ配下の

7.1 ── 解析の準備　125

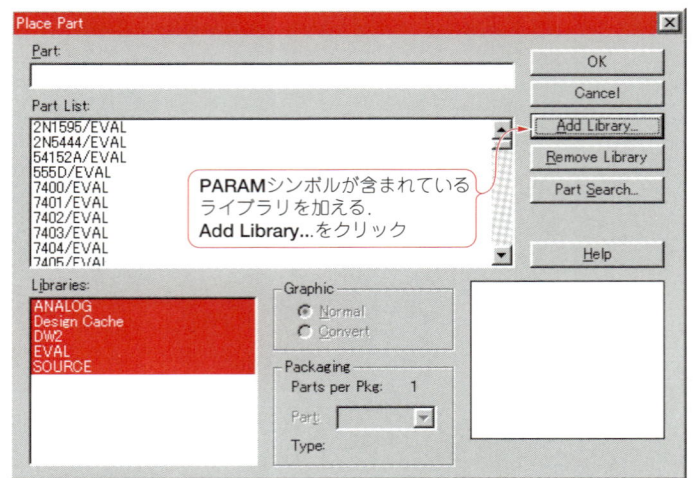

〈図7-1〉
パラメトリック解析を行うためにはPARAMシンボルを追加する必要がある

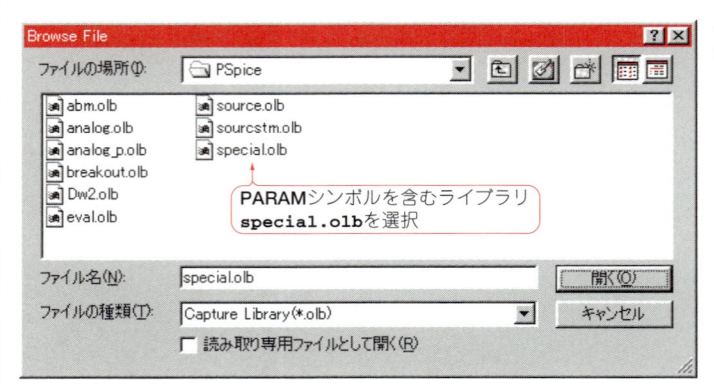

〈図7-2〉
PARAMシンボルはライブラリ**SPECIAL.olb**にある

special.olbを選択し，[開く(O)]ボタンをクリックすると，**special.olb**が追加されPARAMシンボルが使用可能になります(図7-2)．PARAM/SPECIALというシンボルを選択して(図7-3)，PARAMシンボルを回路図の任意の場所に配置します(図7-4)．

● 属性の編集

▶ グローバル・パラメータの定義

コンデンサ**C1**の**VALUE**属性を {cval} という名前(グローバル・パラメータ)に変更します．

〈図7-3〉
PARAM/SPECIALといウシンボルを選ぶ

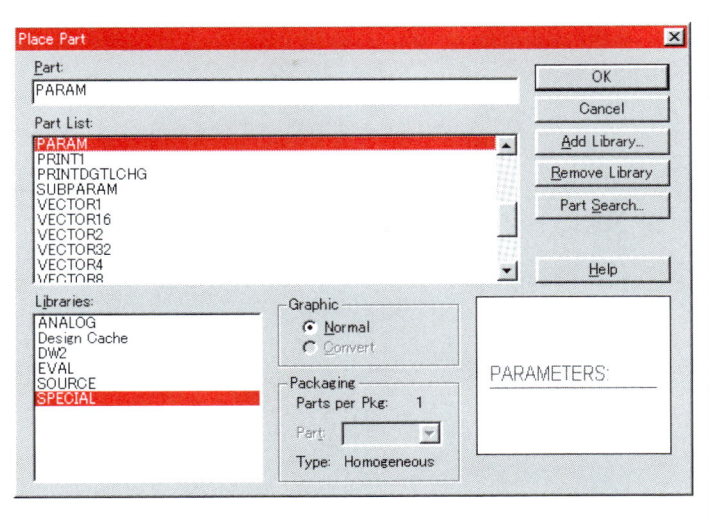

〈図7-4〉
PARAMシンボルを回路図の任意の場所に配置する

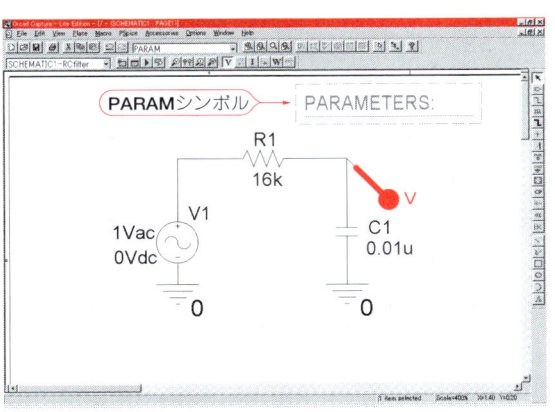

回路図のC1の属性0.01uをダブル・クリックすると，図7-5に示すダイアログが開きます．Valueの欄に，{}（ブレース）でくくって {cval} と入力します．

▶ PARAMETERSの属性の追加

シンボルPARAMETERS：をダブル・クリックしてProperty Editorウィンドウを開き，左上の［New Column...］ボタンをクリックします（図7-6）．

Add New Columnダイアログ・ボックスが開くので，Name欄にcval，Valueの欄に代表値0.01uを入力して［OK］をクリックします（図7-7）．ここではブレース {} は付けません．

7.1——解析の準備

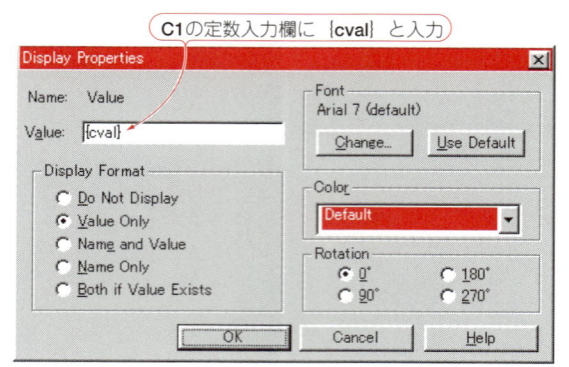

〈図7-5〉
C1のVALUE属性を {cval} という名前に変更

C1の定数入力欄に {cval} と入力

〈図7-6〉図7-4のPARAMETERS：をダブル・クリックしてProperty Editorウィンドウの [New Column...] をクリック

[New Column...]をクリック

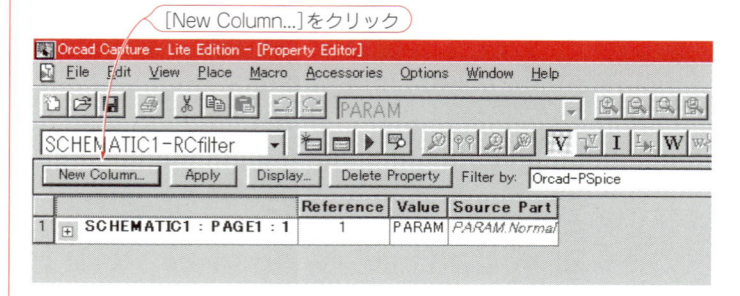

〈図7-7〉Name欄にcval，Value欄に代表値0.01uを入力

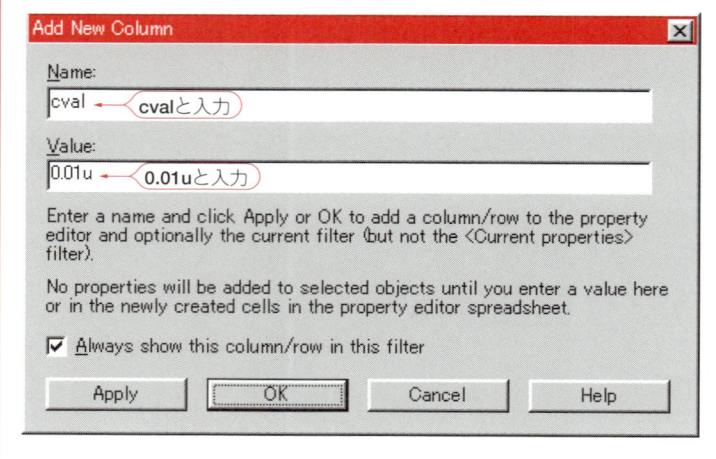

cvalと入力

0.01uと入力

第7章——定数変化に対する特性の変動を調べる「パラメトリック解析」

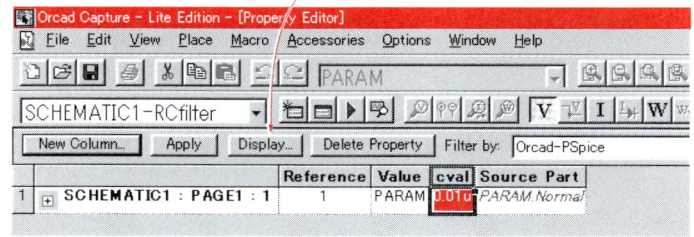

〈図7-8〉
cvalの列に続いて[Display...]をクリック

[Display...]をクリックここを選択

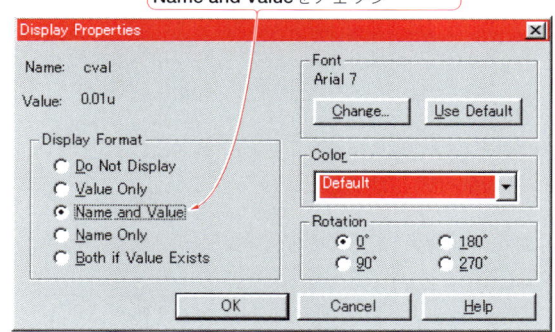

〈図7-9〉
Display FormatのName and Valueを選択して[OK]をクリック

回路図に表示するcvalの属性を選ぶ．Name and Valueをチェック

すると，Propertyの列にcvalが追加され，代表値0.01uが入力されているはずです．ここで，cvalの列をクリックします．続いて［Display...］ボタンをクリックしてください（図7-8）．

すると，Display Propertiesダイアログ・ボックスが開きます．これは，追加されたcvalプロパティを回路図に表示するかどうかを設定するものです．Display FormatのName and Valueを選択し，［OK］をクリックします（図7-9）．

これでプロパティの編集は終了です．右上の［×］ボタンをクリックして回路図に戻ります．

● Simulation Profile の編集

Simulation Profileを編集し，AC解析に変更します．

メニューから［PSpice］-［Edit Simulation Settings］をクリックしてSimulation

7.1——解析の準備

〈図7-10〉Logarithmic，Decadeを選択してStart Frequency=10 Hz，End Frequency=100 kHz，Points/Decade=20と入力

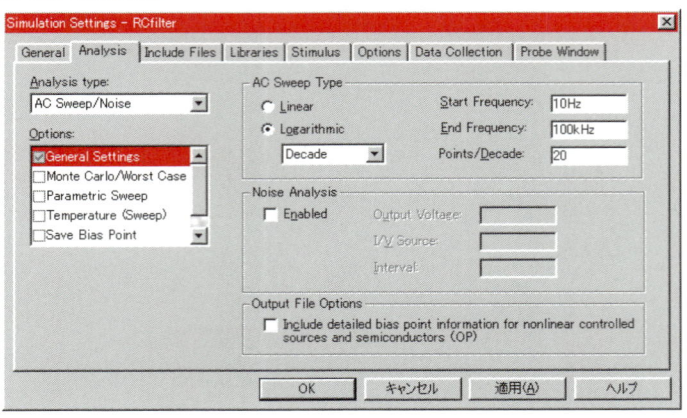

〈図7-11〉Options欄のParametric Sweepをチェック

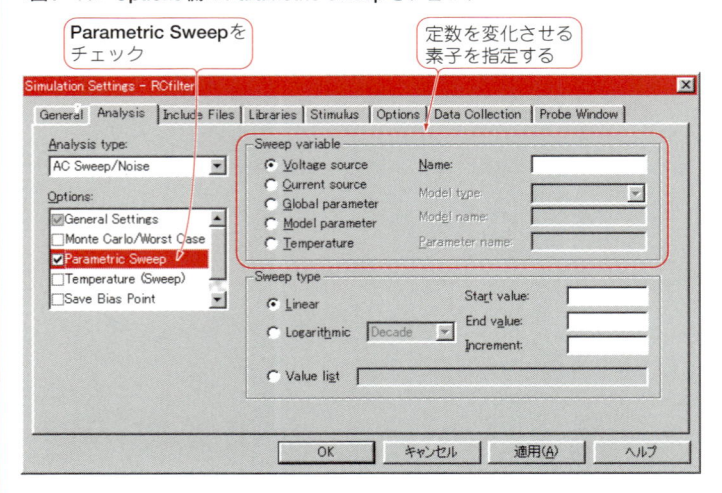

Settingsダイアログ・ボックスを開き，Analysis typeのリストからAC Sweep/Noiseを選択します．

ダイアログ・ボックス右側にAC解析の設定メニューが現れます．Logarithmic，Decadeを選択，Start Frequency＝10 Hz，End Frequency＝100 kHz，Points/Decade＝20と設定します(図7-10)．

〈図7-12〉C1の値が0.02 μFから0.1 μFまで0.02 μFずつ変化するように設定

（Global parameterを選択）
（cvalと入力）
（スイープ開始値）
（スイープ終了値）
（スイープ変化幅）
（Linearを選択）

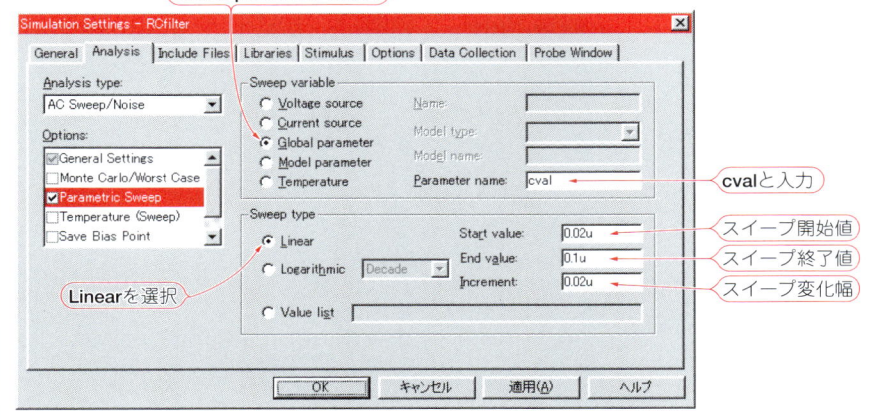

次に，Options欄Parametric Sweepにチェックを付けます．すると，画面右側にパラメトリック解析の設定メニューが現れます（図7-11）．各設定の内容は次のとおりです．

▶ Sweep variable

パラメータ（定数）を変化させる素子（値）を指定します．

▶ Sweep type

パラメータをリニア・スイープするか，ログ・スイープするかを選択します．Value listを選択すれば，Value listに指定した任意の値における解析を実行できます．リスト値の間はカンマまたはスペースで区切ります．

ここで，変化させるパラメータcvalはGlobal parameterになるので，Sweep variableはGlobal parameterを選択し，Parameter nameにcvalと入力します．

次にSweep typeをLinear（リニア）に設定します．さらに，Start value=0.02 u，End value=0.1 u，Increment=0.02 uと設定します．つまり，コンデンサC1の値を0.02 μFから0.1 μFまで，0.02 μFずつ変化させるという設定です．

以上で設定は完了です．[OK] をクリックして回路図に戻ります（図7-12）．

● マーカの配置

メニューから [PSpice] - [Markers] - [Advanced] - [dB Magnitude of Voltage] をクリックして，R1とC1の間の配線にマーカを接続します．

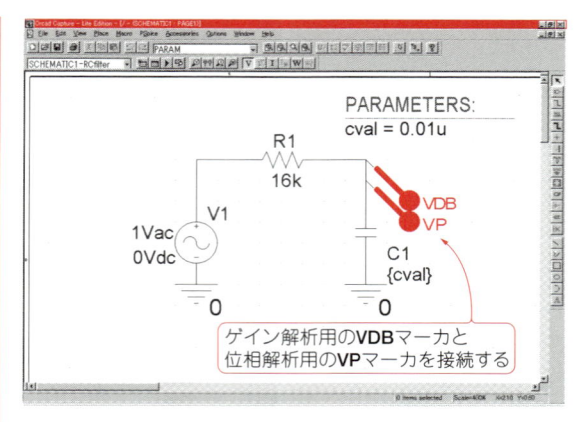

〈図7-13〉
R1とC1の間の配線にマーカをつける

ゲイン解析用の**VDB**マーカと
位相解析用の**VP**マーカを接続する

同様に，[PSpice] - [Markers] - [Advanced] - [Phase of Voltage] をクリックして，R1とC1の間の配線にマーカを接続します（**図7-13**）．

7.2 ── シミュレーションの実行

以上でシミュレーションの準備が整いました．メニューから，[PSpice] - [Run] をクリックします．

シミュレーションが終了すると，**図7-14**のダイアログ・ボックスが表示されます．変化させた各パラメータごとのシミュレーション結果が示されています．ここでグラフに表示したいデータを選択することもできます．通常は，各パラメータすべてのシミュレーション結果が選択されているので，そのまま [OK] をクリックします．すると，各パラメー

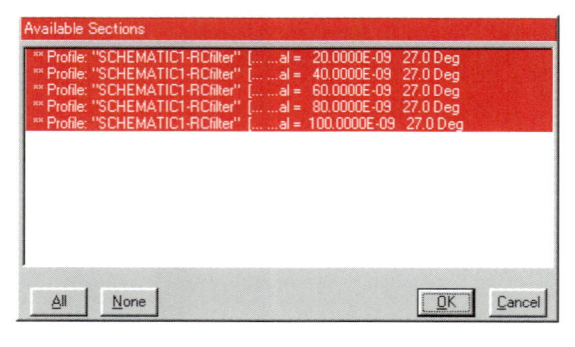

〈図7-14〉
各C1の値におけるゲインと位相の解析結果が示される

〈図7-15〉パラメトリック解析結果

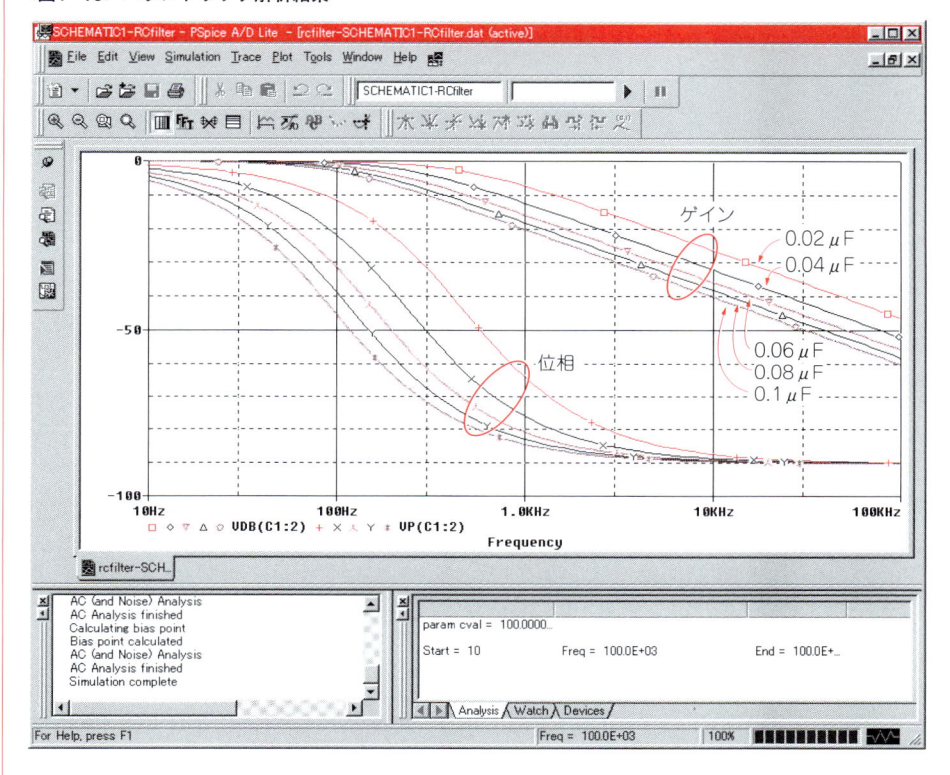

タごとに解析された結果がグラフ表示されます（図7-15）．

データは，パラメータのStart valueからEnd valueの順番に表示されます．グラフから，コンデンサの値を増加させていくと，カットオフ周波数が低下していくようすが確認できます．

電子回路シミュレータ PSpice 入門編

第8章
素子のばらつきが特性に与える影響を調べる「モンテカルロ解析」
～回路の歩留まり予測と部品精度の決定に役立つ～

● モンテカルロ解析とは

通常，実際に回路に使用する素子には必ず誤差があります．モンテカルロ解析は，この誤差の範囲を考慮して解析を行う機能で，実際に何度も回路を作らなくても，回路の歩留まりを予測することができるので，部品の選定などにも役立ちます．

8.1 ── 解析の準備

ここではRCフィルタ回路を例に，抵抗の誤差を1%，コンデンサの誤差を5%と定義して，素子の誤差による周波数特性のばらつきを解析してみましょう．パラメトリック解析の設定はすべて元に戻します．

● 誤差の入力

抵抗とコンデンサの定数に誤差を定義します．

抵抗R1のシンボルを選択して，マウスの右ボタンをクリックし，**Edit Properties**を選択します．または，R1のシンボルをダブル・クリック(図8-1)します．

すると，R1のProperty Editorウィンドウが開くので，**TOLERANCE**の欄に，抵抗の誤差**1%**を入力します(図8-2)．

このままでは，入力した誤差の1%が回路図に表示されません．そこで**TOLERANCE**欄にカーソルを合わせ，左上の［Display］ボタンをクリックします．すると，**Display Properties**ウィンドウが開くので，**Display Format**の**Value Only**にチェックして［OK］をクリックします(図8-3)．

Property Editorウィンドウの右上の［×］(閉じる)ボタンをクリックして回路図に戻る

〈図8-1〉R1の誤差の設定…R1のシンボルを選択して右ボタンをクリック

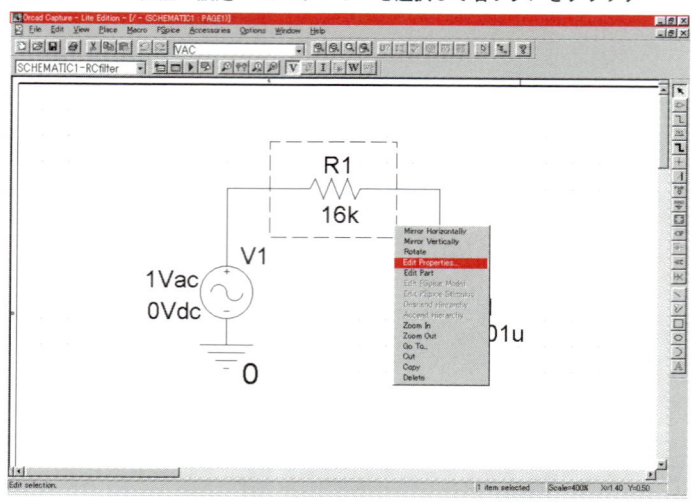

〈図8-2〉R1のProperty EditorウィンドウのTOLERANCE欄に誤差1%を入力

TOLERANCE（許容差）欄に1%と入力

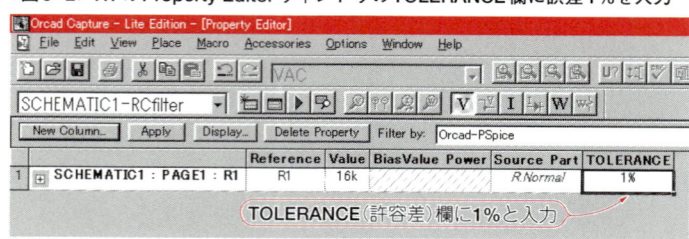

〈図8-3〉Display FormatのValue Onlyをチェック

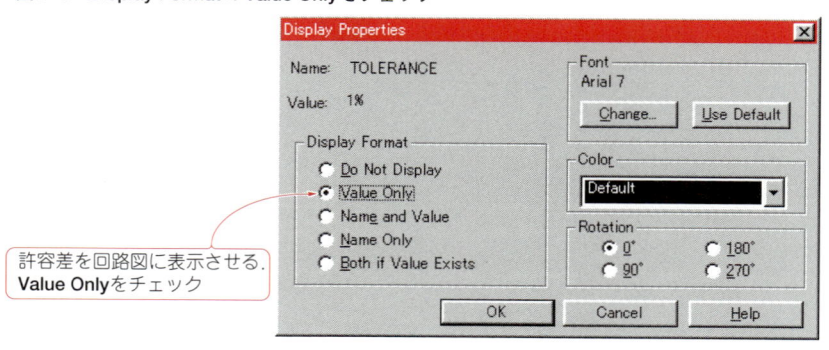

許容差を回路図に表示させる．Value Onlyをチェック

〈図8-4〉R1の誤差が1％に設定されたところ

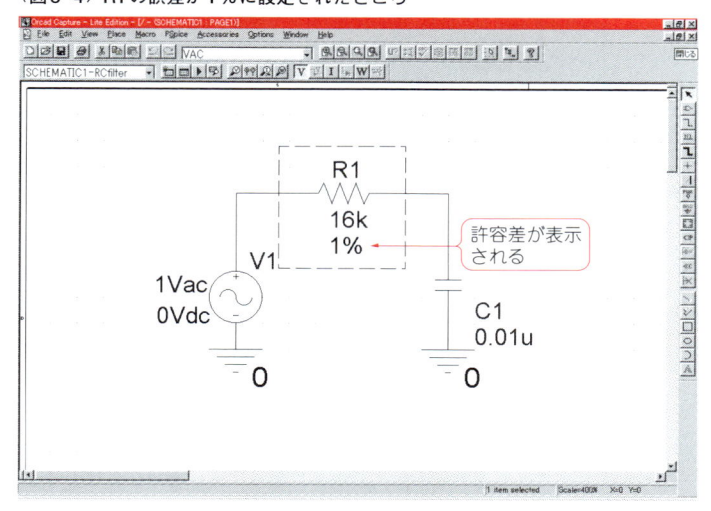

と，R1の誤差が1％と表示されます（図8-4）．

同様に，コンデンサC1の誤差を5％に設定します．

Property Editorウィンドウが開いたとき，図8-5のようにパーツのピンのプロパティが表示されることがあります．このような場合は，画面左下の**Parts**タブをクリックするとパーツのプロパティが表示されます．

● Simulation Profile の編集

Simulation Profileを編集し，モンテカルロ解析の設定を行います．

メニューから［PSpice］‐［Edit Simulation Settings］をクリックして，**Simulation Settings**ダイアログ・ボックスを開きます．**Options**のリストにある**Monte Carlo/Worst Case**にチェックを付けると，モンテカルロ解析の設定メニューが表示されます．

Analysis typeは，先ほどと同じ**AC Sweep/Noise**が選択されています（図8-6）．

各設定の内容は次のとおりです．

▶ Monte Carlo

モンテカルロ解析を行います．デフォルトでは，**Monte Carlo**が選択されています．

▶ Worst-case/Sensitivity

ワースト・ケース解析を行います．ワースト・ケース解析は，パラメータをある範囲内

〈図8-5〉パーツのピンのプロパティ

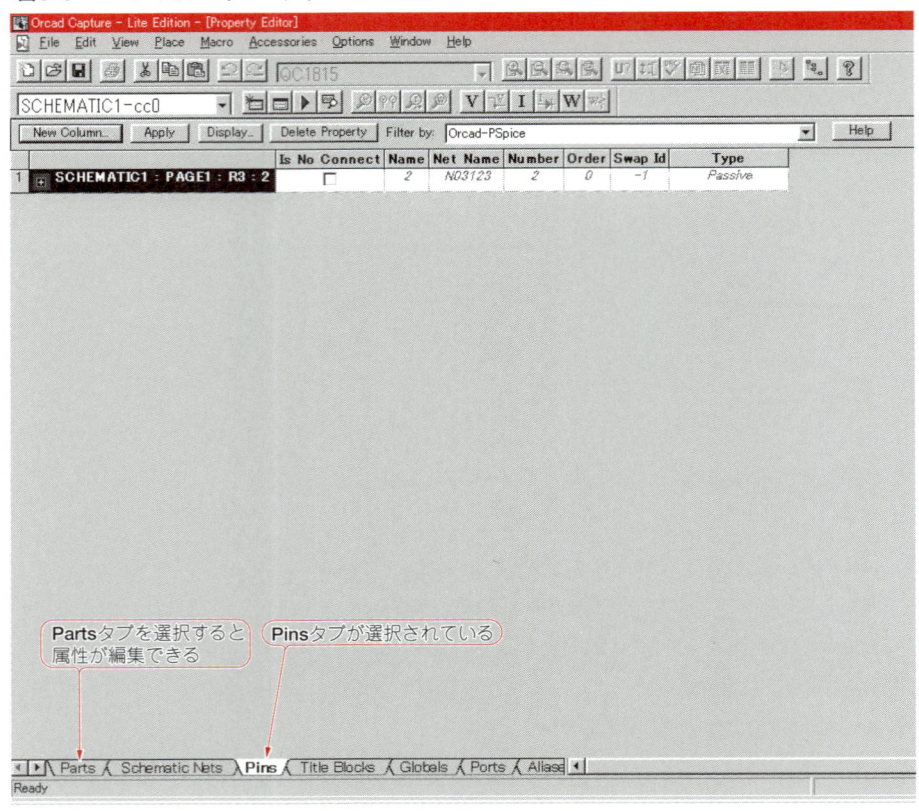

Partsタブを選択すると属性が編集できる
Pinsタブが選択されている

で変化させたとき，考えられる最悪の出力を求めるのに使います．

▶ Output variable：

解析の結果を表示したい観察ポイントのネット名を入力します．

▶ Monte Carlo options

・Number of runs：

解析の実行回数です．

・Use distribution：

誤差の分布の種類を指定します．Uniformは一様分布，Gaussianはガウス分布になります．[Distributions]ボタンをクリックすると，ユーザ定義分布を使用できます．

〈図8-6〉Simulation Profileを編集してモンテカルロ解析モードに設定

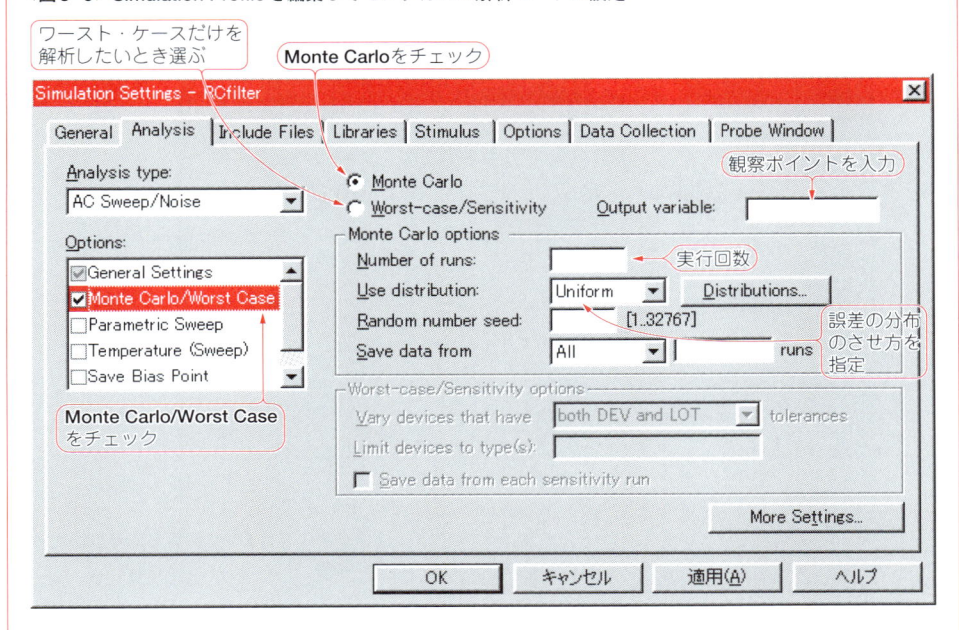

Uniformを選んだ場合，与えられた誤差の範囲で一様にランダムにシミュレーションします．これに対しGaussianを選ぶと，与えられた誤差をσ（標準偏差）として$\pm 3\sigma$までシミュレーションを行います．つまり，与えられた誤差が10％の場合，± 30％までガウス分布にしたがいます．

・**Random number seed**：

特に指定する必要はありません．

・**Save Data from**：

シミュレーション結果のうち，Probeで表示させるデータを指定します．通常はAllを指定します．

＊

デフォルトではモンテカルロ解析が選択されています．**Output Variable**に観測ポイントのネット名**VDB(R1:2)**を，**Number of runs**には20を入力します．**Save Data from**は**All**を選択して［OK］をクリックします（図8-7）．

〈図8-7〉Output Variable に VDB(R1:2) を，Number of runs に 20 を入力，Save Data form は All を選択

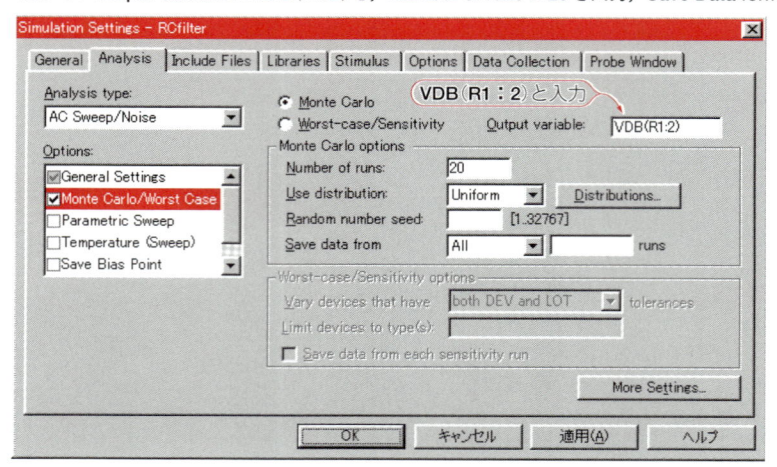

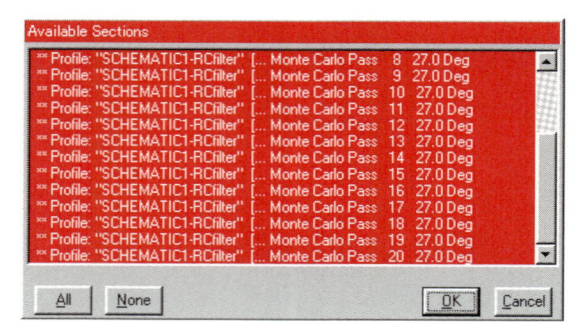

〈図8-8〉
値を変化させながら計算して得られたデータ群

● マーカの配置

メニューから，[PSpice] - [Markers] - [Advanced] - [dB Magnitude of Voltage] をクリックしてマーカを呼び出し，R1 と C1 の間の配線に接続します．

8.2 ── シミュレーションの実行

以上でシミュレーションの準備が整いました．メニューから，[PSpice] - [Run] をクリックします．

シミュレーションが終了すると，図8-8のダイアログ・ボックスが表示されます．変

〈図8-9〉モンテカルロ解析結果のグラフ

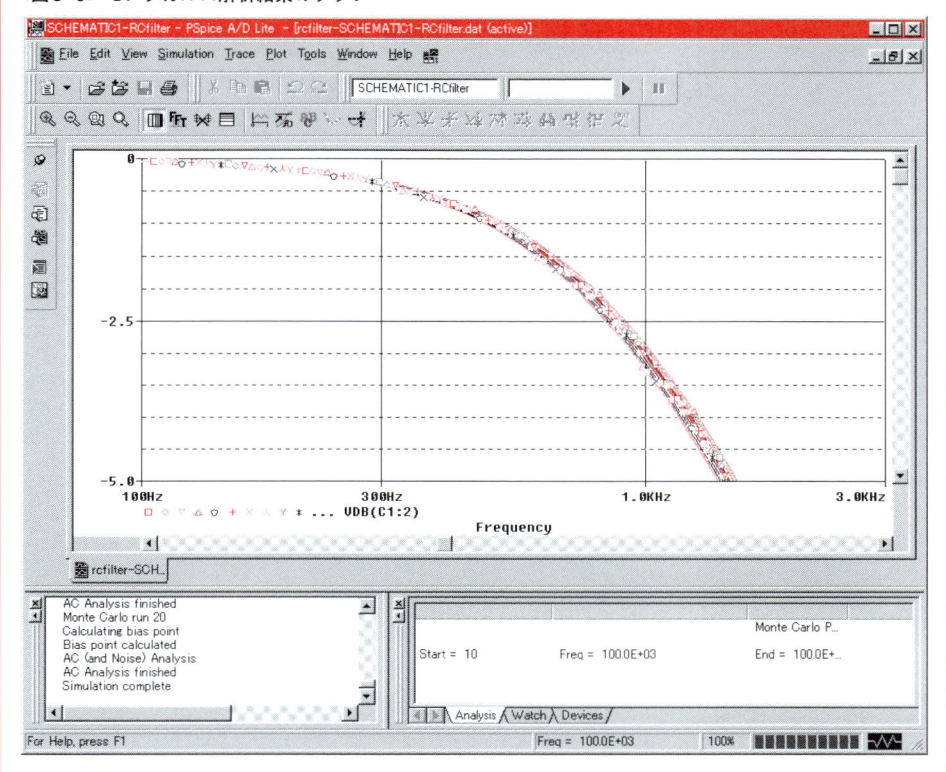

化させた各パラメータごとのシミュレーション結果が示されています．ここで，グラフに表示したいデータを選択することもできます．通常は，指定した実行回数ぶんのすべてのシミュレーション結果が選択されています．そのまま［OK］をクリックします．

すると，モンテカルロ解析結果のグラフが表示されます（図8-9）．カットオフ周波数付近を拡大して表示しています．

● ヒストグラムの表示

モンテカルロ解析の結果から，データの最大値などをヒストグラムで表示することもできます．例として，先の解析結果からカットオフ周波数がどの程度ばらつくかをヒストグラムで表示してみましょう．

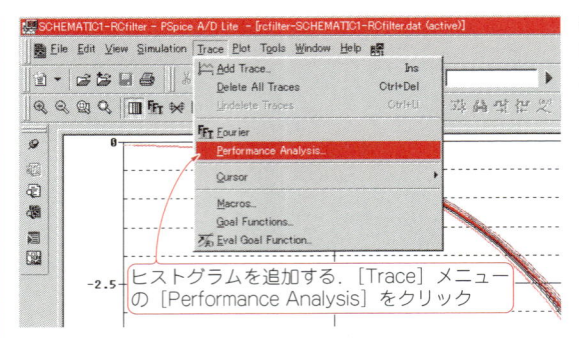

〈図8-10〉
ヒストグラムの表示…［Trace］-
［Performance Analysis］をクリック

ヒストグラムを追加する．［Trace］メニューの［Performance Analysis］をクリック

〈図8-11〉
Performance Analysisダイアログで
［OK］をクリック

メニューから，［Trace］-［Performance Analysis］をクリック(**図8-10**)すると，**Performance Analysis**ダイアログ・ボックスが開きます(**図8-11**)．そのまま［OK］をクリックすると，ヒストグラム表示用のグラフが追加されます(**図8-12**)．

メニューから，［Trace］-［Add Trace］をクリックして(**図8-12**)，**Add Trace**ダイアログ・ボックスを開きます(**図8-13**)．

Functions or Macros欄から**LPBW**(**1**，**db_level**)を選択すると，**Trace Expression**の

〈図8-12〉
ヒストグラム表示用のグラフが追加されたところ…［Trace］-［Add Trace］をクリック

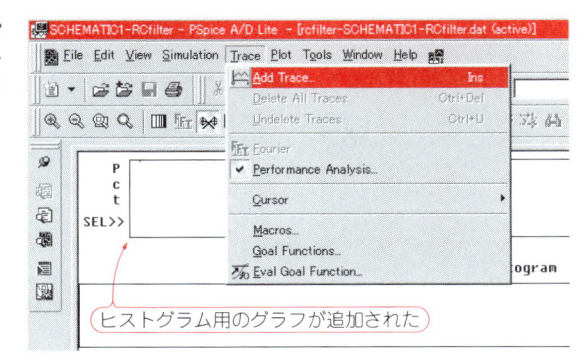

ヒストグラム用のグラフが追加された

〈図8-13〉LPBW（1，db_level）を選択してカッコ内にネット名VDB（C1:2）とdB値3を入力

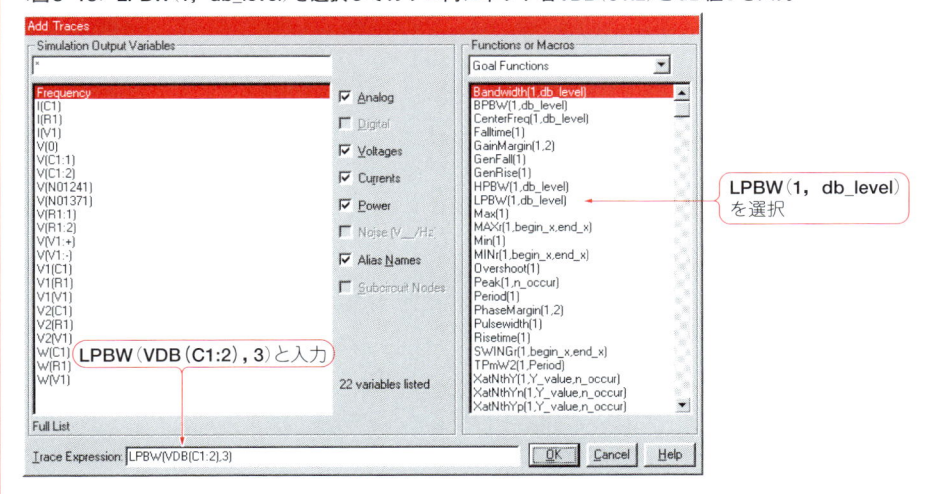

LPBW（VDB（C1:2），3）と入力

LPBW（1，db_level）を選択

欄に**LPBW(,)**と入力されるので，カッコ内に表示したいポイントのネット名**VDB(C1:2)**と，カットオフ周波数を規定するdB値3を入力します（**図8-13**）．

```
LPBW(VDB(C1:2), 3)
        ↑         ↑
      ネット名　  dB値
```

［OK］をクリックすると，ローパス・フィルタのカットオフ周波数のばらつきがヒストグラム表示されます（**図8-14**）．画面の下部には，ヒストグラムの統計が表示されます．統計には，次の項目が表示されます．

8.2——シミュレーションの実行

〈図8-14〉ローパス・フィルタのカットオフ周波数のヒストグラム表示

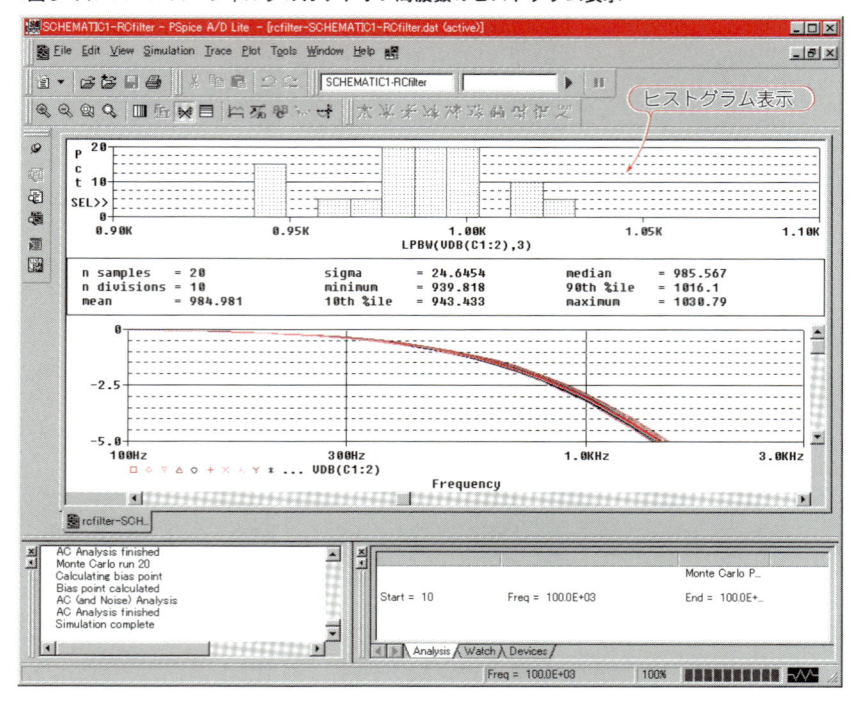

- **n samples** ：モンテカルロ実行回数
- **n divisions** ：ヒストグラムの分割数
- **mean** ：平均値
- **sigma** ：シグマ（標準偏差）
- **minimum** ：最小値
- **10th %ile** ：10％目の値
- **median** ：メジアン（中央値）
- **90th %ile** ：90％目の値
- **maximum** ：最大値

● グラフ・シンボルを表示しない方法

　Probeが表示するグラフには，□や△などのグラフを識別するためのマークが付いてい

〈図8-15〉□や△などのグラフ・シンボルを表示させない方法…[Tools]-[Options]をクリック

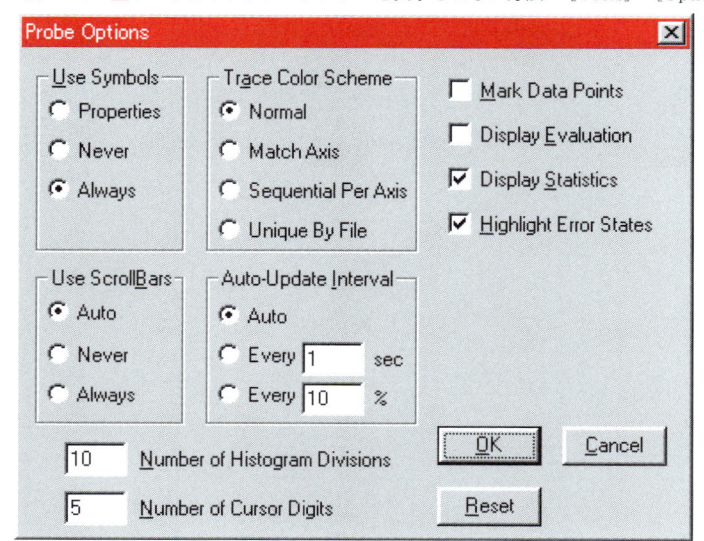

〈図8-16〉Use SymbolsのPropertiesをチェック

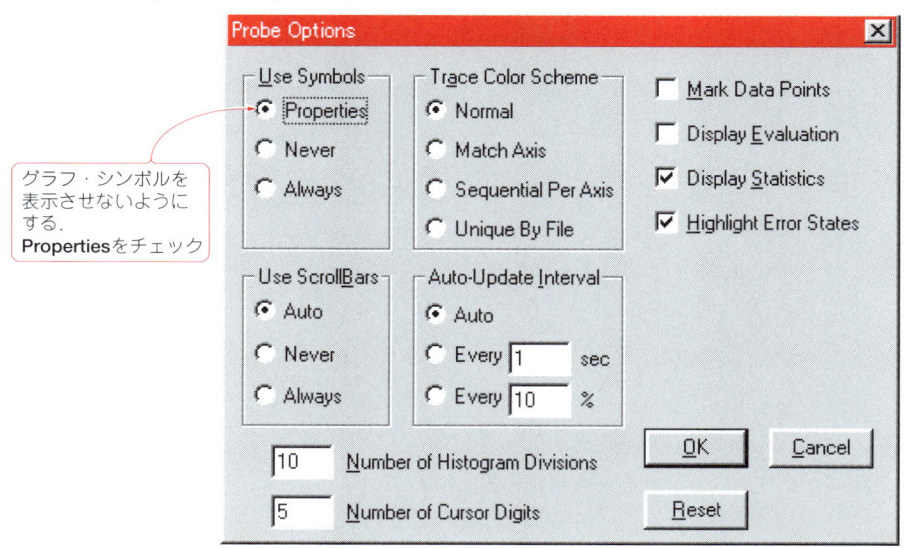

グラフ・シンボルを表示させないようにする．
Propertiesをチェック

8.2 ── シミュレーションの実行

〈図8-17〉グラフからシンボルが消えたところ

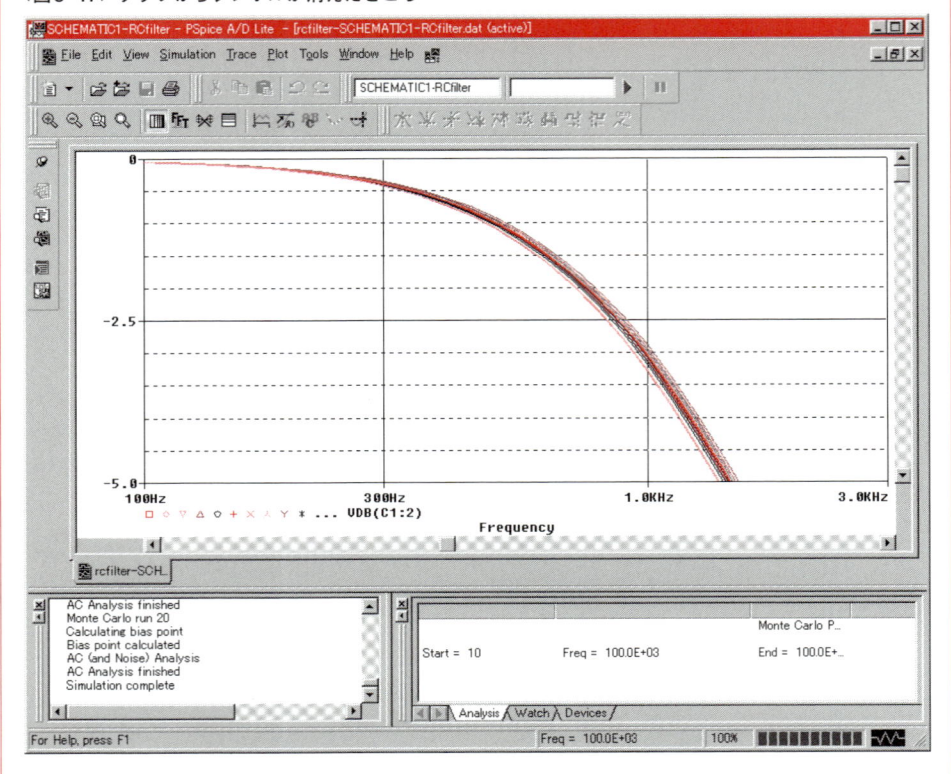

ます．このシンボルは，デフォルトでは常にON（**Always**）になっています．

しかし，モンテカルロ解析などで複数のグラフが重なって表示される場合，シンボルが重なってグラフが見にくくなる場合があります．そこで，グラフ・シンボルを表示させないようにする方法を紹介します．

メニューから，[Tools]‐[Options]をクリックして**Probe Options**ダイアログ・ボックスを開きます（図8-15）．

Use Symbols欄の**Properties**をチェックして，[OK]をクリックします（図8-16）．

これでグラフからシンボルが消えます（図8-17）．

● 希望のグラフにシンボルを表示させる方法

図8-16の**Use Symbols**欄で**Properties**をチェックすると，各グラフごとにシンボルの

〈図8-18〉シンボル□だけを表示したいとき…□上にカーソルを合わせてマウスの右ボタンをクリック

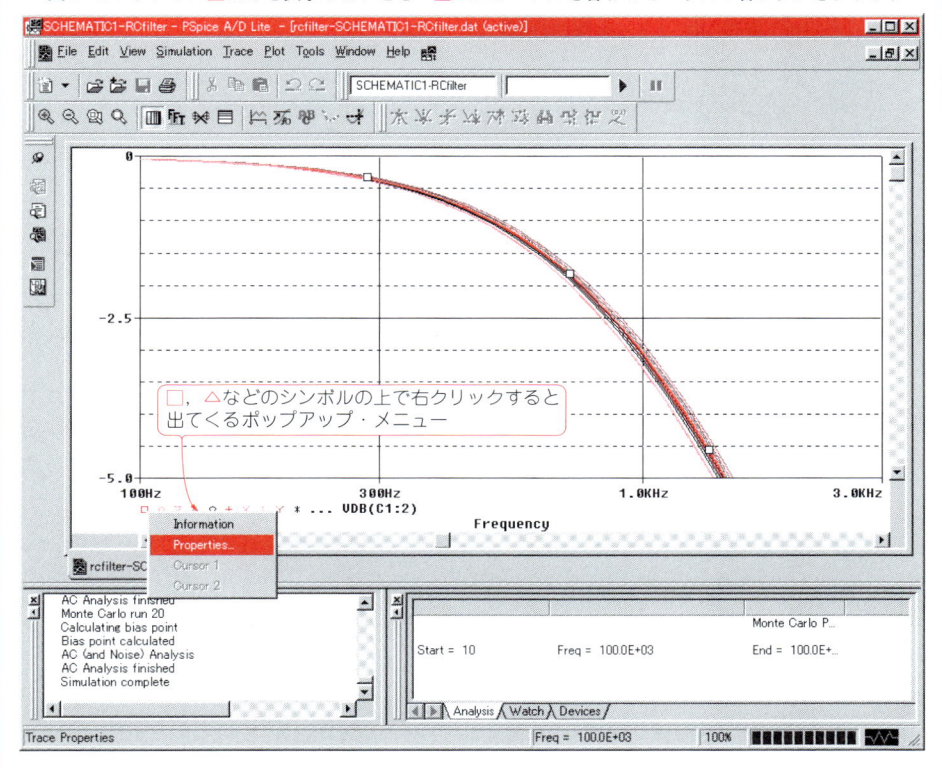

□, △などのシンボルの上で右クリックすると出てくるポップアップ・メニュー

表示設定が可能になります．

グラフ左下の，各グラフのシンボル・マークにカーソルを合わせ，マウスの右ボタンをクリックして，**Properties**を選択します（**図8-18**）．

Trace Propertiesダイアログ・ボックスが開くので，**Show symbol**をチェックして［OK］をクリックすると，選択されたグラフにシンボルが現れます（**図8-19**）．

Trace Propertiesダイアログ・ボックスでは，ほかにグラフの色，線の種類，幅などが変更できます．

- **Color** …波形の色を選択
- **Pattern** …波形の線の種類を選択
- **Width** …波形の幅を選択
- **Symbol** …シンボルを選択

8.2――シミュレーションの実行

〈図8-19〉Show symbolをチェックして[OK]をクリック

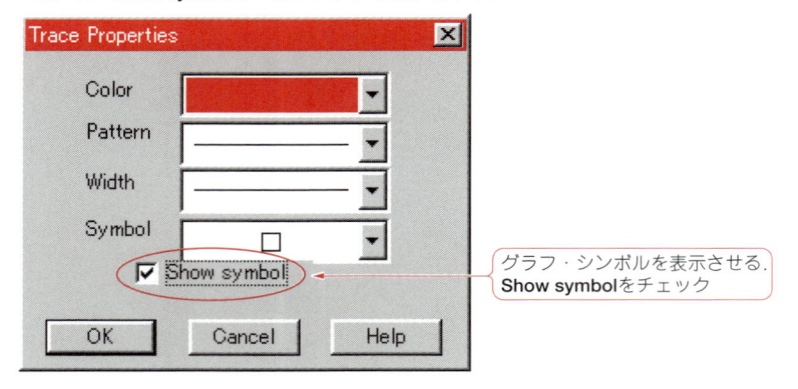

グラフ・シンボルを表示させる．
Show symbolをチェック

〈図8-20〉選択されたほうのグラフにシンボルが現れる

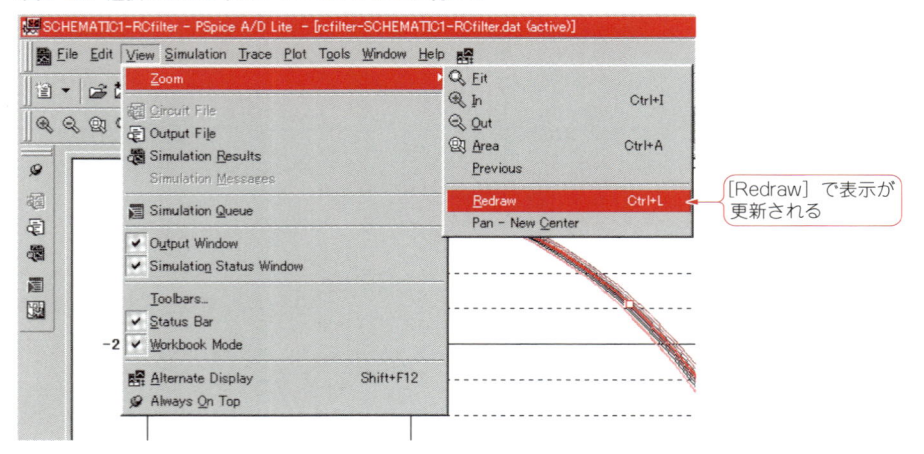

[Redraw]で表示が更新される

　[OK]ボタンを押しても設定が更新されない場合は，メニューから[View]‐[Zoom]‐[Redraw]をクリック(または，Ctrl + L)して，表示を再描画してください(**図8-20**).

第9章
モデル・ライブラリの使い方と拡充の方法
~ PSpice付属ライブラリの概要とトラ技オリジナル・ライブラリの組み込み ~

9.1 —— 9.2LE標準のライブラリ

　OrCAD Family Release 9.2 Lite Editionには，いくつかの部品のライブラリが用意されています．ここでは，アナログ回路のシミュレーションに必要なライブラリの中から主なものを紹介します．

● **abm**
　機能ボックスのライブラリで，各種演算機能をもったシンボルや関数の入ったライブラリです．加算器や積分器などがあります．

● **analog**
　受動素子のライブラリで，R(抵抗)，C(コンデンサ)，L(インダクタ)はここに収められています．各種制御電源も収められており，等価回路の作成に便利です．
　　E：電圧制御電圧源
　　F：電流制御電流源
　　G：電圧制御電流源
　　H：電流制御電圧源

● **breakout**
　トランジスタやダイオードなどの半導体や電圧制御スイッチなどが収められています．

● **eval**

ロジックICやOPアンプなど，海外製半導体のライブラリです．

LF411など汎用性の高いOPアンプが含まれていますが，モデルを構成する回路の規模が大きいため，ノード数制限のある9.2LEで使用するのにはあまり適していません．

● **source**

各種の信号源や電源のライブラリです．シミュレーションに欠かせないパーツ・ライブラリです．

- **VAC**：交流電圧源です．AC解析に使います．
- **VDC**：直流電圧源です．各種電源やDC解析に使います．
- **VSIN**：正弦波電圧源です．オフセット直流電圧や位相の設定ができ，正弦波に対する過渡特性解析などに使います．
- **VPULSE**：矩形波電圧源です．パルス波に対する過渡応答特性の解析などに使います．

● **special**

特殊機能のライブラリです．パラメトリック解析で必要な部品 **PARAM** が収められています．

9.2 —— トラ技ライブラリ

本書の付属CD-ROMには，『トランジスタ技術』誌オリジナルのライブラリ（**toragi.lib**）も収録されています．2SC1815など国内の汎用デバイスや理想OPアンプなどが収められており，9.2LEを使用するときにとても有用なライブラリです．

● ダイオード

▶ **DDEF**

デフォルト値に設定されたダイオードです．無限大の逆耐圧特性をもっています．

▶ **DS1588**

代表的な小信号ダイオード1S 1588です．現在は製造中止になってしまいました．

▶ **DZ5_6**

5.6Vのツェナ・ダイオード05 AZ5.6です．

▶ **DGWJ42**

整流用のショットキー・バリア・ダイオード1GWJ42です．

● トランジスタ/FET

▶ **QNDEF**

デフォルトのNPNトランジスタです．

▶ **QPDEF**

デフォルトのPNPトランジスタです．

▶ **QA1015**

東芝製の小信号PNPトランジスタ2SA1015です．

▶ **QB834**

東芝製の低周波PNPパワー・トランジスタ2SB834です．

▶ **QC1815**

東芝製の小信号NPNトランジスタ2SC1815です．

▶ **QD880**

東芝製の低周波NPNパワー・トランジスタ2SD880です．

▶ **JNDEF**

デフォルトのNチャネル接合型FETです．

▶ **JPDEF**

デフォルトのPチャネル接合型FETです．

▶ **JK30**

東芝製のNチャネル接合型FET 2SK30ATM(Y)です．

▶ **JJ104**

東芝製のPチャネル接合型FET 2SJ104(BL)です．

● OPアンプ

▶ **IDOPA**

電圧ゲイン120 dB，周波数特性無限大の理想OPアンプです．

▶ **OP_10MHz**

直流電圧ゲイン100 dB，ゲイン・バンド幅(GBW)10 MHzのOPアンプ・モデルです．

9.3 —— 9.2LEでトラ技ライブラリを使用するには

　本書の第11章～第14章のシミュレーション回路では，国産のトランジスタ・モデルQC1815などを使っています．これらのモデル(9.2項参照)は，付属CD-ROMに**toragi.lib**および**toragi.olb**というファイル名で収録されています．9.2LEを起動して，付属CD-ROMからシミュレーション用データ・ファイル(第2章参照)を読み込んだだけでは，エラーが出て解析が進行しませんから，次に説明する作業を必ず行ってください．

● トラ技ライブラリtoragi.libとtoragi.olbをCドライブにコピーする

　付属CD-ROMの**¥Library**フォルダに**toragi.lib**，**toragi.olb**という二つのファイルがあります．これら二つのファイルを**C:¥Program Files¥OrcadLite¥Capture¥Library¥PSpice**フォルダにコピーしてください．

　Captureで回路図を作成する際，**Add Library**で**toragi.olb**ファイルを追加すれば，トラ技ライブラリが使えるようになります．

● PSpiceにトラ技ライブラリを組み込む

　次にSimulation Profileの設定でシミュレーション用モデル・ライブラリをPSpiceに追加します．

　[PSpice] - [New Simulation Settings] または**Edit Simulation Settings**をクリックして**Simulation Settings**ダイアログ・ボックスを開き，左から4番目の**Libraries**タブをクリックします(図9-1)．右上の[Browse...]ボタンをクリックし，**C:¥Program Files**

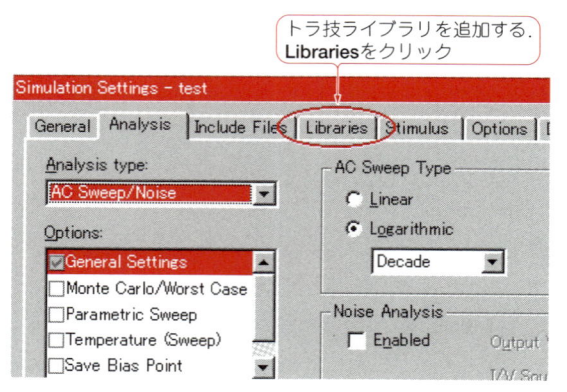

〈図9-1〉
トラ技ライブラリを追加する…Simulation Settingsダイアログを開いてLibrariesタブをクリック

〈図9-2〉
`C:¥Program Files¥OrcadLite¥Capture¥Library¥PSpice`フォルダの`torabi.lib`を開く

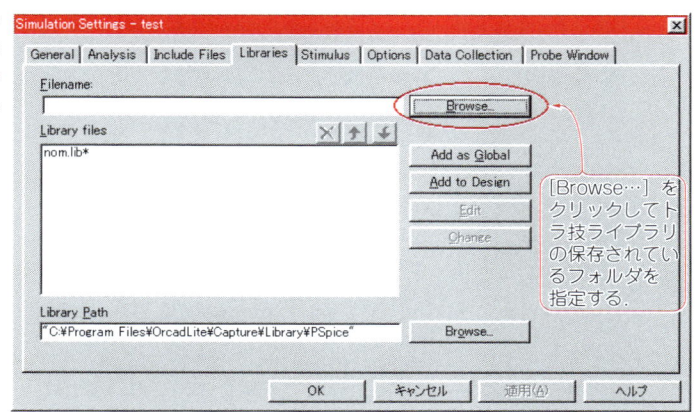

[Browse…] をクリックしてトラ技ライブラリの保存されているフォルダを指定する．

〈図9-3〉
[Add as Global] をクリック…これでトラ技ライブラリが使用可能になる！

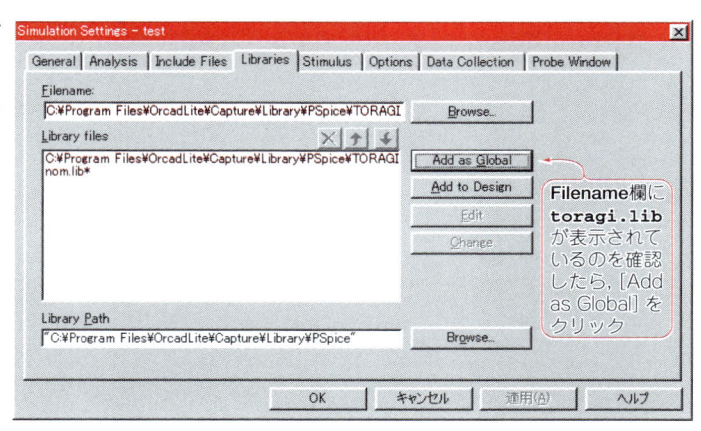

Filename欄に`toragi.lib`が表示されているのを確認したら，[Add as Global] をクリック

`¥OrcadLite¥Capture¥Library¥PSpice`フォルダの`toragi.lib`を開きます（図9-2）．Filename欄に`C:¥Program Files¥OrcadLite¥Capture¥Library¥PSpice¥toragi.lib`と表示されたことを確認して，[Add as Global] をクリックします（図9-3）．Library files欄に`C:¥Program Files¥OrcadLite¥Capture¥Library¥PSpice¥toragi.lib*`と表示されたら，ライブラリの追加は完了です．[OK] をクリックしてSimulation Settingsダイアログ・ボックスを閉じてください．

これで，トラ技ライブラリが使用可能になります．標準のライブラリと同様，各種シミュレーションに利用できます．

Appendix
モデル・ライブラリを拡充する

　9.2LEには，既存のモデル・ライブラリが付属していますが，サポートされるICはわずかです．例えば，OPアンプはLF411，LM324，uA741だけです．

　しかし，Orcadpcbのサイトに主要半導体ベンダのライブラリが豊富にあります．これらをダウンロードして，シミュレータに組み込むことができます．全ライブラリを組み込むと，1000種類以上のICを利用できるようになります．

● ライブラリのダウンロード
　次のような要領で，ライブラリのあるページにジャンプしてください．
　　① Orcadpcbのホーム・ページ（http://www.orcadpcb.com/）
　　② PSpiceのページ
　　③ Modelsのページ（http:// www.orcadpcb.com/pspice/models.asp?bc=F）

　　ページをスクロールすると図9-Aの画面が現れます．図では4社のライブラリ

〈図9-A〉このページから`lib`ファイルと`olb`ファイルをダウンロードする

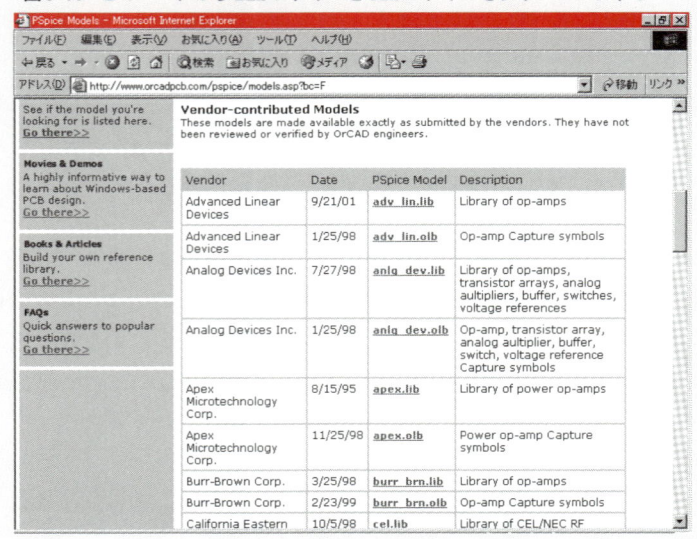

Vendor	Date	PSpice Model	Description
Advanced Linear Devices	9/21/01	adv_lin.lib	Library of op-amps
Advanced Linear Devices	1/25/98	adv_lin.olb	Op-amp Capture symbols
Analog Devices Inc.	7/27/98	anlg_dev.lib	Library of op-amps, transistor arrays, analog aultipliers, buffer, switches, voltage references
Analog Devices Inc.	1/25/98	anlg_dev.olb	Op-amp, transistor array, analog aultiplier, buffer, switch, voltage reference Capture symbols
Apex Microtechnology Corp.	8/15/95	apex.lib	Library of power op-amps
Apex Microtechnology Corp.	11/25/98	apex.olb	Power op-amp Capture symbols
Burr-Brown Corp.	3/25/98	burr_brn.lib	Library of op-amps
Burr-Brown Corp.	2/23/99	burr_brn.olb	Op-amp Capture symbols
California Eastern	10/5/98	cel.lib	Library of CEL/NEC RF

（**xxx.lib**と**xxx.olb**）しか見えませんが，25社以上のライブラリがあります．

xxx.libは，各半導体ベンダが作成したデバイス・モデル・ライブラリで，**xxx.olb**はOrcadのエンジニアが作成した（Capture用の）シンボル・ライブラリです．**lib**ファイルと**olb**ファイルは一対なので，両方をダウンロードします．

● ライブラリをPSpiceに組み込む

▶ 手順1

ダウンロードした**lib**ファイルと**olb**ファイルを次のフォルダにコピーします．

 C:¥ProgramFiles¥OrcadLite¥Capture¥Library¥PSpice

▶ 手順2

回路図エディタ**Capture.exe**を起動します．

そのメニューから［File］→［Open］→［Project...］を選択して既存のプロジェクトを開くか，［File］→［New］→［Project...］を選択して新規のプロジェクトを作ります．

次にメニューから［PSpice］→［New Simulation Profile］，または［Edit Simulation Profile］を選択し，**Simulation Settings**ダイアログを開きます．そして左から4番目の**Libraries**タブをクリックしてください．

図9-Bの画面になります．

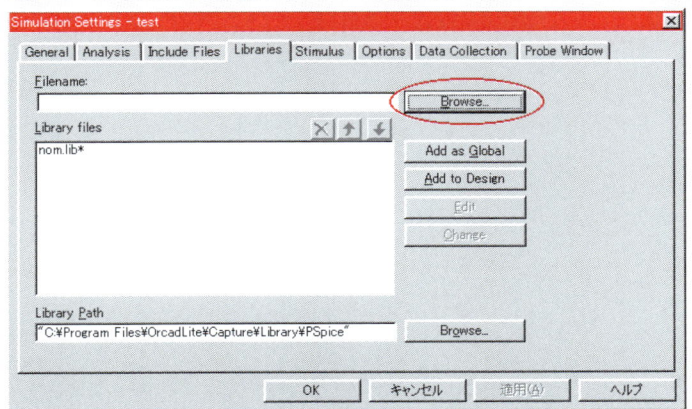

〈図9-B〉Simulation Settingsダイアログの初期画面

Appendix —— モデル・ライブラリを拡充する

〈図9-C〉
編集後のダイアログ

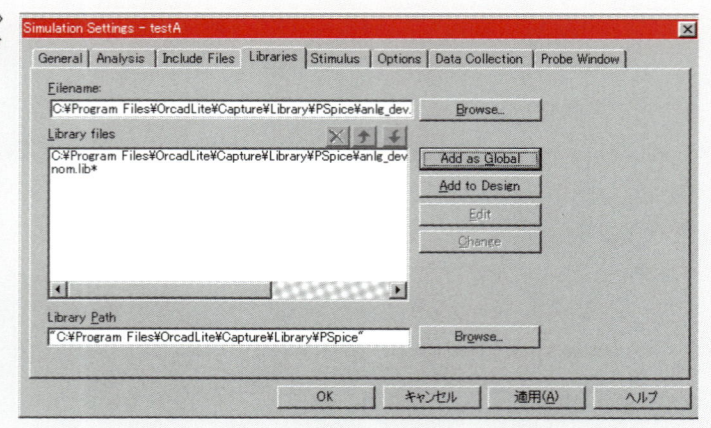

▶ 手順3

　図9-Bの［Browse...］ボタンをクリックして，手順1でコピーした**lib**ファイル群を表示させます．その中から希望するファイルをクリックしてください．**Filename**テキスト・ボックスに，クリックした**lib**ファイル名が入力されます．

　次に［Add as Global］ボタンをクリックします．先ほどクリックしたモデル・ライブラリが，図9-Cのように**Library files**リストに追加されます．

　さらに追加すべきライブラリがあれば，同様の操作を繰り返します．追加するライブラリがなくなったら，［OK］ボタンをクリックします．これで**Library files**リストの全ライブラリが使えるようになります．

電子回路シミュレータ PSpice 入門編

第10章
シミュレーション・エラーへの対処方法
~シミュレーションが実行されない理由と対策~

シミュレーションする際に，エラーが起きることがあります．ここでは，エラーが起きた場合の対処方法を説明します．

10.1 ── Captureに描いた回路の不備によるエラー

パーツの未接続など，回路図のネットリストに問題があると，Capture上でPSpiceを起動した際にエラーが発生します（図10-1）．

このような場合は，メニューから［Window］-［Session Log］をクリックして（図10-2），Session Logウィンドウを開き，エラーの内容を確認してください（図10-3）．

〈図10-1〉エラー発生時の表示

〈図10-2〉エラーの内容を表示させる…メニューから［Window］-［Session Log］をクリック

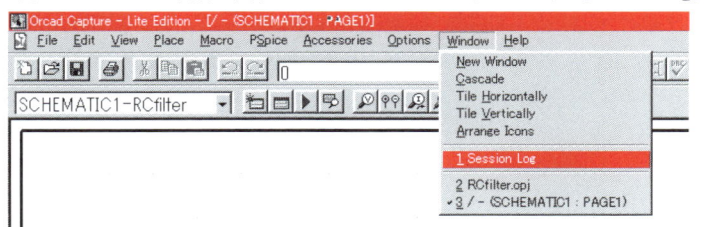

〈図10-3〉Session Logウィンドウでエラーの内容を確認する

```
Creating PSpice Netlist
Writing PSpice Flat Netlist C:¥MY DOCUMENTS¥RCFILTER-SCHEMATIC1.net
ERROR [NET0075]    Unconnected pin, no FLOAT property or FLOAT = e R1 pin '2'
```

「R1の2番ピンが未接続」という表記

〈図10-4〉エラーの箇所が○印で表示される

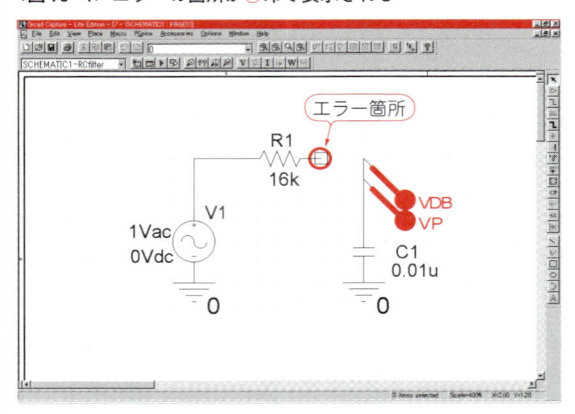

エラー箇所

　図10-3に示すSession Logウィンドウには，ネットリストの更新などの，CaptureのToolsメニューの各ユーティリティの結果とメッセージが記録されます．CaptureがSession Logにエラーや警告をレポートした場合，メッセージ上にカーソルを移動してF1キーを押すと，そのメッセージに関するヘルプを表示できます（参照できないエラー番号もある）．

　図10-3には，R1の2番ピンが未接続であると表示されています．このような未接続エラーの場合には，回路図中に○印で問題箇所が表示されるので，回路図の問題箇所を修正してください（図10-4）．

10.2 ── 回路情報はOKだがPSpiceで解析しようとすると起きるエラー

　ネットリストが正常に更新され，PSpice ADが起動した後にシミュレーション・エラーが起きた場合は，PSpice AD上で図10-5に示すようなエラーが表示されます．

　先程と同様に，エラー・メッセージにしたがって問題点を修正し，再度シミュレーションします．ここでは，PSpice ADでシミュレーションする際に気を付けなければならない，エラー表示について説明します．

● ERROR -- Node N000471 is floating

　未接続のピンもなく，回路的には問題ないはずなのに，このようなエラー・メッセージが出ることがあります．図10-5を見ると，

　　ERROR -- Node N000471 is floating

と表示されています．エラー表示されている部分の少し上を見ると，

```
＊＊＊＊INCLUDING cc-SCHEMATIC1 .net ＊＊＊＊
* source CC
V_V1        N00224 0 DC 0VDC AC 1Vac
C_C1        N00224 N000471   1n
C_C2        N000471 N00194   1n
R_R1        0 N00194   1k
```

〈図10-5〉
ネットリストは正常に更新されたが，PSpiceが起動した後にシミュレーション・エラーが起きたときの表示

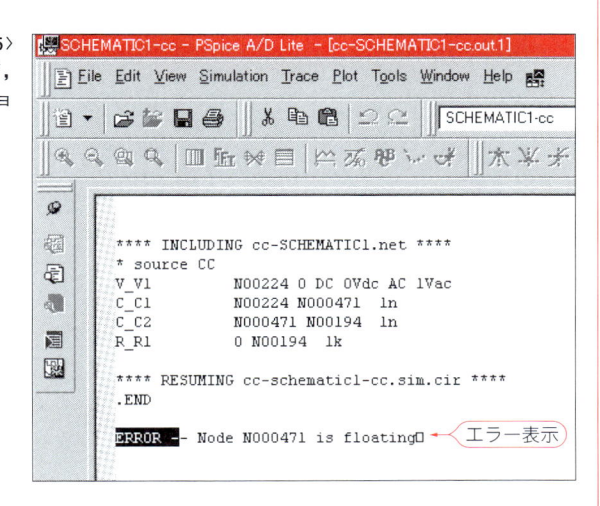

10.2 ── 回路情報はOKだがPSpiceで解析しようとすると起きるエラー

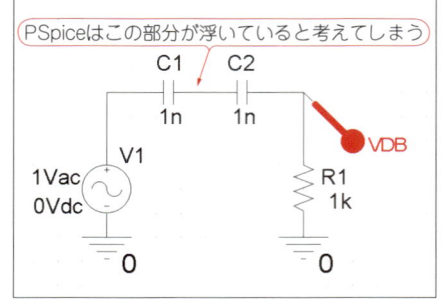

〈図10-6〉
エラー・メッセージ Node N000471 is floating が意味している回路の状態

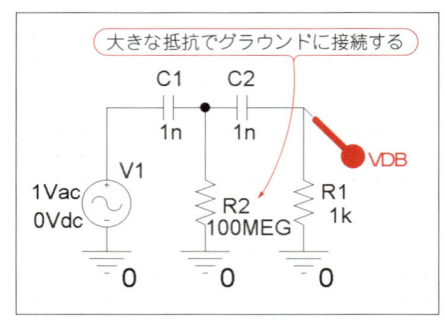

〈図10-7〉
問題のノードとグラウンド間に100MΩの抵抗を接続するとエラーは回避される

となっています．

　これはシミュレーションを行った回路のネットリストです．回路に記載されている部品名と値，さらに部品間の接続状況が記述されています．

　C_C1の行と**C_C2**の行を見てください．両方の行に**N000471**という名前が記されています．これは，C1とC2の共通になっている部分，つまりC1とC2が接続されている部分の名前が**N000471**ということです．Node N000471 is floating というエラー表示内容から，「C1とC2が接続されている部分が浮いている」と理解できます．

　このエラーが発生した回路を図示すると**図10-6**のようになります．

　PSpice ADは，解析前の回路チェックのときに，グラウンドへの直流経路があるかどうかを調べます．この回路では，C1とC2が直列に接続されていますが，C1とC2の間のノードにグラウンドへの直流経路がないため，上記のようなエラーが表示されてしまいます．

　このような場合は，問題のノードとグラウンドとの間に，回路の特性に影響を及ぼさないような大きな値の抵抗を接続することで，エラーを回避できます（**図10-7**）．

〈図10-8〉
抵抗0のループが存在する回路…ループ電流を求める際に電圧値を0で割ることになりエラーが出る

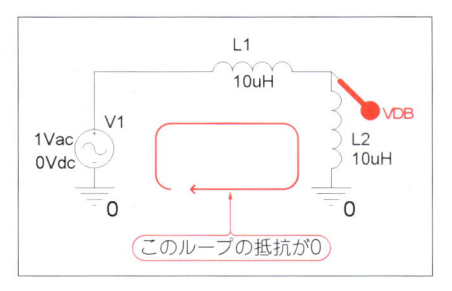

〈図10-9〉
問題のノードとグラウンド間に1mΩの抵抗を挿入するとエラーは回避される

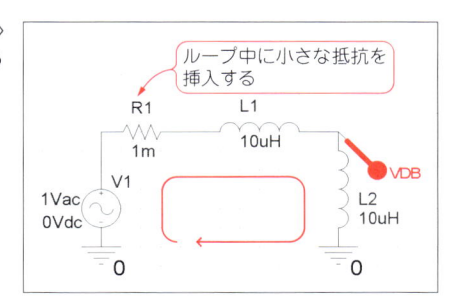

● ERROR -- Voltage source and/or inductor loop involving L_L1

図10-8のような回路図をシミュレーションした場合，次のようなエラー・メッセージが出ます．

　You may break the loop by adding a series resistance

PSpice ADは，解析の前に回路中に抵抗0のループが存在していないかをチェックします．抵抗成分がまったくないループが存在すると，そのループの電流を求めるときに，電圧値を0で割るという不可能な計算になり，シミュレーションに支障をきたします．

このような場合はメッセージのとおり，問題のループに直列に，回路の特性に影響を及ぼさないような小さな値の抵抗R1を挿入することで，エラーを回避できます（図10-9）．

電子回路シミュレータPSpice入門編

第2部
PSpiceを使いこなそう！

実際の回路を動かしながら
解析機能を100％活かす方法をマスタする

電子回路シミュレータ PSpice 入門編

第11章
1石トランジスタ回路のシミュレーション
~シンプルな回路を例に上手いシミュレーションのやり方をマスタする~

　第1部はいかがだったでしょうか？ CD-ROMに収録されているOrCAD Family Release 9.2 Lite Editionのインストールから各種解析の実行方法まで，一通り理解できたと思います．第2部では，シンプルな回路を例にして，PSpiceをうまく活用する方法をいくつか紹介します．

　本章では，トランジスタ1個で作る増幅回路を題材にして，PSpiceのよく使う機能にスポットを当てて，上手に回路解析する力を身につけましょう．

● The way of SPICE master…三つの基本解析モードをものにしよう！

　回路シミュレータを使って実際の解析に入る前に，SPICE系シミュレータがもつ解析機能についてもう一度整理しておきましょう．

　第1部では，DC解析，AC解析，モンテカルロ解析など，PSpiceがもついくつかの解析について説明がありました．しかし，PSpiceを含むSPICE系シミュレータの解析の種類は，次の三つしかありません．

　　・DC解析
　　・AC解析
　　・過渡（トランジェント）解析

　パラメトリック解析やモンテカルロ解析などは，解析という名前こそ付いていますが，この3種類の解析と組み合わせて使う付属的なものです．ただし，これらの付属機能はとても役に立つので，必殺技として本章の後半で説明します．シミュレーションの達人への道 "The way of SPICE master" は，DC/AC/過渡解析の3種類をその状況と目的に合わせてうまく使い分けることから始まります．

11.1 ── エミッタ共通増幅回路の回路図を描く

図11-1に示すのは，トランジスタ1個で作る増幅回路です．エミッタ共通増幅回路と呼びます．

この回路は，入力端子(**Input**)に交流信号を入力すると，電圧が約5倍($\approx R_c/R_e$)に増幅された信号が出力端子(**Output**)に現れます．入力信号と出力信号の位相は180°違います．この回路の設計方法や特性の詳細は，稿末の参考文献(6)を参照してください．

この回路をPSpiceの回路図エディタで描く場合は，次の点に注意してください．

● 万能型電圧源VSRCを使う

直流電源**VCC**と入力信号源**Vin**には万能型の電圧源を使います．これは`SOURCE.OLB`ライブラリに，**VSRC**という名前で登録されています．**VSRC**は，解析モードを切り替えるたびに信号源を入れ替える必要がないのでたいへん便利です．**VSRC**の設定方法は後で説明します．ちなみに，万能型電流源**ISRC**というものもあります．

● コンデンサC2の負荷側の直流電位を定める

▶ **RL**を配置する

RLは，コンデンサ**C2**の右側の直流電位を決める抵抗です．SPICE系シミュレータは，

〈図11-1〉トランジスタ1個で作る増幅回路「エミッタ共通増幅回路」…この回路を解析しながらPSpiceの基本機能をマスタする

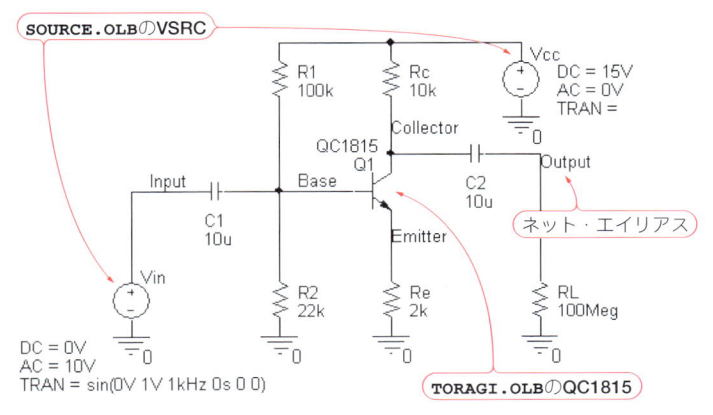

回路中の接続点(ノードという)の絶対的な電位が定まっていないと計算を始められません.そのため,図11-1ではRLでC2の右端の直流電位をグラウンド電位に固定しています.RLは,回路動作に影響を与えないような高い値に設定します.

● パスコンは不要…解析時間が伸びるだけ

実際の電子回路では,動作を安定させるために,電源とグラウンド間にコンデンサを挿入するのが常識です.このコンデンサを電源のデカップリング・コンデンサまたはパスコンと呼びます.

シミュレータで使う電源は,グラウンドに対するインピーダンスがすべての周波数で0Ωという理想的な特性をもっていますから,パスコンがなくても理想的な動作をします.パスコンを配置しても,シミュレーションは問題なく実行されますが,パスコンを含めた計算が行われるので,解析結果が出るまでの時間が長くなるだけです.

電源ラインの特性をシミュレーションする場合以外は,回路図からパスコンを削除しておきましょう.

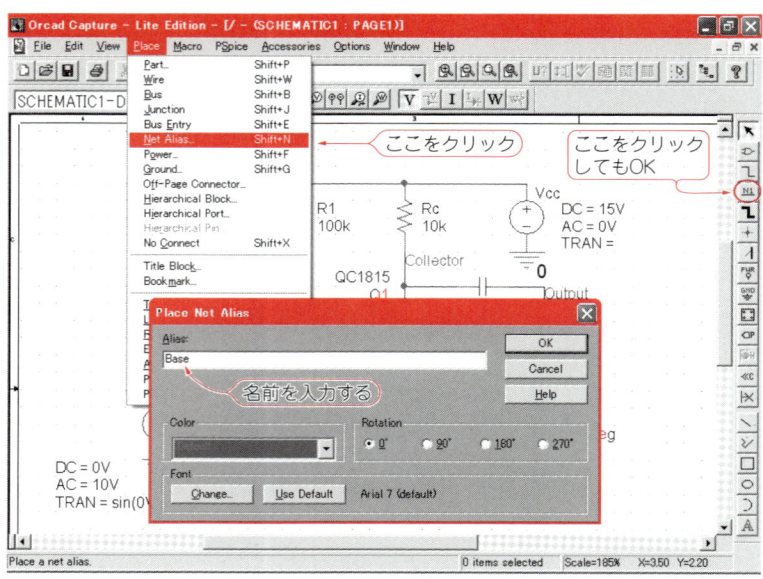

〈図11-2〉回路の接続点には名前(ネット・エイリアス)を付ける

● 回路図の接続点に名前を付ける

回路内のノード(接続点)に付ける名前をネット・エイリアスと呼びます．ネット・エイリアスを付けておくと，シミュレーションをしているときに回路内のノードを名前で区別できるのでたいへん便利です．

図11-2に示すように，ネット・エイリアスはメニュー・バーまたはツール・バーから名前を指定して入力します．PSpiceは，アルファベットの大文字と小文字を区別しないので，大文字と小文字を混用して名前を入力してもかまいません．また，ネット・エイリアスは，エイリアスの外形の左下端が名前を付けたいノードの上に重なるように配置します．

11.2 ── 基本技その1「DC解析」

● DC解析とは…テスタと直流電源装置で静特性を測定するような感覚

DC解析は，解析結果をグラフで表したときに横軸が電圧または電流になる解析です．

喩えるならば，実験用直流電源装置の出力電圧を変えながら，各部の電圧や電流をテスタで測定して作ったグラフのようなものです．

電源電圧が変動した場合の回路の直流バランスの変化や，直流信号を出力するセンサを接続した回路の応答を精密に観測する場合などに使います．ここでは，電源電圧の変化に対する回路各部の電位変化を観測してみましょう．

■ 解析の準備

● 電源と信号源を設定する

図11-3に示すのは，万能型電圧源VSRCのシンボルです．

万能型電圧源の設定項目は三つあります．それぞれDC解析，AC解析，過渡解析に対応します．

ただし，DC解析で設定した値はほかの解析でも有効になります．例えば，図11-1のようにVCCにDC＝15 Vと設定すると，AC解析と過渡解析でも15 Vの直流電源として動作します．ここでは，VinのDC値をDC＝0 V，VCCのDC値をDC＝15 Vに設定します．

〈図11-3〉電源と信号源にはこの万能型電圧源を使う

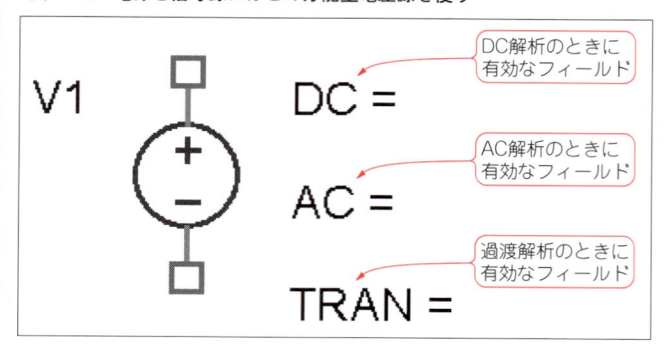

- DC = … DC解析のときに有効なフィールド
- AC = … AC解析のときに有効なフィールド
- TRAN = … 過渡解析のときに有効なフィールド

〈図11-4〉DC解析用のSimulation Profileを作成する

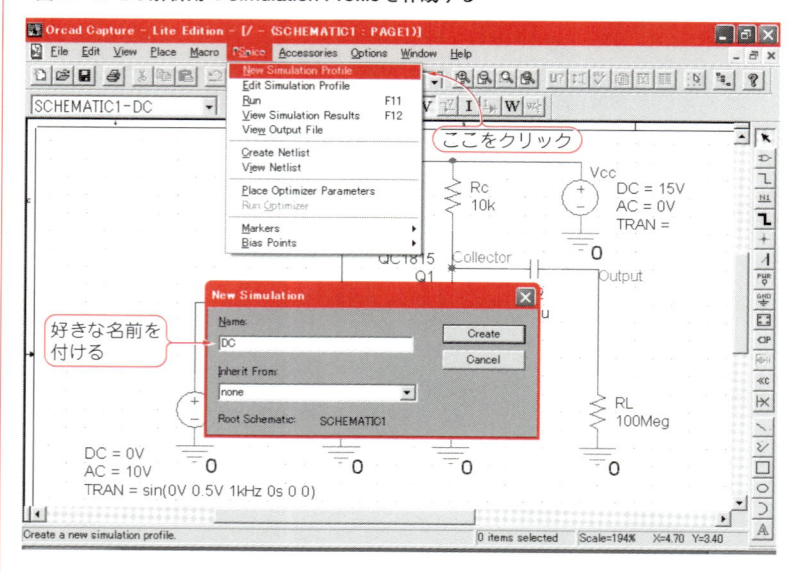

● 解析条件を設定する

図11-4に示すように，メニュー・バーの［PSpice］→［New Simulation Profile］を選択して，解析の種類や解析の条件を設定します．

図11-5にDC解析の設定内容を示します．直流電源VCCを0Vから15Vまで1Vステップで変化させて，回路各部の直流電位の変動を観測します．VCCのDC値は，図11-1の回路図で設定した値(15V)ではなく，Simulation Profileで設定した可変値が有効にな

〈図11-5〉DC解析の設定…VCCを0Vから15Vまで1Vステップで変化させる

（電圧源を可変する）　（可変するものの名前）

（DC解析に設定）

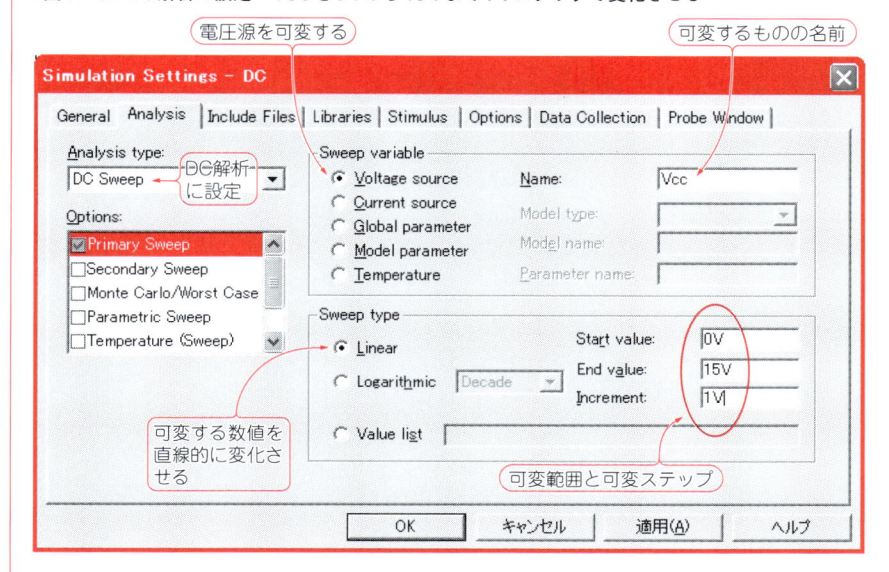

（可変する数値を直線的に変化させる）

（可変範囲と可変ステップ）

〈図11-6〉図11-1のQ1のコレクタ，エミッタ，ベースに電圧マーカ（Voltage Level）を置く

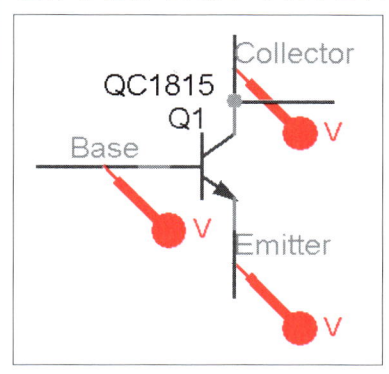

ります．

■ 解析の実行

図11-6に示すようにトランジスタの各端子に電圧マーカ（**Voltage Level**）を置いてシミュレーションを実行してください．電圧マーカの置き方は第6章を参照してください．

〈図11-7〉図11-6のDC解析の結果

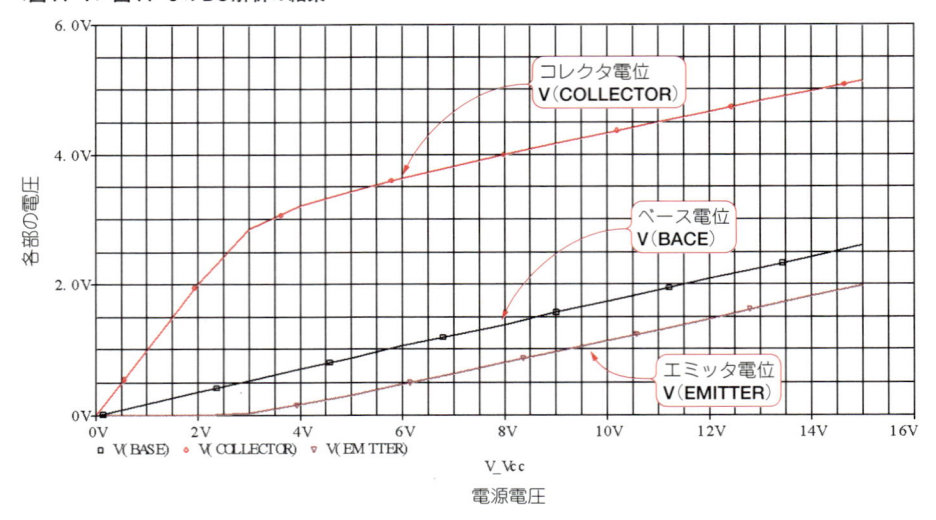

● DC解析には時間の概念がない

図11-7に示すのは，PSpiceがProbeに出力したDC解析結果です．電源電圧を0～15Vまで変化させたときの，各部の電圧の変動のようすが観測されています．

実際に回路を作って実験すると，電源電圧を設定したり，各部の電圧を測定するのに時間を要します．横軸は**VCC**の電圧値であると同時に，実験に費やした時間の意味合いもあると考えがちですが，DC解析には時間という概念がないことに注意してください．

DC解析では，コンデンサをオープン，コイルをショートして計算するので，電圧や電流が時間的に変化する過渡現象がありません．そのため，DC解析には時間という計算要素がないのです．別の見方をすると，DC電源を加えてから無限の時間が経過して，回路の動作が安定した後の値を表示しているとも考えられます．

シミュレーション回路に，大容量のコンデンサ，インダクタンスの大きなコイル，高抵抗を使っている場合は，回路の時定数が大きくなるので，DC解析の結果と実際の測定値が異なることがあります．このように，時間経過を考慮しなければならない場合は，後で説明する過渡解析を使います．

● 演算機能を使ってみよう…トランジスタのコレクタ損失を表示させる

次に，演算機能を使ってトランジスタのコレクタ損失P_Cを表示させてみましょう．

〈図11-8〉演算機能を使ってみる…Q1のコレクタ電流とコレクタ-エミッタ間電圧を乗じて損失を表示させる

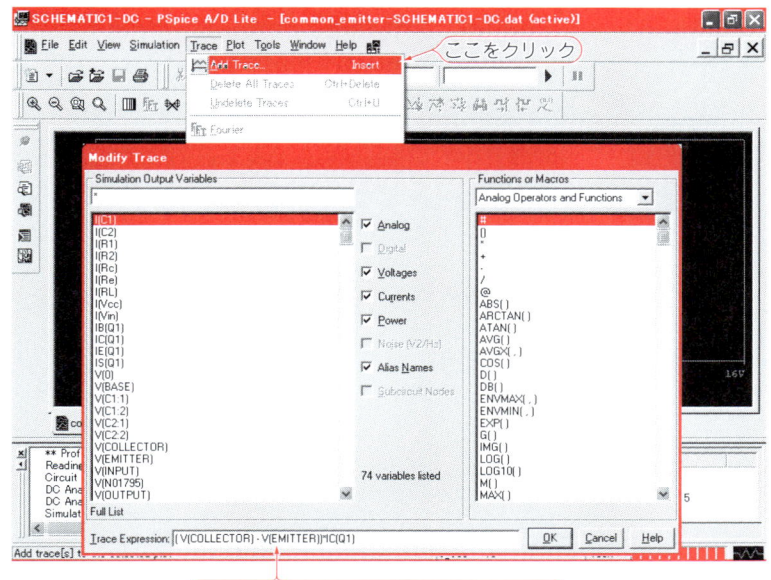

ここをクリック

演算式を入れる
(V(COLLECTOR)-V(EMITTER))*IC(Q1)

〈図11-9〉電源電圧によるQ1のコレクタ損失の変化

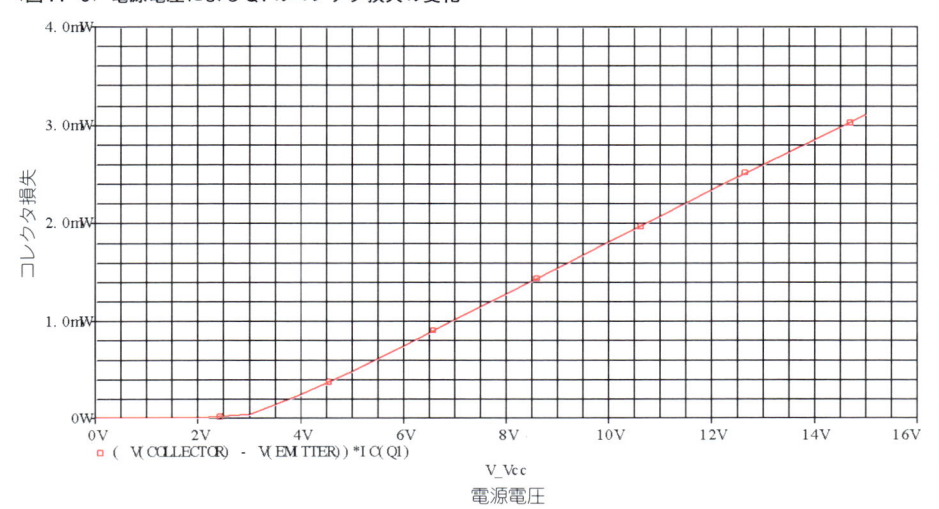

11.2 ── 基本技その1「DC解析」

トランジスタの各端子に置いた電圧マーカをすべて削除してから，**図11-8**のように［Trace］→［Add Trace］を選択して，以下のP_Cを算出する演算式を追加します．

(V(Collector)-V(Emitter))*IC(Q1)

図11-9に示すのは，電源電圧とP_Cの関係を解析した結果です．P_Cは，コレクタ電流とコレクタ-エミッタ間電圧を掛け合わせて求めた電力です．この電力が大きいとトランジスタが発熱します．

実際の回路でP_Cを測定するのは手間がかかりますが，シミュレータなら演算機能を使うことで，このように簡単に表示させることができます．もちろん，この演算機能はDC解析だけではなく，AC解析や過渡解析でも使うことができます．

11.3 ── 基本技その2「AC解析」

● AC解析とは…ネットワーク・アナライザを使うような感覚

AC解析は，解析結果をグラフで表したときに横軸が周波数になる解析です．

喩えるならば，ネットワーク・アナライザで周波数特性を測定するようなものです．周波数を可変させた場合の電圧ゲインや位相特性，入出力インピーダンスなどを観測するときに使います．

ここでは，**図11-1**のエミッタ共通増幅回路の高周波領域の出力振幅や電圧ゲインを観

〈図11-10〉AC解析の設定…信号源の周波数を10 k～100 MHzまで変化させる

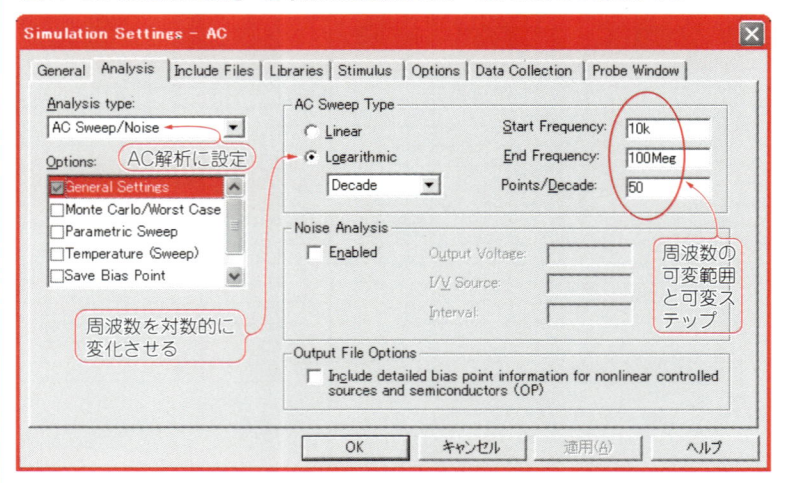

測してみましょう.

■ 解析の準備

● 信号源と解析条件を設定する

　万能型電圧源の設定は，**図11-1**のようにVinをAC＝10 V，VCCをAC＝0 Vとします.
　AC解析は，回路図中に設定したすべての万能型電圧源の信号周波数を可変させますから，**図11-1**のVCCのように交流信号を発生させたくない信号源は，0 Vに設定しておかなければなりません．これは，万能型電圧源だけでなく，交流電圧源VACなどを使っている場合もまったく同じです．
　新たにSimulation Profileを作って，**図11-10**のようにAC解析を設定します．この設定は，信号源の周波数を10 k～100 MHzまで変化させて，各部の周波数応答を観測しようというものです．

■ 解析の実行

● 入力信号に対する出力信号のゲインの周波数特性が表示される

　図11-11のように，回路の出力端子Outputに電圧マーカを置いてシミュレーションを実行します．回路の入力に接続した正弦波信号発生器の周波数を可変して，出力電圧を交流電圧計で測定するイメージです．
　図11-12にAC解析の結果を示します．出力振幅の低下がない1 MHz以下の帯域では，出力電圧は49 Vですから，回路の電圧ゲインは約5倍（入力電圧は10 V）です．ほぼ理論どおりになっていることがわかります．

〈図11-11〉
図11-1のC2とRLの接続点に電圧マーカVoltage Levelを置く

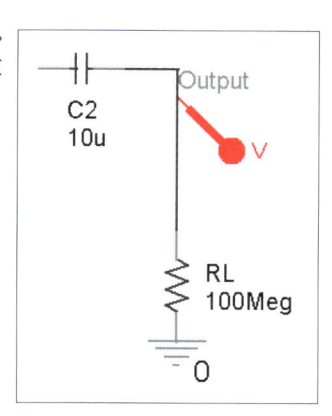

〈図11-12〉AC解析の結果

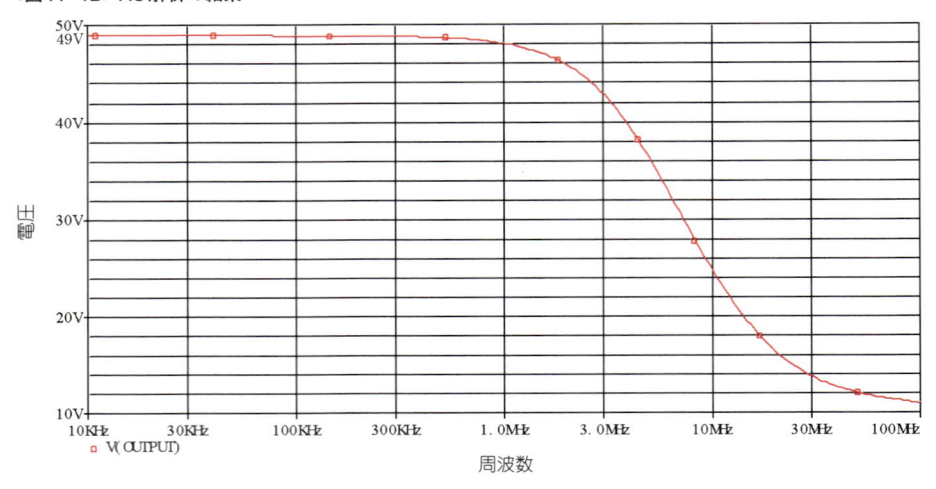

図11-12を見ると，高周波領域では出力レベルが低下しています．エミッタ共通増幅回路は，バイポーラ・トランジスタQ1の高域しゃ断周波数 f_T の影響や，入力容量が大きく見えるミラー効果などによって高域のゲインが低下するからです．

● 波形ひずみなどのない微小信号レベルで解析される

注意しなければならないのは，49Vという電源電圧よりも高い電圧が出力されていることです．この回路は電源電圧が15Vですから，出力振幅は15 V_{P-P} 以上になるはずがありません．V_{P-P} は，ボルト・ピーク・ツー・ピークと呼び，負側のピークから正側のピークまでの電圧を意味します．

このようにAC解析では，電源電圧の制限や高調波ひずみなどの非線形な要素がまったく考慮されません．別の見方をすると，波形ひずみなどが発生しない微小信号レベルにおける周波数特性を観測するための解析であるとも考えられます．

回路の非線形な動作をシミュレーションする場合は，後で説明する過渡解析を使います．

● デシベル表示の電圧ゲインを観測する

次に，デシベルで表した電圧ゲインの周波数特性を観測してみましょう．

図11-13に示すように，VinのAC欄を**AC＝1V**に設定し，1Vを0dBとして電圧振幅

〈図11-13〉デシベル表示の電圧ゲインを表示させたい…VinのAC欄をAC＝1Vに設定し，dB Magnitude of Voltageマーカを出力端子に設置する

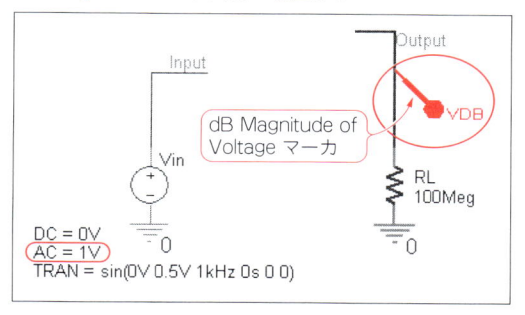

〈図11-14〉デシベル表示のAC解析結果

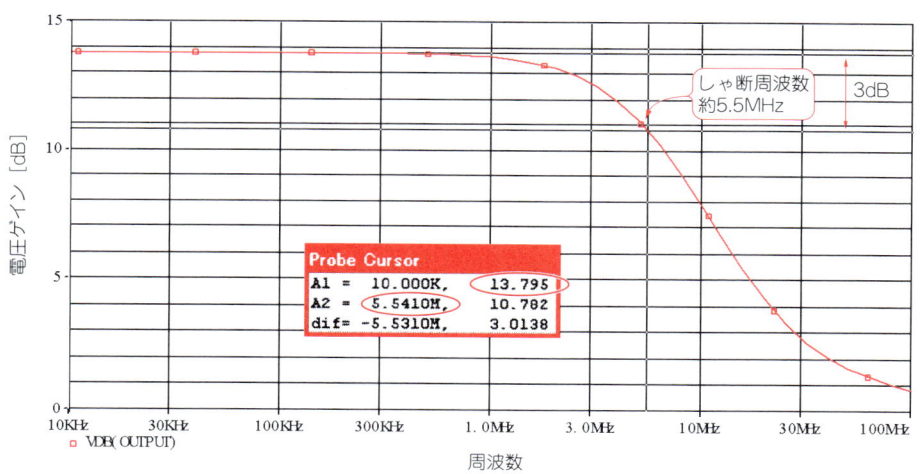

をデシベル表示する**dB Magnitude of Voltage**マーカを出力端子に設置します．このマーカの配置方法は第4章を参照してください．

図11-14にAC解析の結果を示します．**Probe Cursor A1**で示されている左端の10 kHzのゲインは約13.8 dBで，周波数が高くなるにつれてゲインが低下しています．ゲインが3 dB低下するしゃ断周波数(約5.5 MHz)は，**Probe Cursor A2**に示されています．

● 実際の回路を作って解析結果と照合してみる

▶ 実測値とシミュレーション結果が合わない？

　図11-15に示すのは，実際に**図11-1**の回路を作ってネットワーク・アナライザで測定

〈図11-15〉図11-1の回路を実際に作って測定したゲイン周波数特性

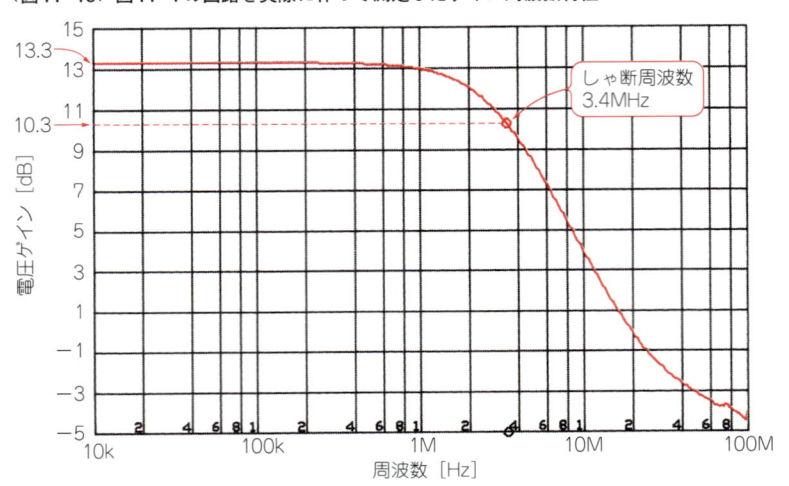

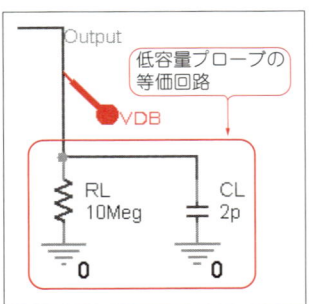

〈図11-16〉
解析結果（図11-14）と実測結果（図11-15）との差異の原因を補正する
…測定用プローブもシミュレーション回路に含める

した周波数特性です．10 kHzにおけるゲインは約13.3 dBで，しゃ断周波数（マーカを置いたポイント）は約3.4 MHzです．

シミュレーション結果と実測値を比べると，10 kHzにおける電圧ゲインはほぼ同じですが，しゃ断周波数が大きく違っています．原因はいったい何でしょうか？

▶ 合わない理由

これは，出力端子にネットワーク・アナライザに接続する低容量プローブを無視していたからです．実験ではシミュレーションと条件が異なり，低容量プローブという負荷も出力端子に接続されているわけです．つまり，エミッタ共通増幅回路の出力インピーダンス

〈図11-17〉測定用プローブを追加した回路で再シミュレーション

しゃ断周波数
約3.3MHz

Probe Cursor
A1 = 10.000K,   13.788
A2 = 3.2570M,   10.743
dif= -3.2470M,   3.0448

(コレクタ抵抗そのもの)と低容量プローブの入力容量がロー・パス・フィルタを形成して，高域を減衰させていたのです．

▶ 特性に影響を与えそうな要素を回路図にもり込んで再シミュレーション

そこで，**図11-16**のように低容量プローブと等価な **RL** = 10 MΩと **CL** = 2 pFの並列回路を接続して，再度シミュレーションを実行しました．解析結果を**図11-17**に示します．

10 kHzのゲインはほとんど変わっていませんが，しゃ断周波数は，**Probe Cursor A2**に示すように約3.3 MHzとなっており，ほぼ実測値と一致しています．

*

このように，シミュレーションというバーチャル・ワールドと，現実の世界であるリアル・ワールドを一致させるには，考えられるすべての要素を回路図に反映する必要があります．こうしておけば，シミュレータは私たちが気づかないような現象や特性変化を見せてくれます．

ここでは，測定用のプローブだけを考えましたが，さらに精度の高いシミュレーションを行うには，次段の入力インピーダンスや接続される負荷なども考慮する必要があります．負荷のシミュレーションは，低周波領域では抵抗成分，高周波領域では容量(コンデンサ)成分と誘導(コイル)成分が影響を及ぼします．

11.3── 基本技その2「AC解析」

11.4 — 基本技その3「過渡解析」

● 過渡解析とは…オシロスコープを使うような感覚

過渡解析は，解析結果をグラフで表したときに横軸が時間になる解析です．喩えるならば，オシロスコープで波形を観測するようなものです．

ここでは，正弦波を入力したときの出力波形を観測してみましょう．

■ 解析の準備

● 信号源と解析条件を設定する

信号源には1 kHz，2 V_{P-P}の正弦波を設定します．**Vin**の過渡解析欄は**図11-18**のように設定します．

過渡解析では，振幅や周波数だけでなく，位相や遅延などを信号源ごとに設定できますから，複数の信号源を同時に配置するような回路でも，簡単にかつ正確に解析できます．直流電源として使っている**VCC**の過渡解析欄には何も設定しないようにします．

新しいSimulation Profileを作って，**図11-19**のように過渡解析の条件を設定します．電源投入時から2 ms経過する間の各部の応答を観測する設定内容になっています．

〈図11-18〉過渡解析を行う…信号源の設定

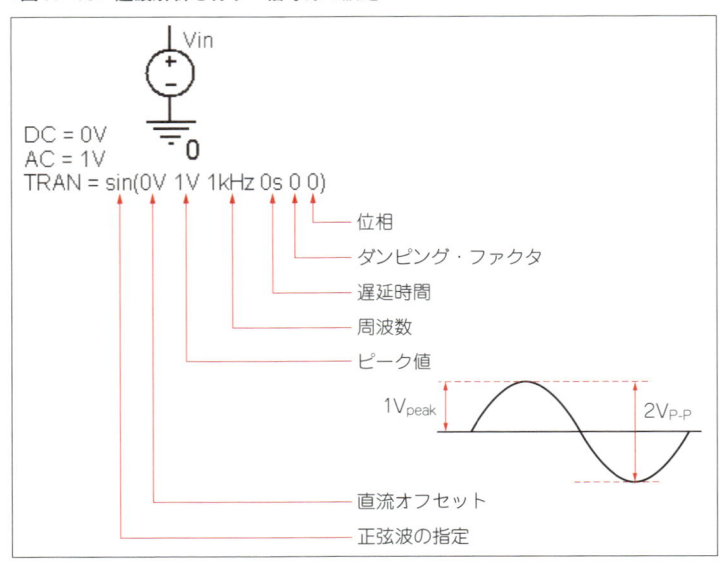

■ 解析の実行

● 出力信号がクリップするようすを観測できた！

図11-20に示すように，InputとOutputに電圧マーカを置いてシミュレーションを実行します．負荷は，オシロスコープのプローブを想定して，RL = 10 MΩ，CL = 8 pFとします．

図11-21に過渡解析の結果を示します．入力信号が大きすぎるため，出力波形がクリップしています．

写真11-1に示すのは，オシロスコープを使って同じ条件で観測した実測波形です．実際の回路でも同じように出力波形がクリップしています．このように，過渡解析はAC解

〈図11-19〉過渡解析の設定…電源投入時から2 ms間の各部の応答を観測する

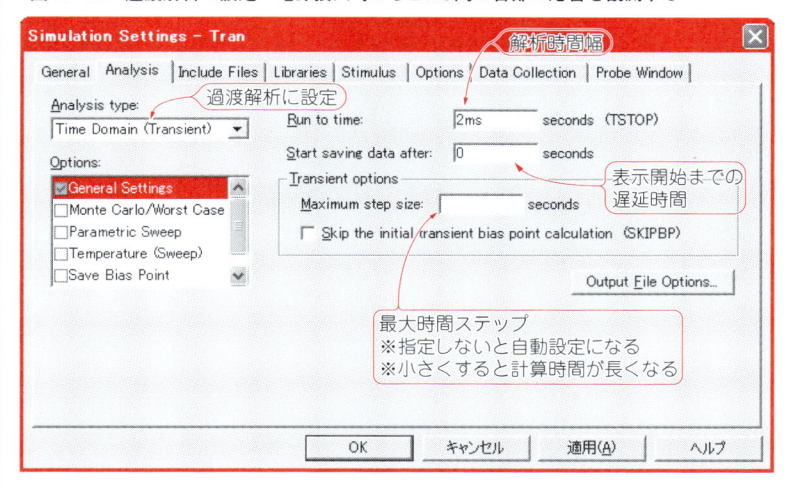

〈図11-20〉InputとOutputに電圧マーカを置く

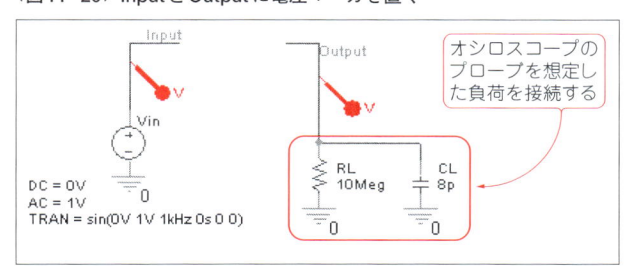

11.4——基本技その3「過渡解析」　179

〈図11-21〉過渡解析の結果…出力波形がクリップしている

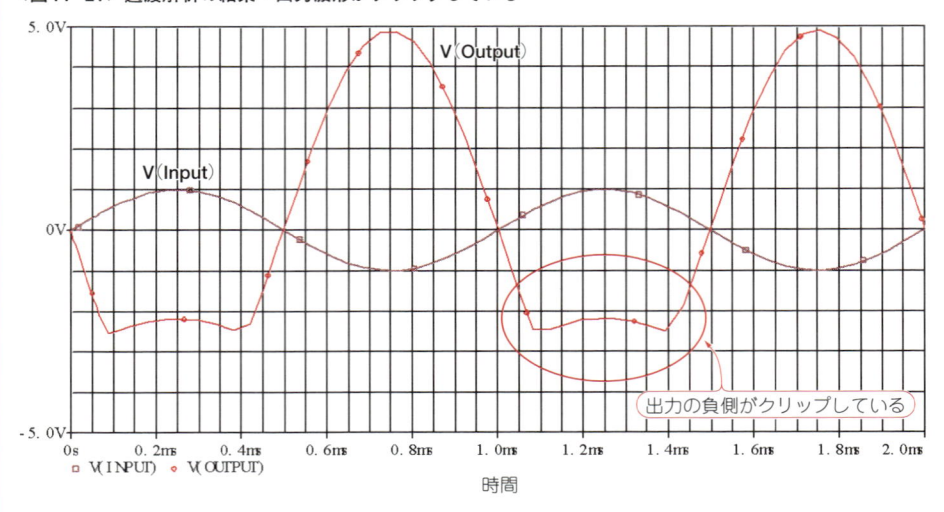

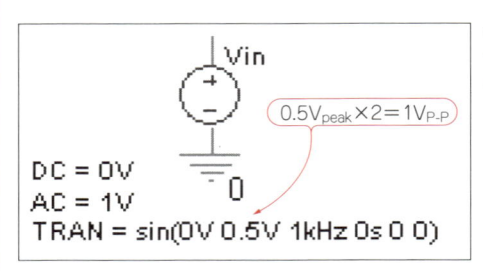

出力の負側がクリップしている

〈図11-22〉
ひずみ特性を解析したい…クリップを避けるため信号源の正弦波の振幅設定を1 V_{P-P} に下げる

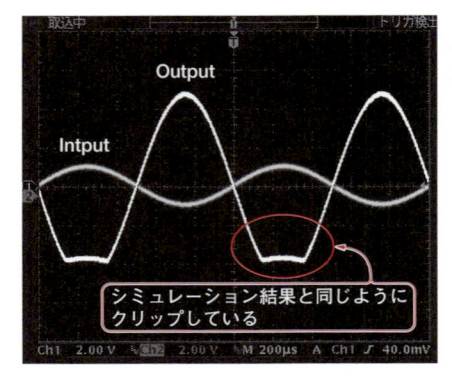

$0.5V_{peak} \times 2 = 1V_{P-P}$

DC = 0V
AC = 1V
TRAN = sin(0V 0.5V 1kHz 0s 0 0)

〈写真11-1〉
図11-1の回路を実際に作り図11-20と同じ正弦波を入力したときの入出力波形(2V/div., 200μs/div.)

シミュレーション結果と同じようにクリップしている

第11章── 1石トランジスタ回路のシミュレーション

〈図11-23〉過渡解析の設定の変更…解析時間幅を10 msに変更する

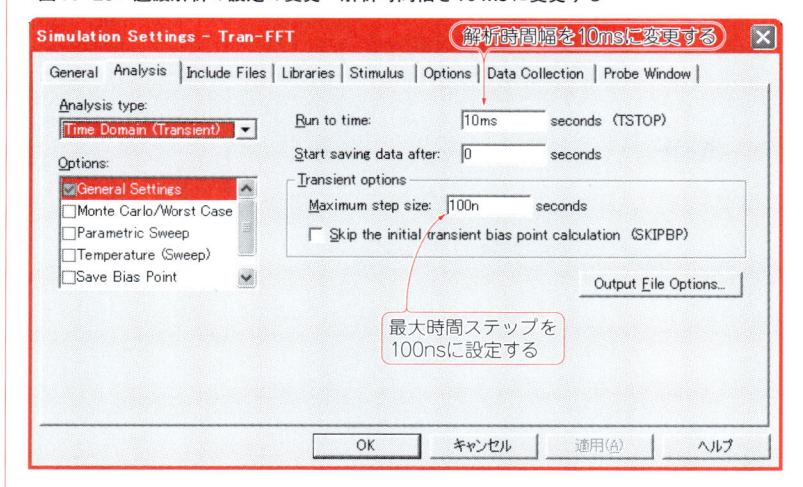

解析時間幅を10msに変更する

最大時間ステップを100nsに設定する

析では見ることができない非線形な動作を見せてくれます．

● ひずみ成分を見てみよう

次に，非線形動作の解析例として，出力波形がクリップしていないときのひずみ成分を観測してみましょう．出力をクリップさせないため，図11-22のようにVinの振幅を1 V_{P-P}（ピーク値を0.5 Vとする）に小さくします．

図11-23に過渡解析の設定内容を示します．1 kHzの正弦波が10波分入るように解析時間幅を**10 ms**に設定します．最大時間ステップを自動設定にしておくと，解析後，分解能の低い，がたがたの波形が表示されますから，最大時間ステップを**100 ns**に設定し直します．

図11-24に示すのは，**Output**だけに電圧マーカを置いてシミュレーションを実行した結果です．**Output**の振幅は約5 V_{P-P}になり，波形のクリップはなくなりました．

■ FFT表示機能でひずみ成分を見る

● 信号に含まれている周波数成分を表示してくれる

図11-24の波形は，とてもきれいな正弦波に見えますが，実はトランジスタで発生した微少なひずみ成分を含んでいます．もし，この信号が周波数1 kHzの成分だけで構成されていれば，ひずみのないきれいな正弦波になるはずです．しかし，実際には1 kHz以外

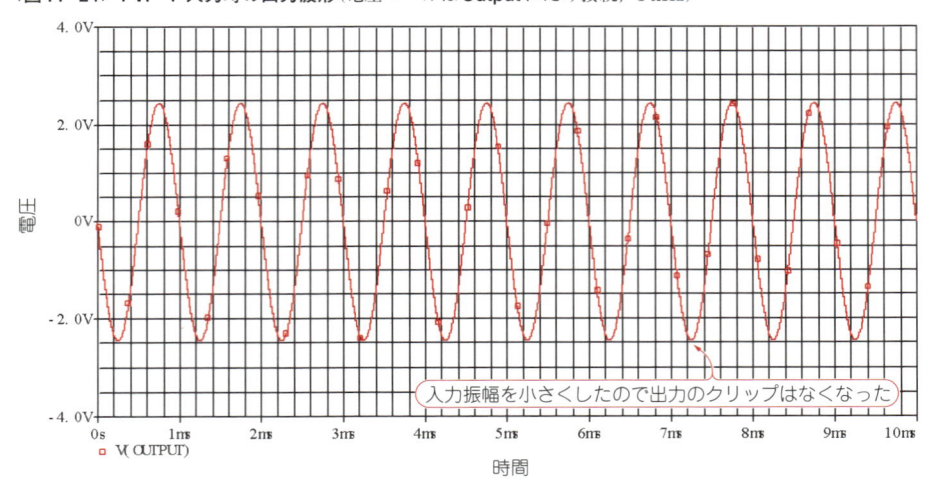

〈図11-24〉1 VP-P入力時の出力波形（電圧マーカはOutputにだけ接続，1 kHz）

入力振幅を小さくしたので出力のクリップはなくなった

〈図11-25〉図11-24の波形をFFT解析した結果…信号の整数倍の周波数にひずみ成分が確認できる

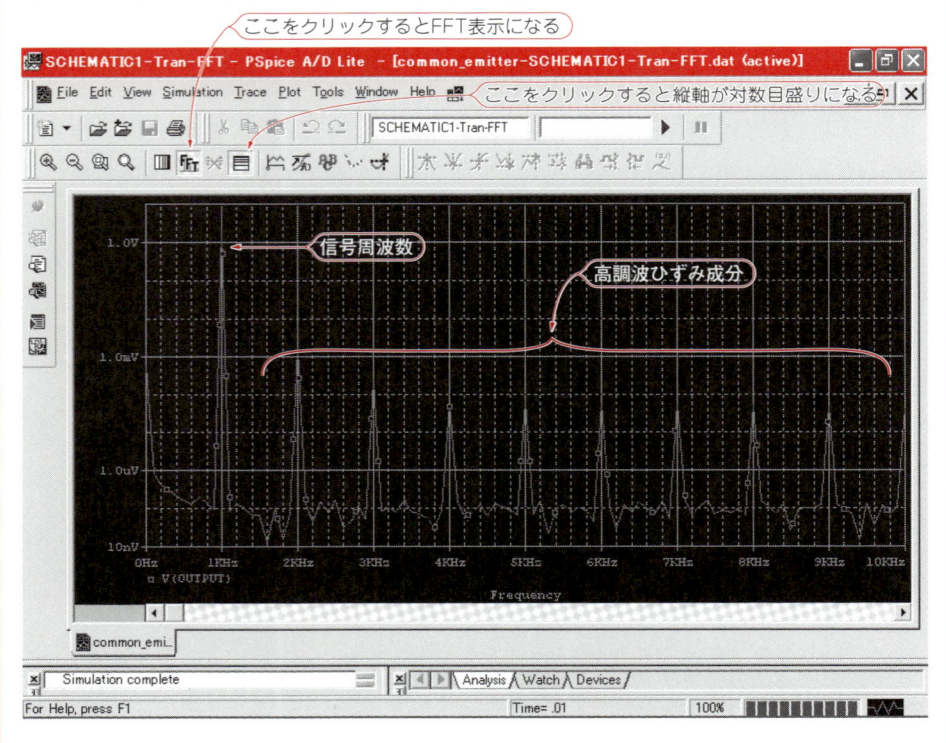

ここをクリックするとFFT表示になる

ここをクリックすると縦軸が対数目盛りになる

信号周波数

高調波ひずみ成分

第11章── 1石トランジスタ回路のシミュレーション

〈図11-26〉信号周期と解析時間幅が整数倍の関係になっていない波形…この状態でFFT表示に切り替えても正しいスペクトラムは表示されない

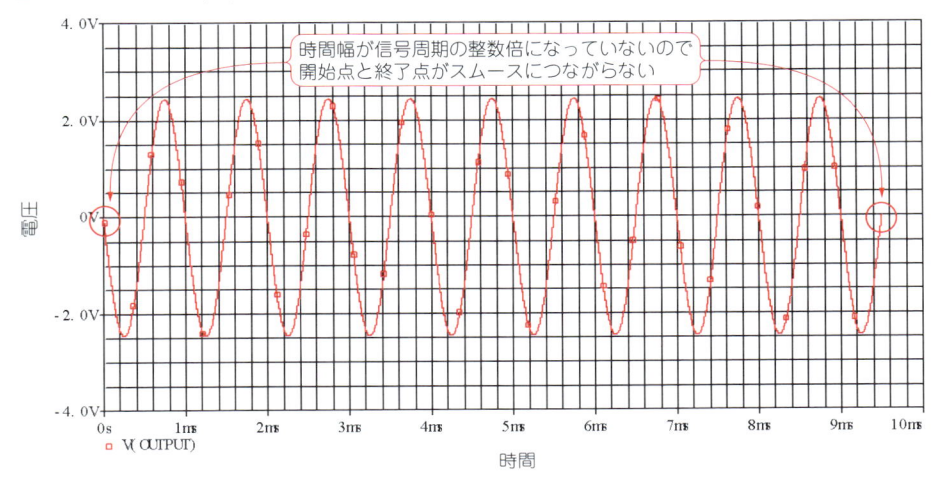

時間幅が信号周期の整数倍になっていないので開始点と終了点がスムースにつながらない

の周波数成分も含んでおり，これがひずみの原因になっています．

図11-24の波形にどんな周波数成分が含まれているかは，高速フーリエ変換（Fast Fourier Transformation）という機能を使うと調べることができます．FFTは，信号を周波数成分に分解して表示してくれます．

ではFFT表示に切り替えましょう．同時に，縦軸を対数目盛りに設定します．図11-25に示すように，信号の整数倍の周波数に存在する高調波（ひずみ）成分が表示されています．

FFT表示は，過渡解析で得られたデータを元にして計算（フーリエ変換）を実行し，時間軸（横軸）を周波数軸に置き換えて表示し直しただけです．横軸が周波数になるのでAC解析と混同しがちですが，解析のしくみは異なります．

● 解析時間幅は信号周期の整数倍に設定する

FFT表示を行うときは，信号周期と解析時間幅の関係に気を付けなければなりません．

フーリエ変換は，過渡解析結果の時間軸上の開始点と終了点をくっつけてループ状にした信号を考える変換です．図11-26のように信号周期と解析時間幅が整数倍の関係になっていないと，始点と終点がスムースにつながらないので，図11-27のように本来存在しないはずの周波数成分が表示されてしまいます．

11.4 —— 基本技その3「過渡解析」

〈図11-27〉図11-26の波形のFFT解析結果…存在しないはずの周波数成分が生まれる

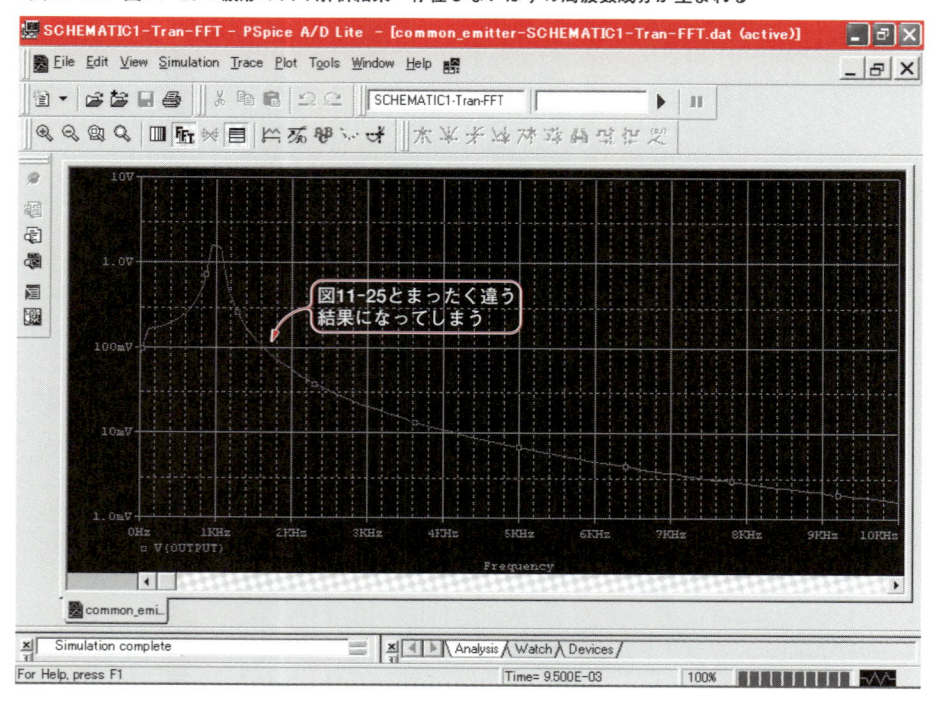

（図11-25とまったく違う結果になってしまう）

FFT表示をする場合は，必ず過渡解析の時間幅を信号周期の整数倍に設定するようにします．

■ 方形波応答を見る

万能型電圧源に用意されている過渡解析用の信号波形には，正弦波のほかにパルス波や折れ線近似波（**Piecewise Linear**），指数関数波，周波数変調波などがあります．
そこで次に，パルス波の応用例として回路の方形波応答を観測してみましょう．

● パルス波を設定する

図11-28に示すように信号源**Vin**を，100 kHz，0.2 V_{P-P}，デューティ50 %のパルス波に設定します．パルス波の設定項目は，第5章で説明したパルス電圧源**VPULS**の設定項目とまったく同じです．

〈図11-28〉方形波応答を見る…信号源の設定

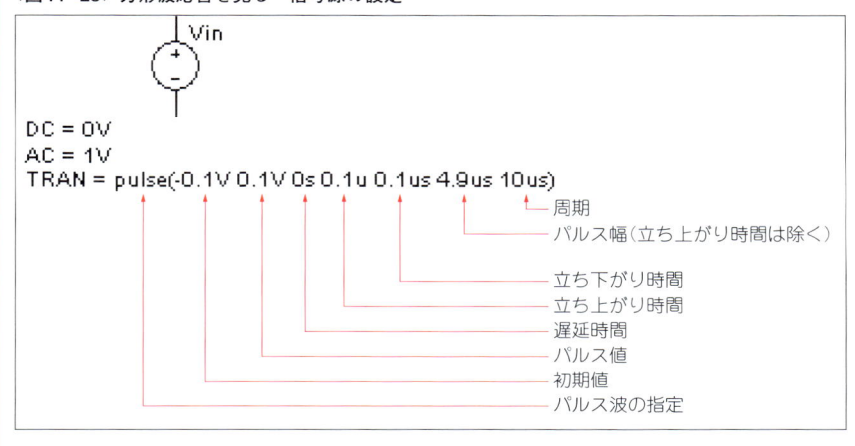

```
Vin
DC = 0V
AC = 1V
TRAN = pulse(-0.1V 0.1V 0s 0.1u 0.1us 4.9us 10us)
```

- 周期
- パルス幅(立ち上がり時間は除く)
- 立ち下がり時間
- 立ち上がり時間
- 遅延時間
- パルス値
- 初期値
- パルス波の指定

〈図11-29〉方形波応答を見るための設定…電源投入から2周期分のパルス応答を観測する

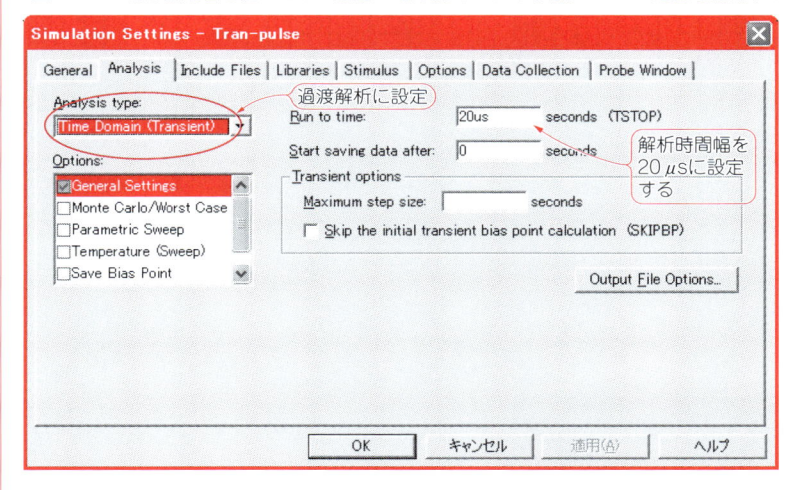

Simulation Settings - Tran-pulse

Analysis type: Time Domain (Transient) … 過渡解析に設定
Run to time: 20us seconds (TSTOP) … 解析時間幅を20μsに設定する
Start saving data after: 0 seconds

Options:
- General Settings
- Monte Carlo/Worst Case
- Parametric Sweep
- Temperature (Sweep)
- Save Bias Point

Transient options
Maximum step size: seconds
☐ Skip the initial transient bias point calculation (SKIPBP)

Output File Options...

OK　キャンセル　適用(A)　ヘルプ

▶ 立ち上がり時間と立ち下がり時間をあまり小さくしない

　パルス波の設定で重要なポイントは，立ち上がり時間と立ち下がり時間をあまり小さくしないことです．

　シミュレーションする回路によっては，ここを小さくし過ぎると，シミュレーションが収束しなかったり，膨大な計算時間を要することがあります．立ち上がり時間と立ち下がり時間の値は，シミュレーションに支障がない範囲で大きめに設定するか，または実際の

11.4 —— 基本技その3「過渡解析」

回路で実現可能な値にとどめます．

● 過渡解析を実行する

新しいSimulation Profileを作って，**図11-29**のように過渡解析の設定をします．電源投入時から2周期分のパルス波に対する各部の応答を観測する，という設定内容になっています．

図11-30に示すのは，Outputに電圧マーカを置いて解析した結果です．約1 V_{P-P}のたいへんきれいな方形波が出力されています．出力が0 Vを中心に変化していないのは，出

〈図11-30〉方形波応答の解析結果

−0.5V中心に振幅している．
0V中心に変化しない理由は
C2に蓄積された電荷の影響だ！

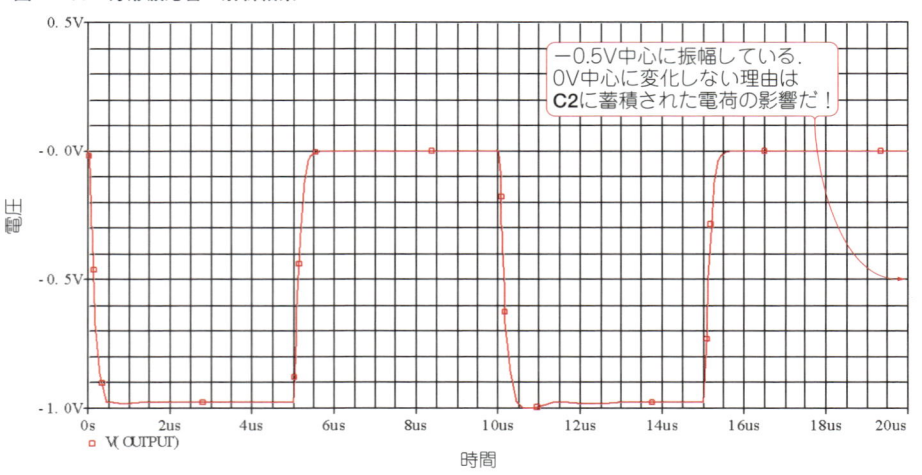

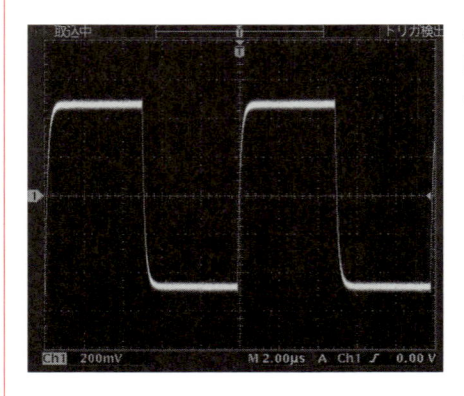

〈写真11-2〉
図11-1の回路を実際に作り図11-28と同じ方形波を入力したときの出力波形（200mV/div., 200μs/div.）

第11章── 1石トランジスタ回路のシミュレーション

力端子に直列に挿入されている結合コンデンサC2に蓄積された電荷の影響です．解析時間幅をとても長く設定すれば，C2に蓄積された電荷がRLを通して放電されるので，0 Vを中心に出力波形が変化するようになります．

▶ **方形波応答を解析する場合は回路図に現れない部品も考慮する**

写真11-2は，同じ条件で観測したオシロスコープによる出力の実測波形です．シミュレーション結果(図11-30)とほぼ同じ波形になっています．シミュレーションと実測データがよく一致した理由は，図11-20のようにオシロスコープのプローブにも配慮して忠実にシミュレーションしたからです．

方形波は多くの高周波成分を含んでいますから，方形波応答をシミュレーションする場合は，回路図には表れない小容量のコンデンサやコイルを解析に盛り込む必要があります．

11.5 ── 必殺技その1「パラメトリック解析」

● **特性が最適になる定数を知りたいときに使う**

ここまでは，SPICE系のシミュレータならもっている三つの基本解析モードについて説明しました．ここでは，PSpiceがもつ強力な付属解析機能の一つ「パラメトリック解析」について説明します．

回路設計をしていると，特性が最適になる回路定数を知りたいことがよくあります．このようなときにとても役に立つのがパラメトリック解析です．

〈図11-31〉図11-1をパラメトリック解析用に変更した回路

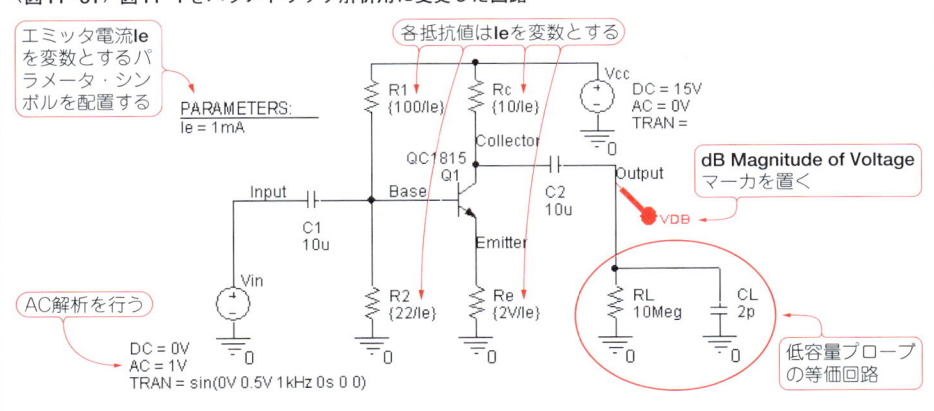

〈図11-32〉電圧ゲインの周波数特性のパラメトリック解析を行う

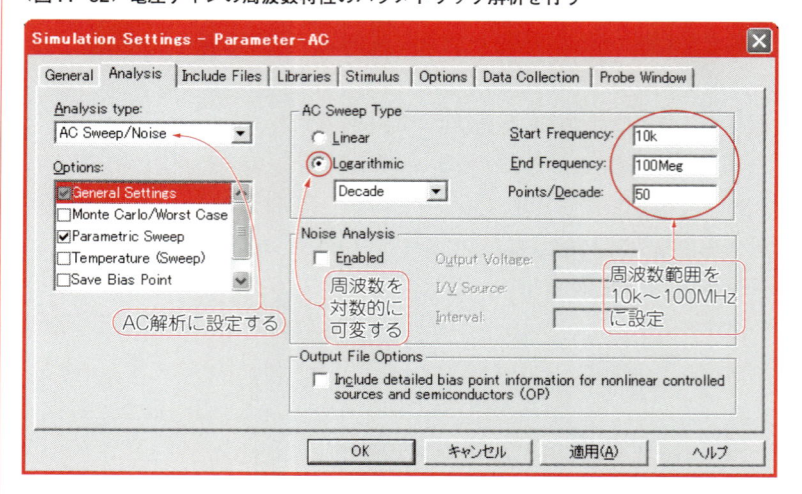

ここでは，電圧ゲインの周波数特性と回路定数の関係をパラメトリック解析を使ってシミュレーションしてみましょう．

■ 解析の準備

● 回路図を入力する

図11-1の回路を使ってパラメトリック解析をしてみましょう．図11-1を図11-31のように変更します．

エミッタ電流Ieを変数とするPARAMシンボルを配置して，R1，R2，Re，Rcの値をエミッタ電流Ieによって可変します．PARAMシンボルの置き方は第7章を参照してください．

● 解析条件を設定する

電圧ゲインの周波数特性を観測したいので，解析方法には横軸が周波数のAC解析を選択します．図11-32にAC解析の設定内容を示します．10 kHzから100 MHzまでを対数スイープする設定です．

図11-33に示すのはパラメトリック解析の設定内容です．Ieを1 mAから10 mAまで1 mAステップで可変させる変数に指定して，各Ieの値における電圧ゲインを観測する設定です．

〈図11-33〉パラメトリック解析の設定…Ie を 1 mA から 10 mA まで 1 mA ステップで可変する

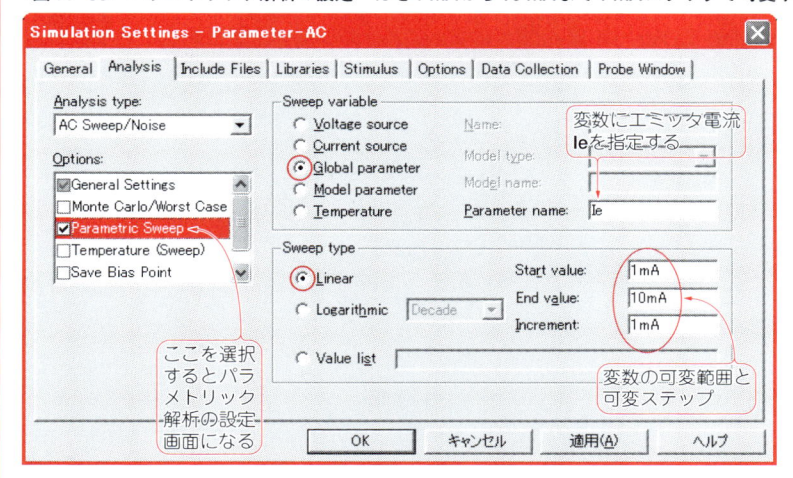

〈図11-34〉パラメトリック解析の結果

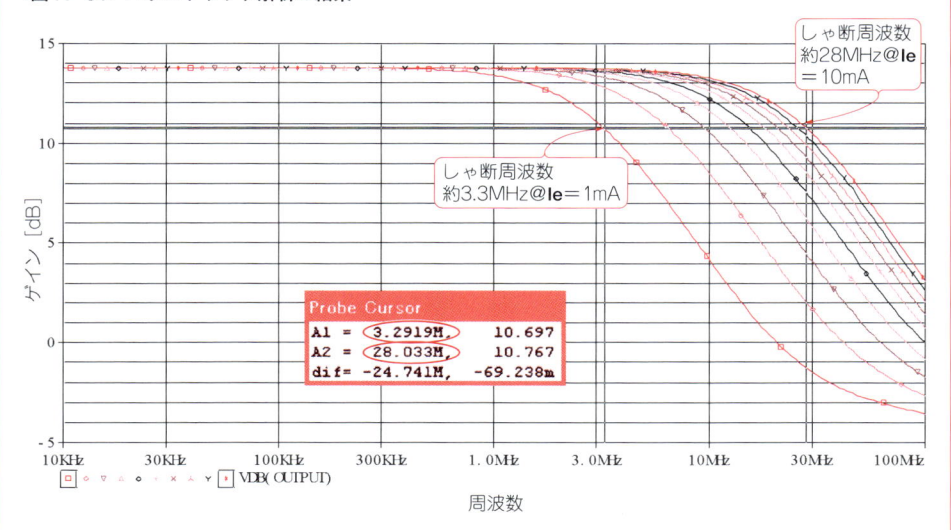

■ 解析の実行

図11-34に解析結果を示します.

Ie が大きくなるほど,周波数特性が高域に延びています.しゃ断周波数は,約 3.3 MHz @Ie = 1 mA から 28 MHz @Ie = 10 mA まで変化しています.これは,バイポーラ・トラ

11.5 —— 必殺技その1「パラメトリック解析」

ンジスタの高域限界周波数が，エミッタ電流によって大きく変化するからです．シミュレーション結果は，そのようなバイポーラ・トランジスタの特性を正確に表しています．

図**11-34**に示すように，Ieの変化による周波数特性の全体像がわかると，「Ieが大きい範囲では周波数特性の改善度がそんなにないので，Ieを数mA程度のポイントに設定しよう」というぐあいに判断できます．

*

このように，パラメトリック解析を使うことによって，ある部分の変化による回路全体の特性変化をダイナミックに捉えることができます．回路定数の設定を行うときなどには，たいへん強力な解析ツールになります．

11.6 — 必殺技その2「モンテカルロ解析」

● **素子のばらつきが特性に与える影響を予測できる**

モンテカルロ解析は，回路素子のばらつきによる特性変化を調べる統計的解析手法です．この解析を使えば，回路を量産したときに，部品のばらつきによる特性変化や歩留まりなどがどのようになるか予測できます．さらに，使用する部品の精度を決める場合にも役に立ちます．

回路規模が大きくなると，個々の部品のばらつきが回路全体の特性に複雑に影響を与えます．このような場合，簡単な近似計算や簡易的な実験でばらつきの影響を解析することは困難です．このような意味からも，モンテカルロ解析はたいへん強力な解析ツールといえるでしょう．

ここでは，エミッタ共通増幅回路の抵抗のばらつきが最大出力振幅にどのように影響するのかをシミュレーションしてみましょう．

■ 解析の準備

● **回路図を入力して解析条件を設定する**

図**11-1**の回路を使ってモンテカルロ解析をしてみます．図**11-1**を図**11-35**のように変更します．

一般的な炭素皮膜抵抗器を想定して，R1，R2，Re，Rcに5％の誤差を設定します．誤差の設定方法は第8章を参照してください．

まず，出力信号のレベルがどのくらいのときにクリップするのかという非線形な状態を

〈図11-35〉図11-1をモンテカルロ解析用に変更したシミュレーション回路

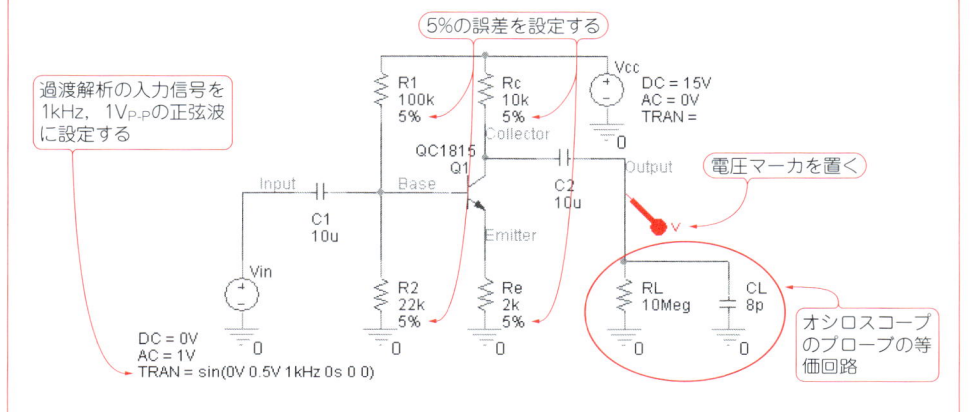

- 5%の誤差を設定する
- 過渡解析の入力信号を1kHz，1V_P-Pの正弦波に設定する
- 電圧マーカを置く
- オシロスコープのプローブの等価回路

〈図11-36〉最大出力レベルという非線形な状態を調べる…過渡解析モードを選ぶ

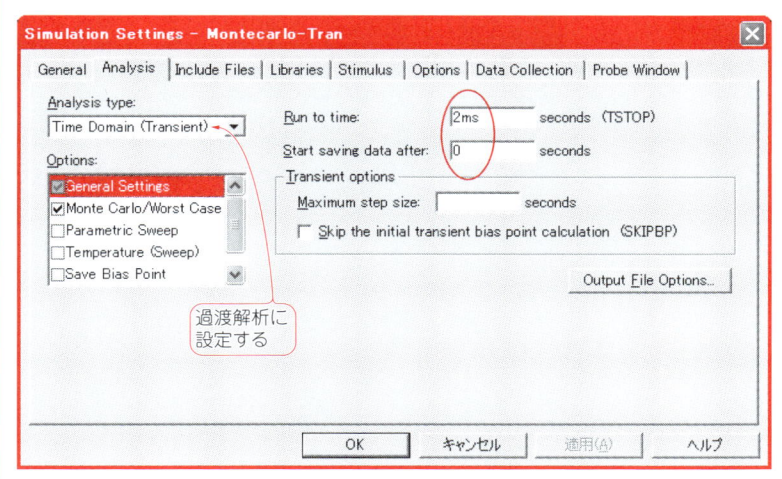

- 過渡解析に設定する

知りたいので，過渡解析を選択します．**図11-36**に過渡解析の設定内容を示します．解析時間幅は，1kHzの正弦波2周期分の2msです．

図11-37にモンテカルロ解析の設定内容を示します．R1，R2，Re，Rcの抵抗値をお互いに関係をもたせないでばらつかせて，10回繰り返し計算させた結果を観測する設定になっています．

〈図11-37〉モンテカルロ解析の設定…R1,　R2,　Re,　Rcの抵抗値を互いに無相関な状態でばらつかせる

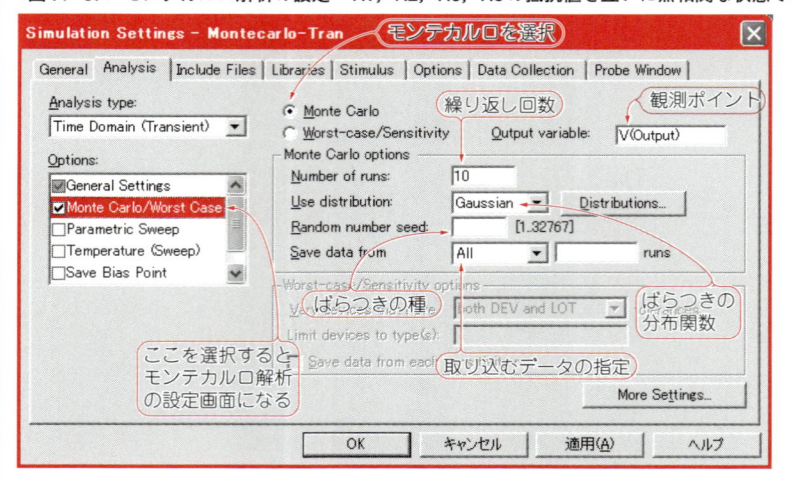

〈図11-38〉モンテカルロ解析結果…抵抗値の誤差が大きいため出力信号がクリップする可能性がある

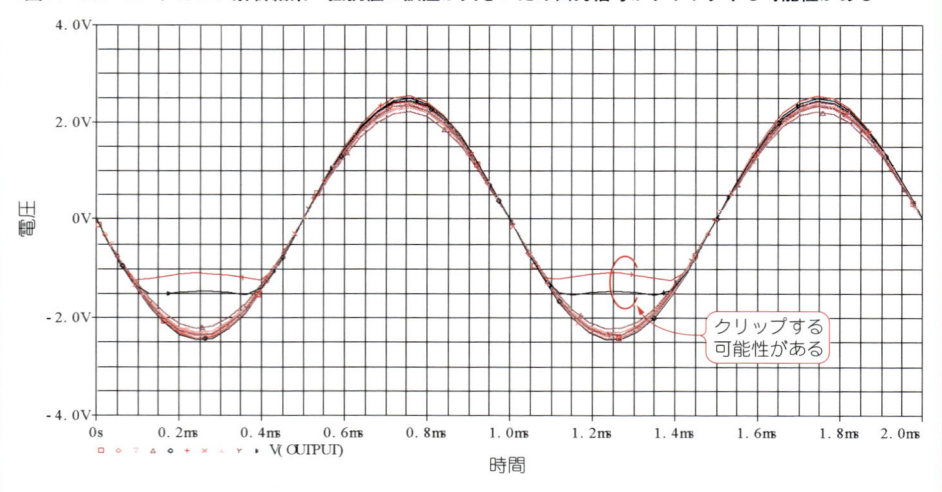

● 分布関数の選定がポイント

モンテカルロ解析で注意しなければならないのは，設定した誤差をどのような分布でばらつかせるかという関数の設定です．

分布関数は，実際の部品のばらつき方と合っていなければなりません．ここでは，ばらつき範囲の中央部分の発生頻度が最も高くなるガウス分布を選択しました．Random

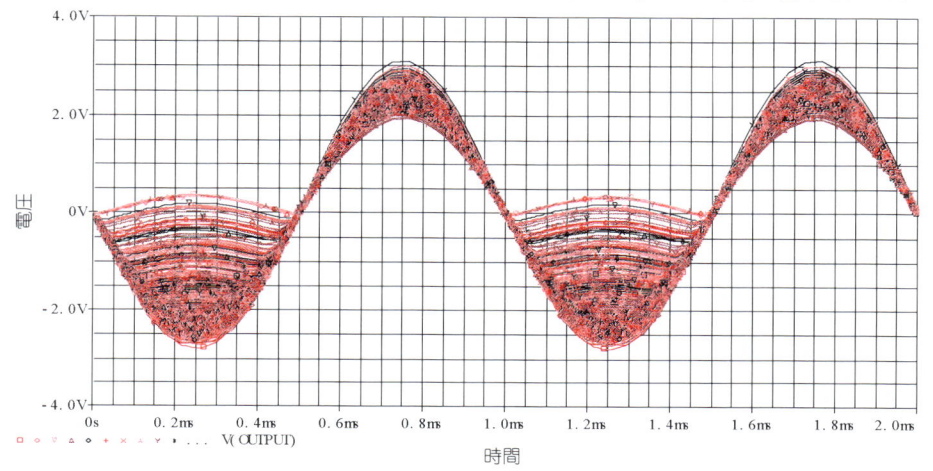

〈図11-39〉図11-37で繰り返し回数を1000回に変更して再度解析した結果…クリップする範囲が広がった

number seedは，ばらつきの開始値を指定するもので，特別な場合以外には設定する必要はありません．

■ 解析の実行

図11-38に解析結果を示します．抵抗のばらつきによって出力波形の負側がクリップする場合があることがわかります．抵抗値がばらつくと得られる最大出力が小さくなります．

▶解析の繰り返し回数を多くすることがポイント

図11-39に示すのは，繰り返し回数を1000回に設定した解析結果です．そのほかの設定は変えていません．図11-38に比べてクリップの範囲が広がり，さらに最大出力が小さくなっています．

このように，モンテカルロ解析では，できるだけ多くの繰り返し回数を設定することが重要です．そうすることで発生頻度が少ない状況も観測することができます．

▶精度1％の抵抗で解析してみる

図11-40のように，すべての抵抗に金属皮膜抵抗器を使うことを想定して，誤差の設定を1％に変更すると，図11-41のような結果が得られます．図11-39に比べて最大出力が大きくなることがわかります．

〈図11-40〉
R1, R2, Re, Rcに金属皮膜抵抗器を使うことを
想定して誤差の設定を1％に変更

〈図11-41〉図11-40で解析し直した結果

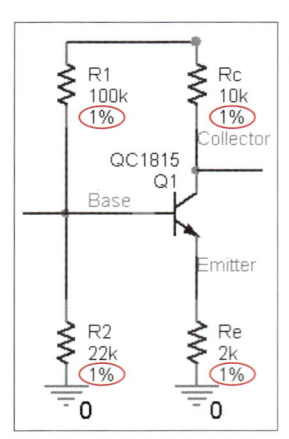

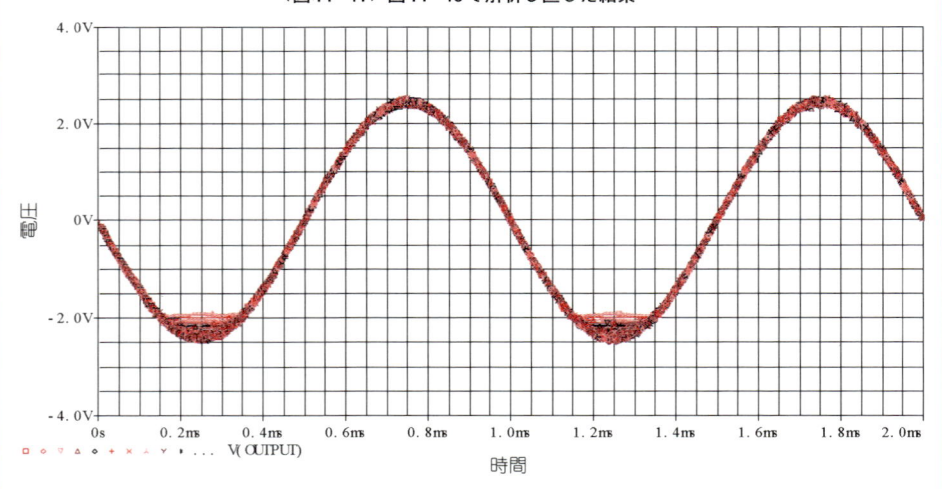

column　シミュレーション・モードの切り替え

　PSpiceの回路図エディタCaptureは，多数の回路図や解析設定をまとめて，一つのプロジェクトとして一括管理しています．これは，たいへん便利なシステムです．一つの回路に対して，AC/DC/FFT/Transientなどの多数の解析モードを設定し，目的に合わせて切り替えることができるからです．

　シミュレーション・モードの切り替えは，**図11-A**のようにCaptureのプロジェクト・ウィンドウで行います．Simulation Profilesフォルダを開いて，目的のシミュレーション・モードを選択します．各シミュレーション・モードには自分で設定した名前が表示されています．その後，右クリックでプルダウン・メニューを表示させ，[Make Active]をクリックすればシミュレーション・モードが切り替わります．

〈**図11-A**〉シミュレーション・モード(Simulation Profile)を切り替える方法

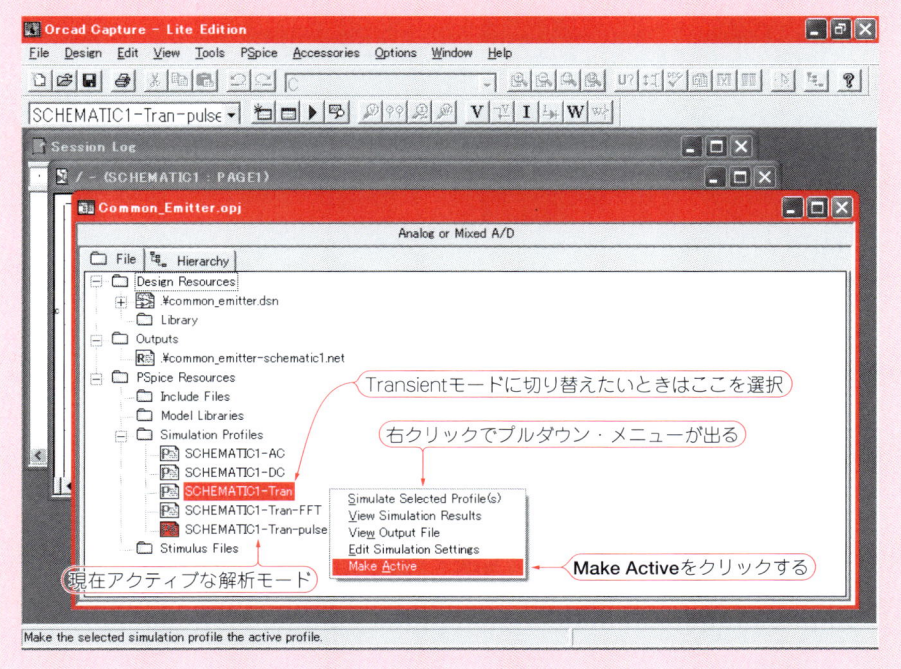

電子回路シミュレータPSpice入門編

第12章
抵抗, コンデンサ, コイルのシミュレーション
~電子回路の基本部品を動かしながらPSpiceのしくみを見る~

　電子回路は，受動部品とトランジスタやICなどの半導体を組み合わせて作ります．そして受動部品の代表といえば，抵抗，コンデンサ，コイルでしょう．これらの受動部品の動作を理解することが，電子回路をマスタするための第一歩です．

　SPICEは，抵抗やコンデンサの動作を表す計算式を元にして解析を実行しますから，SPICEを使いこなすためにも，これらの受動部品の動作をしっかり理解する必要があります．

　本章では，抵抗，コンデンサ，コイルなどの素子がどのような振る舞いをするのか，SPICEによるシミュレーションで確認してみましょう．

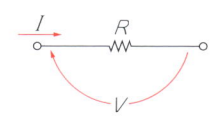

12.1 ── 抵抗

● 抵抗に直流電流を流してみる
▶ オームの法則
　図12-1に示す抵抗 R [Ω]，抵抗に流れる電流 I [A]，抵抗の両端の電圧 [V] の間には次の関係が成り立ちます．

$$V = IR \quad \cdots\cdots\cdots (12\text{-}1)$$

　これは，皆さんもご存知のオームの法則です．抵抗の両端に加わる電圧が1V，その抵抗に流れる電流が1Aなら，その抵抗値は1Ωです．逆に，1Ωの抵抗に1Vの電圧を加え

〈図12-1〉
抵抗に流れる電流と電圧

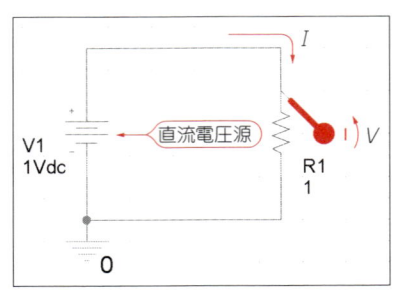

〈図12-2〉
抵抗に直流電流を流したときの挙動を調べる

〈図12-3〉図12-2の解析モードを設定する

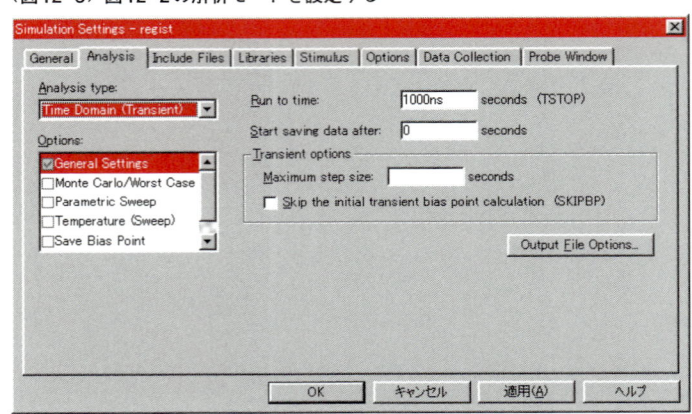

ると，$I = V/R$ ですから，1Aの電流が流れます．

▶ 解析条件の設定

このことをシミュレーションで確認してみましょう．**図12-2**のように回路図を入力します．抵抗R1に流れ込む電流を観察するため，電流マーカをR1に接続します．解析のモードは過渡解析です．

過渡解析は，横軸を時間軸として電圧や電流などの変化を観測するものです．R1に電流プローブを当てて，オシロスコープでその波形を観測するのに似ています．

［New Simulation Profile］ボタンをクリックして，名前を付けて新規のSimulation Profileを開きます．

図12-3に示すように，**Simulation Settings-regist** ダイアログが開きます．

デフォルトで，

〈図12-4〉1Ωの抵抗に流れる直流電流

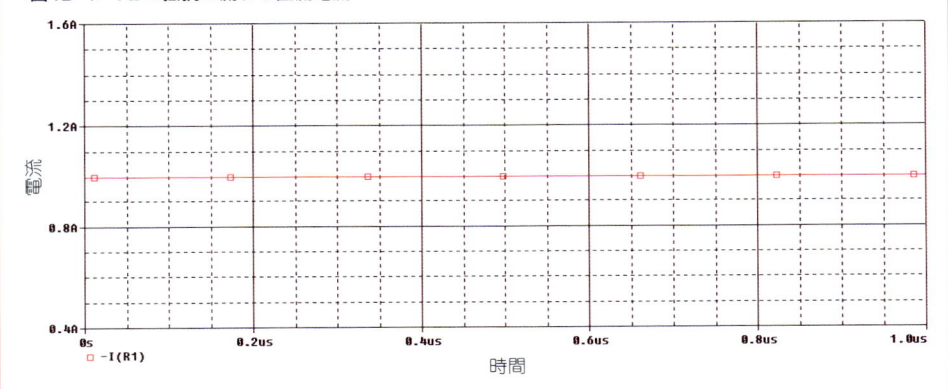

Analysis type : Time Domain(Transient)
Run to time : 1000 ns
Start saving data after : 0 ns

に設定されています．そのまま［OK］をクリックします．

▶ シミュレーションを実行する

図12-4のような解析結果が得られます．縦軸の目盛りを読むとわかるように，電流の値は1Aになっています．

このように，1Ωの抵抗に1Vの電圧を加えると，オームの法則のとおり，1Aの電流が流れます．

● R1に交流電流を流してみる

信号源が交流のときはどうなるでしょうか？ 図12-5に示すように，図12-2に示すV1を交流電圧源VSINに変えてみましょう．

交流電圧源の周波数は2MHz，電圧振幅は1Vに設定します．電圧波形も同時に見るために，電圧マーカと電流マーカを接続します．

式(12-1)に示すオームの法則から，$R=1\Omega$なら，

$V = I$

になるはずです．

図12-6にシミュレーション結果を示します．

一つの波形しか見えません．これは，電圧の波形と電流の波形がまったく等しく重なっ

12.1 ── 抵抗

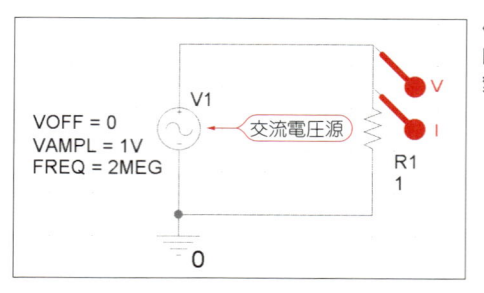

〈図12-5〉
図12-2の電圧源を交流タイプに変更

VOFF = 0
VAMPL = 1V
FREQ = 2MEG

交流電圧源

〈図12-6〉電圧と電流の波形は一致する

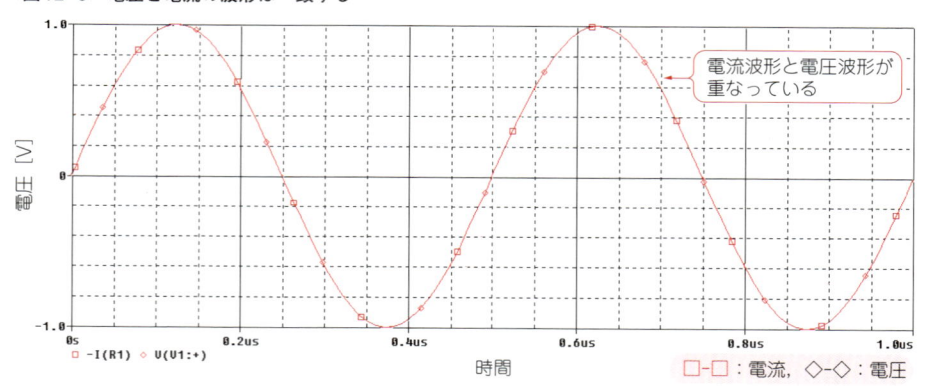

電流波形と電圧波形が重なっている

□-□：電流，◇-◇：電圧

ているからです．あたりまえの結果ですが，シミュレータがオームの法則にしたがって計算していることが確認できました．

● キルヒホッフの法則をシミュレーションで見てみる

次に，抵抗を二つ使った回路で，キルヒホッフの法則を確認してみましょう．

図12-7のように，二つの抵抗が並列に接続された回路を入力します．ここで，各抵抗に流れる電流をそれぞれ観察してみます．

▶ キルヒホッフの法則

キルヒホッフの法則はオームの法則と同様，回路解析には必須の法則です．電気回路の教科書には必ず載っています．キルヒホッフの法則は次の二つから成ります．

・キルヒホッフの第1法則(Kirchhoff's Current Law)

キルヒホッフの電流則ともいう．回路の任意の点において，流入する電流を正，流

第12章——抵抗，コンデンサ，コイルのシミュレーション

〈図12-7〉
キルヒホッフの法則を確認する回路

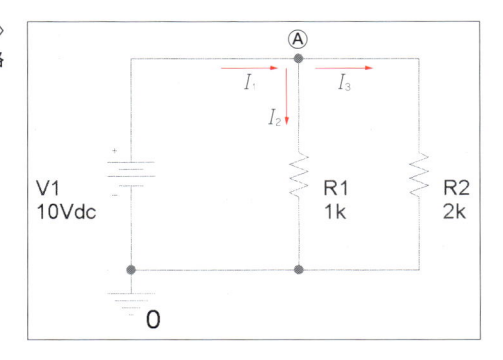

〈図12-8〉 Analysis type を Bias Point に設定する

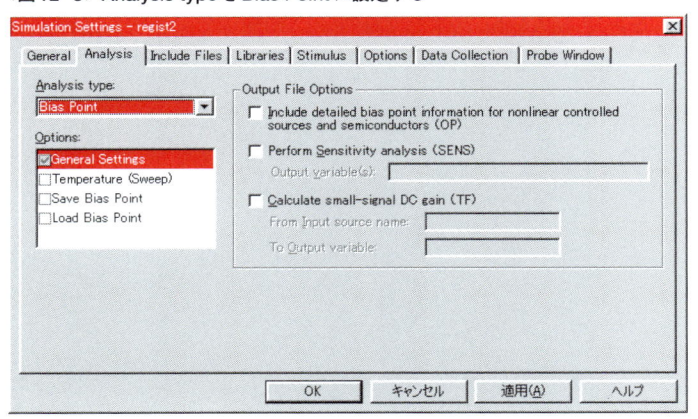

出する電流を負とすると，電流の総和は0(ゼロ)となる．

・キルヒホッフの第2法則(Kirchhoff's Voltage Law)

キルヒホッフの電圧則ともいう．回路の任意のループにおいて，同一方向にすべての起電力と電圧降下を加えると0(ゼロ)となる．

これらの基本法則は，現実の物理現象から発見された法則です．したがって，PSpiceをはじめとする回路シミュレータも，オームの法則とキルヒホッフの法則が成り立つ解析方法を使って回路の各ポイントの電圧と電流を計算しています．

▶ バイアス・ポイント解析を使う

ここでは，バイアス・ポイント解析を使用して，各抵抗に流れる電流を観察してみます．

バイアス・ポイント解析とは，回路に電源電圧(直流電圧)を加えたときの各ポイントの電圧や電流を計算して表示するものです．

〈図12-9〉[I] ボタンをクリックして各ノードの電流を解析する

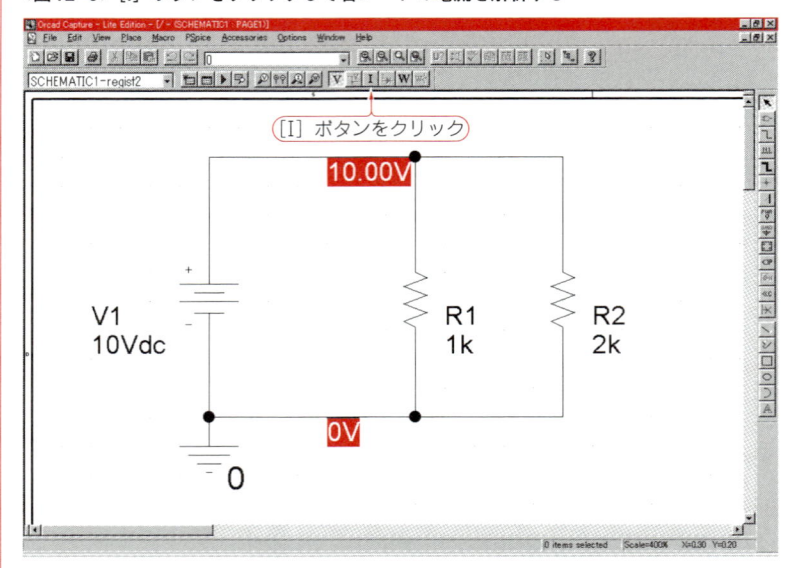

図12-8に示すSimulation Profileを開いて，[Analysis type]を[Bias Point]に設定し，そのまま[OK]をクリックします．マーカは接続せず，このままシミュレーションを実行します．

シミュレーションを実行すると，PSpice ADが起動してシミュレーションが開始されますが，シミュレーションが終了してもグラフは表示されません．

PSpice ADウィンドウの左下に次に示すコメントが表示されるので，シミュレーションの完了を確認し，そのまま回路図(Captureウィンドウ)に戻ります．

　　　︙

　Calculating bias point
　Bias point calculated
　Simulation complete

▶ 解析結果

回路図には，図12-9に示すように回路の各ポイントの電圧が表示されるはずです．

ここで，ツール・バーの[I]というアイコンをクリックすると，図12-10に示すように各パーツに流れる電流値が表示されます．各抵抗に流れる電流は，

　R1：10 mA，**R2**：5 mA

第12章——抵抗，コンデンサ，コイルのシミュレーション

〈図12-10〉
各ノードの電流値が表示されて
キルヒホッフの法則が確認された

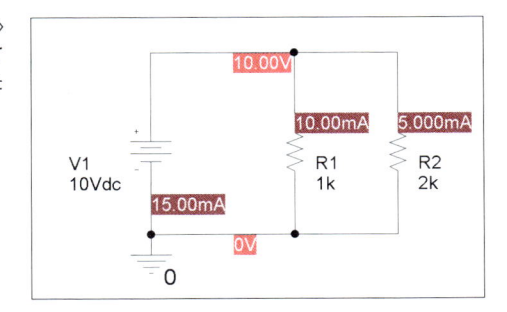

となっています．

R1とR2に流れる電流を合計すると15 mAになり，V1に流れる電流と同じ値になります．すなわち，V1から流れ出た電流は，R1とR2とに分かれて流れ，その合計はV1を流れる電流と等しいということです．

図12-7において，電流が点Ⓐに流れ込む向きを＋，流れ出る向きを−とすると，点Ⓐに流れ込む電流の総和I_{total}は，

$$I_{total} = (+I_1) + (-I_2) + (-I_3)$$

と書けます．

$$I_1 = 15 \text{ mA}, \ I_2 = 10 \text{ mA}, \ I_3 = 5 \text{ mA}$$

ですから，

$$\begin{aligned}I_{total} &= (+I_1) + (-I_2) + (-I_3) \\ &= +15 \text{ mA} - 10 \text{ mA} - 5 \text{ mA} = 0 \text{ mA}\end{aligned}$$

となり，点Ⓐに流れ込む電流の総和は0(ゼロ)になります．これが「キルヒホッフの第1法則」です．

12.2 ── コンデンサ

● コンデンサの性質

▶時間によって変化する電圧を加えないと電流は流れない

抵抗では，両端の電圧と流れる電流の関係は，オームの法則で表されました．

〈図12-11〉
コンデンサに流れる電流と電圧

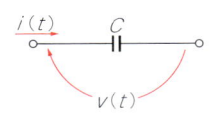

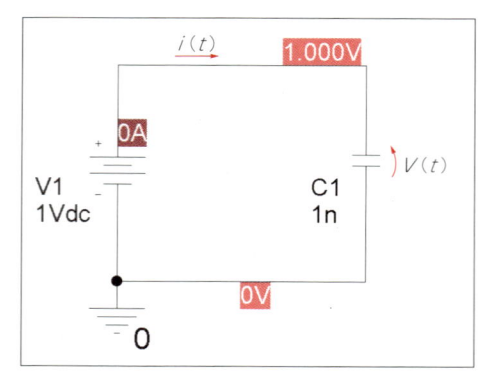

〈図12-12〉
コンデンサに直流電圧源を接続したときの定常電流は0 A

コンデンサでは，図12-11に示す両端の電圧と流れる電流の間に次のような関係があります．

$$v(t) = \frac{1}{C}\int i(t)dt \quad \cdots\cdots\cdots\cdots\cdots\cdots\cdots\cdots\cdots\cdots\cdots\cdots\cdots\cdots\cdots\cdots\cdots\cdots\cdots\cdots\cdots\cdots\cdots\cdots\cdots\cdots\cdots\cdots (12\text{-}2)$$

ただし，C：コンデンサの容量［F］，$v(t)$：コンデンサの両端の電圧［V］，
$i(t)$：コンデンサに流れる電流［A］

ここで，電圧と電流の関数に，t（時間）が変数として使われていることに注目してください．式の中に，時間を表す変数があるということは，電圧や電流の値が時間によって変化するということを意味しています．直流は時間にかかわらず常に一定ですから，コンデンサに直流の電圧を加えてもコンデンサには電流は流れません．

シミュレーションで確認してみましょう．前述のバイアス・ポイント解析を使用して，コンデンサに流れる電流を観察してみます．

図12-12に回路とバイアス・ポイント解析の結果を示します．V1のところに0 Aと表示されています．

つまり，コンデンサに直流電圧を加えても電流は流れないということがわかります．ただし，この状態は直流電圧を加えて時間が十分経過したあとの結果です．厳密にいうと，初めはコンデンサの両端に電圧が加わっていないので，回路に電源を投入した瞬間，コンデンサの両端の電圧は0 V→1 Vと変化します．この間は，コンデンサ両端の電圧が時間によって変化するため，電源投入時には電流が流れます．

● 交流電圧源を入力する

それでは，電圧源が交流のときはどうなるでしょうか？図12-13に示すように，図12-

〈図12-13〉
図12-12の電圧源を交流タイプに変更

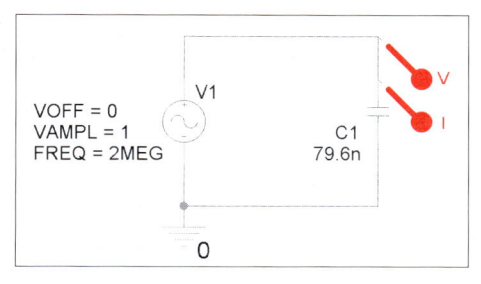

〈図12-14〉Simulation Profileはデフォルトに設定

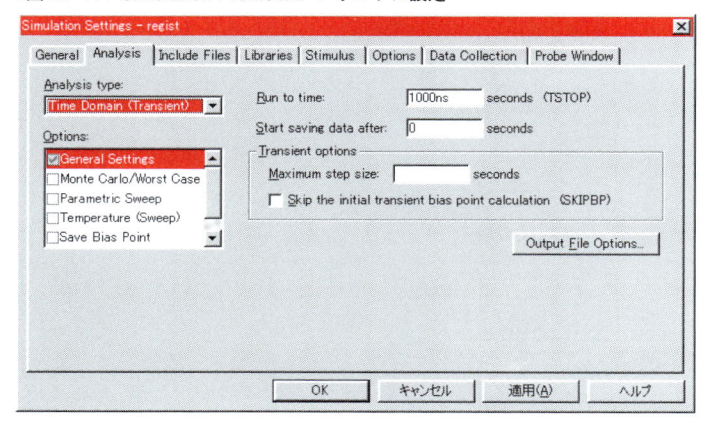

12のV1を交流電圧源**VSIN**に変えてみましょう．

周波数を2 MHz，電圧振幅を1 Vに設定し，電圧波形も同時に見るために，電圧マーカと電流マーカを接続します．さらにコンデンサの容量を79.6 nFに変更しておきます．

79.6 nFにした理由は後で説明するとして，まずはシミュレーションしてみましょう．**図12-14**に示すように，Simulation Profileを開いて次に示すデフォルト設定で過渡解析します．

　　Analysis type：Time Domain（Transient）
　　Run to time：1000 ns
　　Start saving data after：0 ns

● 解析結果…電流位相が電圧より90°進む

図12-15にシミュレーション結果を示します．電圧と電流の二つの波形が表示されま

〈図12-15〉コンデンサは電流位相が電圧より90°進む

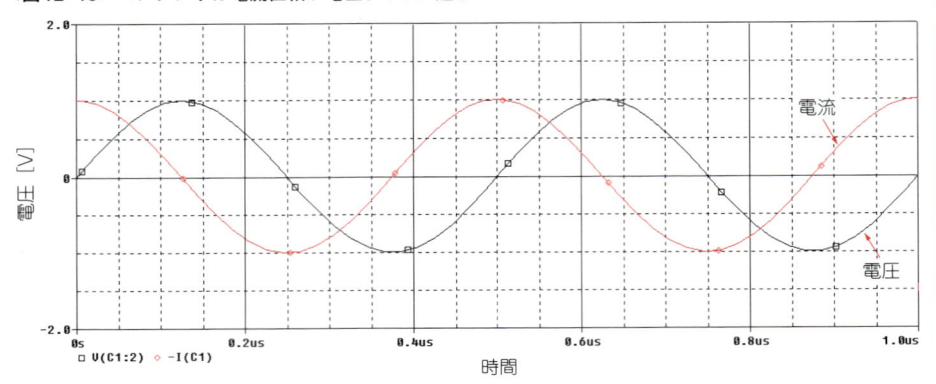

す．電圧源が交流の場合は，コンデンサに交流電流が流れます．

図12-15を見るとわかるように，電流波形が電圧波形を左にずらした形になっています．電圧が0Vのとき電流は1Aになり，電圧が1Vになると，今度は電流が0Aというように，電流の位相がちょうど90°進んでいます．

● 式(12-2)と解析結果の照合

式(12-2)からも電流の位相が90°進むことがいえます．

図12-15に示す電圧波形は，交流電圧源**VSIN**が発生する正弦波ですから，

$v(t) = V\sin(\omega t)$

ただし，V：電圧の最大値，ω：角速度（$\omega = 2\pi f$，fは周波数）

と表されます．式(12-2)は，

$$v(t) = V\sin(\omega t) = \frac{1}{C}\int i(t)\,dt \quad\cdots\cdots(12\text{-}3)$$

と書き直せます．これは「電圧波形$V\sin(\omega t)$は電流波形$i(t)$を積分して$1/C$したものである」ということです．逆に「電流波形$i(t)$は，電圧波形$V\sin(\omega t)$にCを掛けたものを微分したものである」ということができます．

よって，電流波形$i(t)$について解くと，

$$i(t) = \frac{d}{dt}\{CV\sin(\omega t)\} = \omega CV\cos(\omega t) = \omega CV\sin\left(\omega t + \frac{\pi}{2}\right) \quad\cdots\cdots(12\text{-}4)$$

となります．

つまり，コンデンサに電圧 $V\sin(\omega t)$ を加えると，電流波形は $\omega CV\sin(\omega t + \pi/2)$ となり，電圧波形に対して90°だけ位相が進むことがわかります．

● **電流振幅は周波数が高くなるほど大きくなる**

コンデンサの容量を79.6 nFに設定した理由を説明しましょう．

交流電圧源**VSIN**の設定電圧は $1\,V_{peak}$ ですから，電圧波形は $\sin(\omega t)$ です．電流波形は，式（12-4）から $\omega C\sin(\omega t + \pi/2)$ です．

ここで，コンデンサに流れる電流の振幅は，sinの係数 ωC で表されています．ωC は周波数が高くなると ω が大きくなるので，大きくなります．つまり，周波数が高くなると電流の振幅は大きくなります．

図12-13では，交流電圧源の設定周波数は2 MHzで，コンデンサに流れる電流が1 Aになるように，周波数が2 MHzのときに係数 ωC が1になるように容量値を決めました．

設定周波数2 MHzのとき，$\omega = 2\pi f = 12.566 \times 10^6$ なので，

$$\omega C = 12.566 \times 10^6 C = 1$$

から，

$$C = 79.58 \times 10^{-9} = 79.6\,\text{nF}$$

と得られます．

● **コンデンサの性質のまとめ**

以上から，コンデンサの性質をまとめると次のようになります．

①直流（時間変化しない信号）は流れない．

②交流（時間変化する信号）は流れ，そのときの電圧と電流の関係は，

$$v(t) = \frac{1}{C} \int i(t)\,dt$$

で表される．

③流れる電流の振幅は周波数が高いほど大きい．周波数が高くなるにつれて電流の振幅は大きくなる．つまり，コンデンサは周波数が高いほど電流が流れやすくなる素子であるということができる．

● **容量性リアクタンスとコンデンサに流れる電流の関係**

式（12-1）に示すオームの法則では，

$$V = IR$$

として電圧と電流の大きさの関係を表していました．同じ形でコンデンサの電圧と電流の大きさの関係を書くと次のようになります．

$$V_m = \frac{I_m}{\omega C} \quad \cdots\cdots\cdots\cdots\cdots\cdots\cdots\cdots\cdots\cdots\cdots\cdots\cdots\cdots\cdots\cdots\cdots\cdots\cdots\cdots\cdots\cdots\cdots\cdots\cdots\cdots\cdots\cdots\cdots\cdots\cdots\cdots\cdots\cdots\cdots\cdots\cdots\cdots\cdots\cdots (12\text{-}5)$$

ただし，V_m：コンデンサ両端の電圧［V］，I_m：コンデンサに流れる電流［A］

この$1/(\omega C)$を容量性リアクタンス(capacitive reactance)といい，X_Cで表します．抵抗Rと同じように，加えられた電圧に対して流れる電流の大きさを決めるもので単位は［Ω］です．

周波数が低いときX_Cは大きくなり，電流は小さくなります．周波数が高いほどX_Cは小さくなり，電流は大きくなります．

コンデンサの容量が小さいとき，X_Cは大きくなり電流は小さくなります．逆に，コンデンサの容量が大きいとき，X_Cは小さくなり電流は大きくなります．直流では$1/(\omega C)$は無限大ですから，電流はゼロです．つまり，コンデンサは直流をカットする働きをもっています．

図12-16に示すように，周波数が高くなるほどX_Cの値は小さくなり，電流が流れやすくなります．また，同じ周波数でもコンデンサの容量が大きいほうがX_Cの値が小さく，電流が流れやすくなります．これを，1μFのコンデンサについて見てみましょう．

10 kHzでのX_Cの値は約15.9 Ωです．これに10 kHz，1 V_{RMS}の交流電圧を加えると，

1 V_{RMS} ÷ 15.9 Ω ≒ 0.0628 A_{RMS}

〈図12-16〉コンデンサの容量と周波数によるX_Cの変化

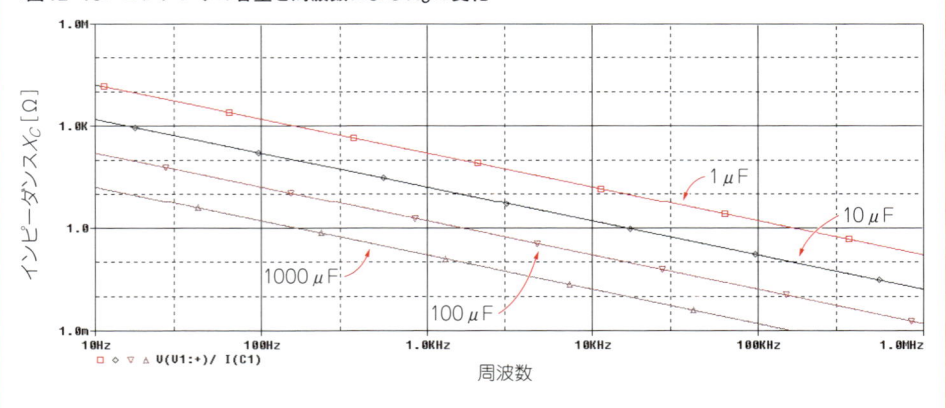

の電流が流れます．

　周波数が10倍の100 kHzになると，X_Cの値は約$1.59\ \Omega$になり，これに100 kHz，$1\ V_{RMS}$の電圧を加えると，

$$1\ V_{RMS} \div 1.59\ \Omega \fallingdotseq 0.628\ A_{RMS}$$

となり，10 kHz時の10倍の電流が流れます．コンデンサの容量が$10\ \mu F$になると，100 kHzでのX_Cの値は約$0.159\ \Omega$となり，さらに10倍の電流が流れます．

12.3 ── コイル

● コイルの性質

図12-17に示すコイルの両端の電圧と流れる電流の関係は，次の式で表されます．

$$v(t) = L \frac{di(t)}{dt} \quad\quad\quad\quad\quad\quad\quad\quad\quad\quad\quad\quad\quad\quad\quad\quad\quad\quad\quad (12\text{-}6)$$

ただし，L：コイルのインダクタンス［H］，$v(t)$：コイルの両端の電圧［V］，
$i(t)$：コイルに流れる電流［A］

コンデンサと同様，電圧と電流は時間を表す変数tによって値が変化します．コンデンサと同じように，電圧や電流の値は時間によって変化する時間の関数です．

● コイルに直流電圧を加えると…大きな電流が流れる

　試しに，先のバイアス・ポイント解析を使用して，コイルに直流電圧を加え，流れる電流を観察してみましょう．

〈**図12-17**〉
コイルに流れる電流と電圧

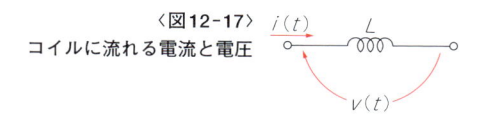

〈**図12-18**〉
コンデンサに直流電圧源を接続したときの定常電流を解析するとシミュレーション・エラーが出る

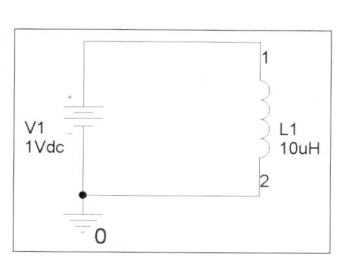

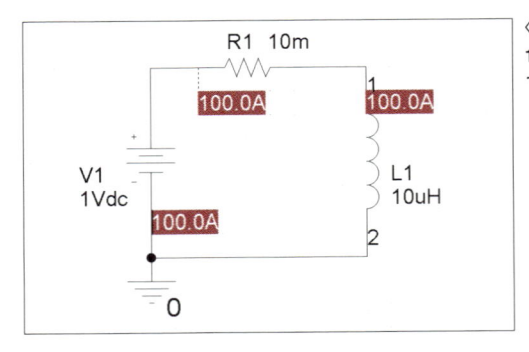

〈図12-19〉
10 mΩの抵抗（R1）を挿入して再シミュレーション

▶ シミュレーション・エラーが出る

図12-18に示す回路でシミュレーションしてみましょう．

次のようなエラー・メッセージが出るはずです．

> ERROR —— Voltage source and/or inductor loop involving V_V1
> You may break the loop by adding a series resistance

▶ エラーの原因

PSpiceで使用する受動部品は，すべて理想的な部品をモデリングしているため，コイルの直流抵抗はゼロです．直流電圧源V1の出力抵抗もゼロです．その結果，PSpice AD が電流を算出するとき，電圧値を0で割り，答えの出ない計算が実行されてしまったのです

▶ 抵抗を挿入してエラー対策する

対策するには，エラー・メッセージ"You may break the loop by adding a series resistance"にしたがって，直流電圧源V1とコイルL1のループに直列に抵抗を挿入します．ただし，知りたいのはコイルの特性ですから，コイルの特性に影響を及ぼさないような小さな抵抗を挿入します．

例として，10 mΩの抵抗を挿入してみます．

▶ 解析結果

図12-19に，シミュレーション結果を示します．なんと，コイルに流れる電流は，100 Aとなりました．

先ほども述べたように，コイルの直流抵抗はゼロです．直流電圧を加えると，コイルと直列に接続された抵抗によって電流が決まります．

図12-19の例では，抵抗R1が10 mΩなので，回路に流れる電流は，

〈図12-20〉
図12-19の電圧源を交流タイプに変更

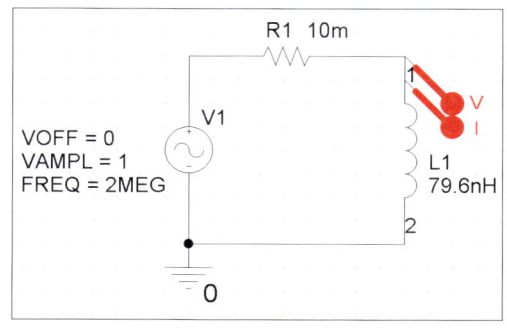

$1\text{ V} \div 10 \times 10^{-3}\text{ Ω} = 100\text{ A}$

になります．

実際のコイルでは，**R1**に相当するのは巻き線の直流抵抗値です．通常は，**図12-18**で挿入した数m～数十mΩ程度のとても小さな抵抗値です．直流電圧を直接コイルに加えると，電圧源をほぼ短絡したのと同じ状態になるのです．シミュレーションではエラーで済みましたが，実際の回路ではコイルを焼損したり，電源を破損したりすることになります．

● コイルに交流電圧を加える

それでは次に，電圧源が交流のときはどうなるか見てみましょう．**図12-20**の**V1**を交流電圧源**VSIN**に変えます．

周波数を2 MHz，電圧振幅を1 Vに設定し，電圧波形も同時に見るために，電圧マーカと電流マーカを接続します．さらに，コイルのインダクタンスを79.6 nHに変更しておきます．

このままシミュレーションしても良いのですが，説明しやすくするために今回はさらにもう一つ初期条件を設定します．**L1**のシンボルをダブル・クリックして，**Property Editor**ダイアログ（**図12-21**）を開きます．**IC**の欄に－1を入力し，**Property Editor**ダイアログを閉じます．

ICとは，コンデンサおよびコイル（インダクタ）の初期状態（**Initial Condition**）を設定する属性です．コンデンサの場合は，時間$t = 0$における両端の電圧を，コイルの場合は，時間$t = 0$におけるコイルに流れる電流を設定できます．なぜ，－1を入力するかは後で説明します．

図12-22に示すように，Simulation Profileを開いて**Analysis type**を**Time Domain**

〈図12-21〉L1のプロパティ・エディタ画面でIC（初期電流）を−1に設定

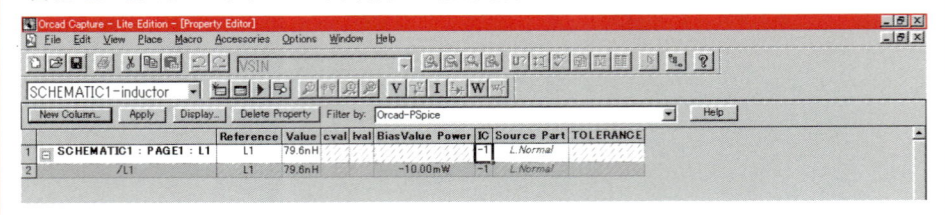

〈図12-22〉Simulation Profileはデフォルトに設定

(Transient)に設定し，0〜1000 nsまでシミュレーションしてみましょう．

● 解析結果…電流位相が電圧より90°遅れる

図12-23に解析結果を示します．

コンデンサと同様に，電圧と電流の二つの波形が表示されます．

波形をよく見てみましょう．今度は，電流波形は電圧波形を右にずらした状態になっています．つまり，電圧が0Vのとき，電流は−1Aになり，電圧が1Vになると，今度は電流が0Aになります．電流の位相は，電圧に対してちょうど90°遅れています．

● 式(12-6)と解析結果の照合

先程と同様，電圧波形を，

$v(t) = V\sin(\omega t)$

〈図12-23〉図12-20の定常時の電圧と電流

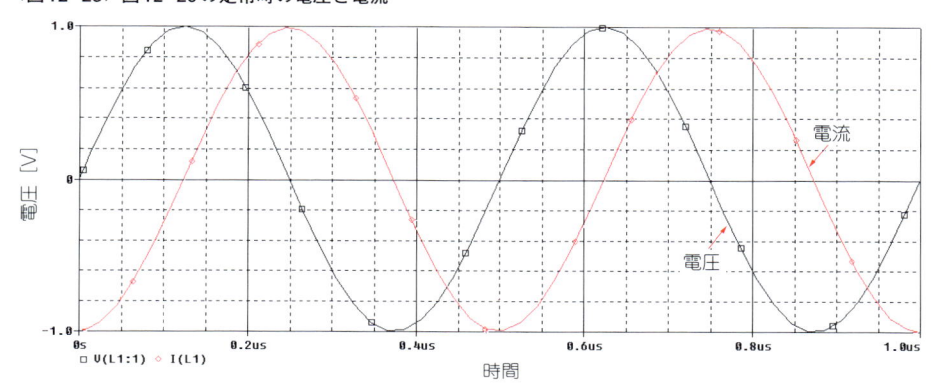

とおくと，式(12-6)は，

$$v(t) = V\sin(\omega t) = L\frac{di(t)}{dt} \quad \cdots\cdots(12\text{-}7)$$

と書き直せます．コンデンサのときと同様に，この式を$i(t)$について解くと，

$$i(t) = \frac{V}{L}\int \sin(\omega t)\,dt \quad \cdots\cdots(12\text{-}8)$$

となります．コイルに流れる電流$i(t)$は電圧$V\sin(\omega t)$を積分して$1/L$したものであるということができます．

よって，

$$i(t) = \frac{V}{L}\int \sin(\omega t)\,dt = -\frac{V}{\omega L}\cos(\omega t) = \frac{V}{\omega L}\sin\left(\omega t - \frac{\pi}{2}\right) \quad \cdots\cdots(12\text{-}9)$$

になります．つまり，コイルに電圧$V\sin(\omega t)$を加えると，電流は$(V/\omega L)\sin(\omega t - \pi/2)$になり，電圧に対して90°だけ位相が遅れます．

● 電流振幅は周波数が高いほど小さい

コンデンサのときと同様，インダクタンスを79.6 nHに設定した意味について考えてみましょう．

交流電圧源**VSIN**の設定電圧は$1\,V_{peak}$なので，電圧は$\sin(\omega t)$です．このときの電流は，式(12-9)から$1/(\omega L)\sin(\omega t - \pi/2)$になります．

コイルに流れる電流の振幅は，$\sin$の係数$1/(\omega L)$で表されます．周波数が高くなると

ω は大きくなりますから，$1/(\omega L)$ は小さくなります．つまり，周波数が高くなると電流の振幅は小さくなります．

　交流電圧源の振幅は 1 V，設定周波数は 2 MHz でした．**図12-20** では，コイルに流れる電流を 1 A にするために，周波数が 2 MHz のときに係数 $1/(\omega L)$ が 1 になるように，インダクタンスの値を決めました．

$$\frac{1}{\omega L} = \frac{1}{12.566 \times 10^6 L} = 1$$

から，

$$L = 79.58 \times 10^{-9} \fallingdotseq 79.6 \text{ nH}$$

が得られます．

● **コイルの性質のまとめ**

　以上から，コイルは次のような素子ということができます．
(1) 直流電圧を加えると，電圧をコイルの内部抵抗で割って得られる大きさの電流が流れる．
(2) 交流（時間変化する信号）はコイルに流れ，そのときの電圧と電流の関係は，

$$v(t) = L \frac{di(t)}{dt}$$

　で表される．
(3) 流れる電流の振幅は周波数が高くなるにつれて小さくなる．つまり，コイルは周波数が大きくなるにつれて電流が流れにくくなる素子といえる．

● **誘導性リアクタンスとインダクタに流れる電流の関係**

　コンデンサのときと同様，オームの法則と同じ形でコイルの電圧と電流の大きさの関係を書くと次のようになります．

$$V_m = I_m \omega L \quad \cdots\cdots\cdots\cdots\cdots\cdots\cdots\cdots\cdots\cdots\cdots\cdots\cdots\cdots\cdots\cdots\cdots\cdots\cdots\cdots\cdots\cdots\cdots (12\text{-}10)$$

　ただし，V_m：コイルの両端の電圧［V］，I_m：コイルに流れる電流［A］

　ここで，ωL を誘導性リアクタンス（inductive reactance）といい通常 X_L で表します．抵抗 R と同じように，コイルに加えられた電圧に対して流れる電流の大きさを決める変数です．X_L は周波数が低いとき小さいので，電流 I_m は大きくなります．逆に，周波数が高いほど大きくなるので電流は小さくなります．

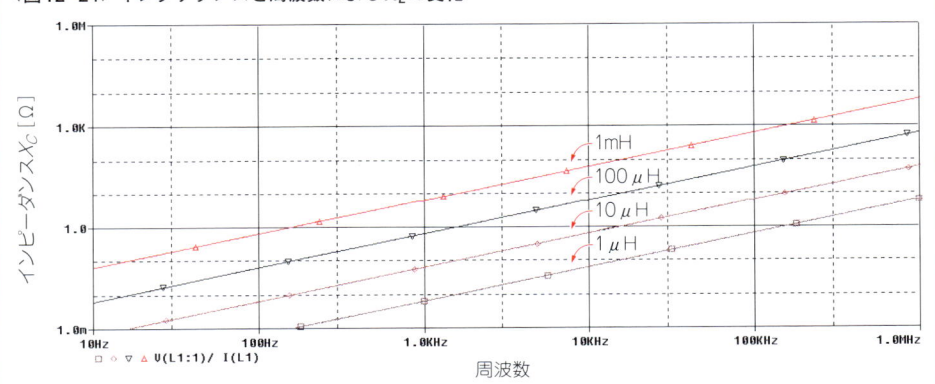

〈図12-24〉インダクタンスと周波数による X_L の変化

コイルのインダクタンスが小さいとき X_L は小さくなり電流は大きくなります．逆に，インダクタンスが大きいほど X_L は大きくなり電流は小さくなります．X_L は高周波ほど大きくなり，電流が流れにくくなります．

図12-24に示すように，周波数が高いほど X_L の値は大きくなり，電流は流れにくくなります．同じ周波数でも，インダクタンスが大きいほうが X_L の値は大きいため，電流が流れにくくなります．

100 μHのコイルについて考えてみましょう．

10 kHzでの X_L の値は約6.28 Ωですから，10 kHz，1 V_{RMS} の電圧を加えると，

　　1 V_{RMS} ÷ 6.28 Ω ≒ 0.159 A_{RMS}

の電流が流れます．周波数が10倍の100 kHzでは，X_L の値は約62.8 Ωですから，100 kHz，1 V_{RMS} の電圧を加えると，

　　1 V_{RMS} ÷ 62.8 Ω ≒ 0.0159 A_{RMS}

となり，流れる電流は10 kHzのときの10分の1になります．

コイルのインダクタンスが1 mHのときは，100 kHzでの X_L の値は約628 Ωですから，電流値はさらに10分の1になります．

● 初期値IC＝－1を設定した理由…過渡状態をパスするため

図12-20を入力するときに設定した初期値IC＝－1について説明しましょう．

定常状態，つまり電圧を加えてから十分時間が経過した状態では，電圧と電流の関係は式(12-9)で表されますが，電圧を加えた直後は，コイルの初期状態（電圧を加える直前）

12.3 ── コイル

〈図12-25〉初期電流ICを設定しなかった場合の電圧と電流の波形

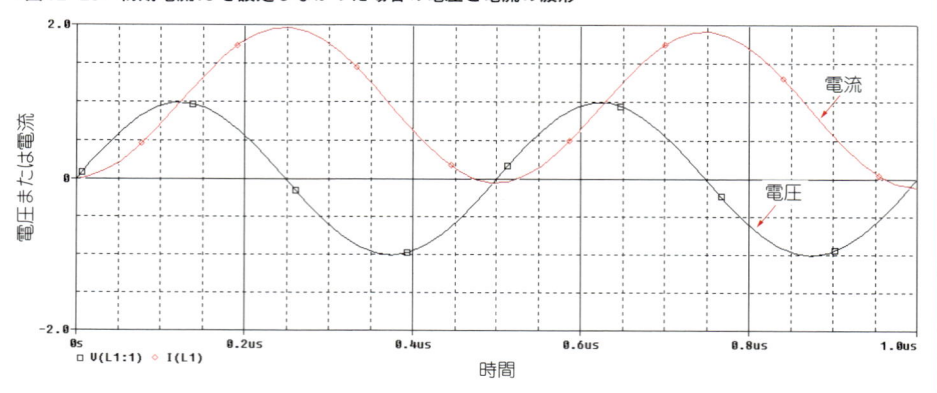

に応じた過渡現象が生じます．

　PSpice ADはこの過渡現象もきちんと計算します．しかし，**図12-20**で知りたいのは定常状態での電流波形です．

　電圧を加える前，コイルに電流は流れていません．したがって，初期値を設定しないでシミュレーションすると，コイルに流れる電流の初期値はゼロと見なされます．その結果，**図12-25**に示すように，コイルの電流は0Aからスタートして，定常時の波形（**図12-23**）と異なったものになります．

　これを避けるために，過渡電流が生じないように初期値を設定してシミュレーションを行ったのです．

　定常状態では電圧波形に対して電流波形は90°位相が遅れますから，電圧が0Vのとき電流は－1A，電圧が1Vのとき電流は0Aです．交流電圧源**VSIN**は0Vからスタートしますから，**L1**の初期電流値を－1Aに設定すれば，定常状態の電流波形を観察できます．

● 過渡現象を見てみる

　実際の回路では電源投入前に，コイルに－1Aの電流を流しておくことはできません．必ず，電源投入時の電圧位相によって過渡現象が生じます．過渡電流は，直列に挿入した抵抗**R1**とインダクタンス**L1**の値によって決まる時定数で減少し，定常状態では無視できる値になります．

　試しに，**図12-20**において過渡解析の解析時間を伸ばして，過渡電流が減少していく

〈図12-26〉過渡解析の解析時間を長めに設定する

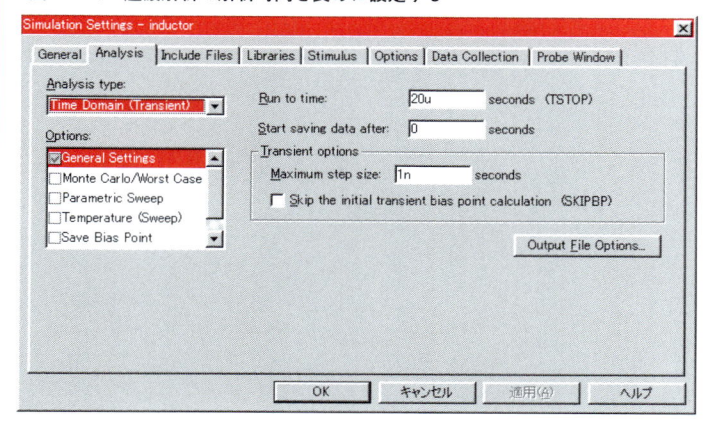

〈図12-27〉過渡電流のようす

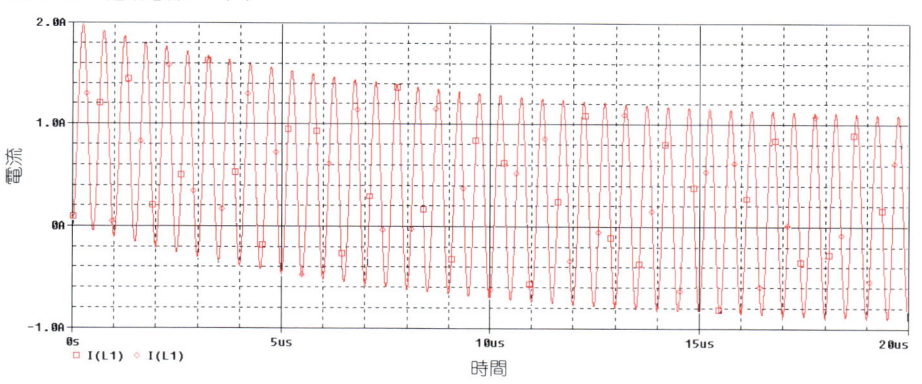

ようすを観察してみましょう．**図12-26**に示すように，Simulation Profileを開き，**Run to time**を20μに，**Maximum step size**を1nに設定します．また，見やすくするために電圧マーカを削除します．では，シミュレーションを行ってみましょう．

図12-27に解析結果を示します．

電流波形は，0Aからスタートして，1Aを中心に振れますが，時間が経過するにつれて直流ぶんがなくなって位置が下がってきます．やがて定常状態では，**図12-23**と同じように0Aを中心に振れるようになります．

〈図12-28〉電圧の初期位相が φ のときの電圧と電流波形（IC＝0 A）

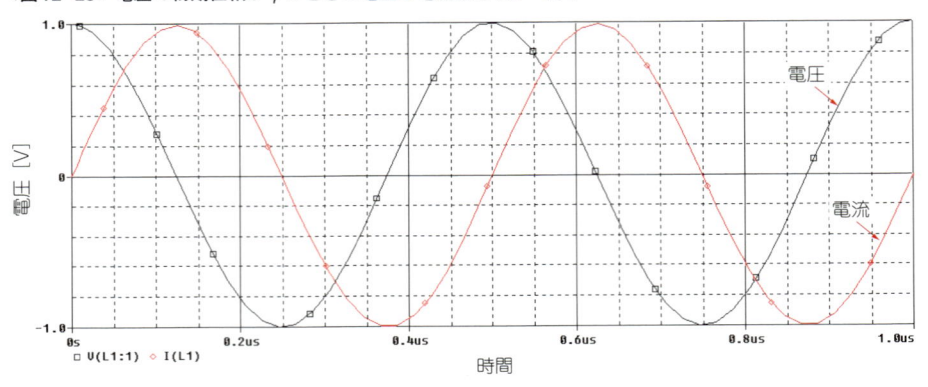

● 電圧の位相によっては過渡現象は出ない

図12-20において過渡現象を考慮した電圧と電流の関係は，次のようになります．

時間 $t=0$ において，電圧 $v(t)=V\sin(\omega t+\theta)$（$\theta$ は初期位相）を加えたとき，コイルに流れる電流は，

$$i(t) = I_m \left\{ \sin(\omega t + \theta - \phi) - e^{-\frac{L}{R}t} \sin(\theta - \phi) \right\}$$

ただし，

$$I_m = \frac{V}{\sqrt{R^2 + \omega^2 L^2}}, \quad \phi = \tan^{-1}\frac{\omega L}{R}$$

で表されます．

右辺第2項が過渡電流で，電圧の初期位相によって変化します．$\theta - \phi$ が $\pm \pi/2$ のとき，$\sin(\theta - \phi)$ は ± 1 になり，過渡電流が最大となります．$\theta - \phi$ が 0 または $-\pi$ のとき，$\sin(\theta - \phi)$ はゼロになり過渡電流は生じません．

図12-28は，電圧の初期位相が ϕ と同じときのシミュレーションです．ご覧のとおり，過渡電流は生じません．

電子回路シミュレータPSpice入門編

第13章
1石～4石トランジスタ回路のシミュレーション
～エミッタ共通回路からIC回路の定石　差動増幅回路まで～

● **トランジスタを使った回路設計は面白い！**

　トランジスタをたくさん使った設計は，温度変化や素子のばらつきの影響を受けやすく，再現性が良くありません．また回路検証も複雑です．できるだけ少ない素子で最良の特性を出すのが，回路設計者の腕の見せ所です．オリジナルな回路ができる可能性も秘めており，発見したときはとてもうれしいものです．

　本章では，トランジスタの動作に馴れるために，欲張らずに1～4石程度の小規模なトランジスタ回路をじっくり勉強します．応用力を養うには基本を磨くことが第一ですから，必要最小限のごく簡単な内容にとどめています．

13.1 ── エミッタ共通回路を動かす

　では早速，トランジスタを1個使った増幅回路「エミッタ共通回路」を動作させて，その特性を見てみましょう．

■ 直流特性

● **ベース-エミッタ間電圧によるコレクタ電流の変化**

　図13-1のように回路を入力し，電流プローブをQ1のコレクタに接続します．**図13-2**のようにSimulation SettingsでDC Sweepを選択し，信号源V1の出力電圧を0Vから1Vまでスイープします．

　図13-3に解析結果を示します．これは，電子回路の教科書でおなじみのトランジスタのV_{BE}-I_C特性です．V_{BE} = 0.6 V付近から，I_Cが指数関数的に増加していくようすがわかります．

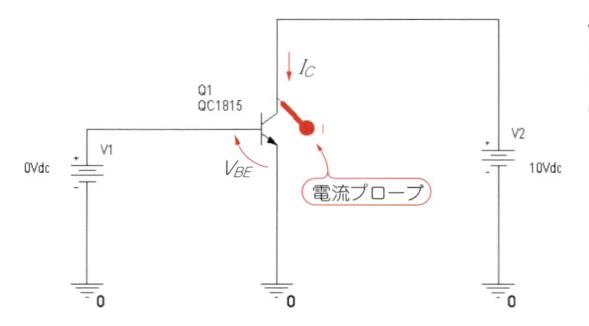

〈図13-1〉
エミッタ共通回路…トランジスタの V_{BE} による I_C の変化のようすを調べる

〈図13-2〉図13-1のシミュレーションの設定

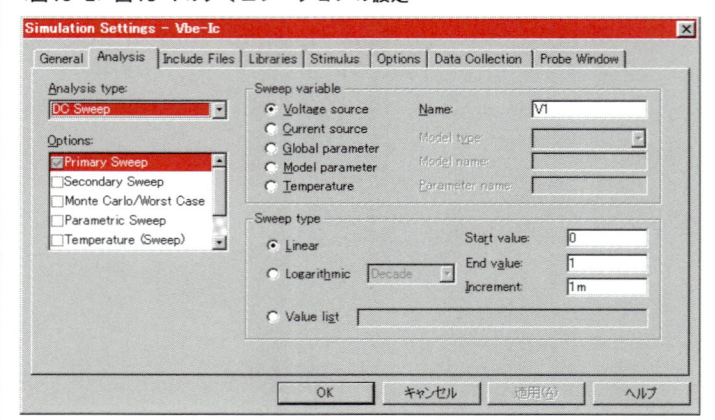

● 直流ゲインを調べる

図13-4に示すように，Q1のコレクタと電源V2の間に1kΩの抵抗R1を挿入し，コレクタ電流 I_C の変化を電圧に変換します．プローブは電圧プローブとし，図13-2と同じ設定で解析すると，図13-5のような結果が得られます．

横軸の入力が0.62～0.67 Vに変化すると，縦軸の出力は8.90～3.39 Vに変化しています．この範囲は V_{BE}-I_C 特性によって指数関数的に変化するので，入出力特性はリニアとはいえませんが，これをほぼリニアな変化と考えて直流増幅度を求めると，

$$A_v = \frac{\Delta V_o}{\Delta V_i} = \frac{3.39 - 8.90}{0.67 - 0.62}$$

$$\fallingdotseq -110 \text{倍} \fallingdotseq 40.8 \text{ dB} \quad \cdots\cdots\cdots\cdots\cdots\cdots\cdots\cdots\cdots\cdots\cdots\cdots\cdots\cdots\cdots\cdots\cdots\cdots\cdots\cdots (13\text{-}1)$$

〈図13-3〉図13-1の V_{BE}-I_C 特性

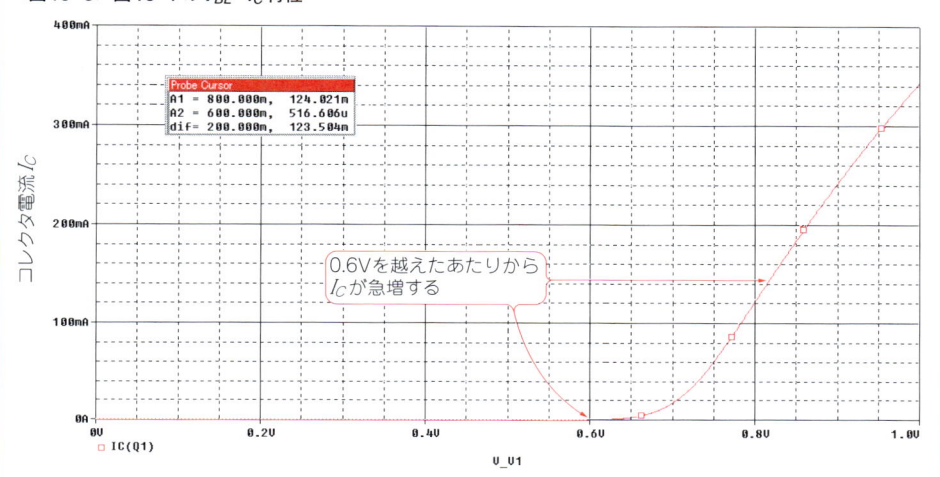

コレクタ電流 I_C
ベース-エミッタ間電圧 V_{BE}

0.6Vを越えたあたりから I_C が急増する

〈図13-4〉
I_C の変化を抵抗で電圧に変換して取り出す

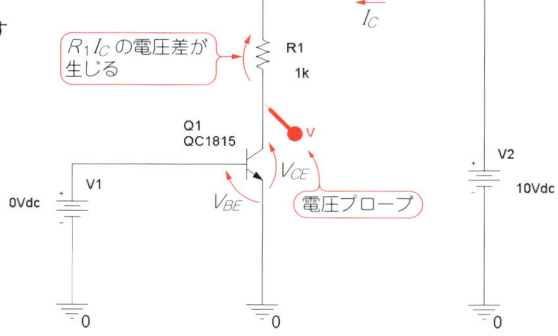

$R_1 I_C$ の電圧差が生じる

電圧プローブ

ただし，A_v：直流増幅度，ΔV_o：出力電圧の変化分 [V]，ΔV_i：入力電圧の変化分 [V]

となります．－109倍のマイナス符号は，入出力間の位相が180°違うことを表します．

■ 交流特性

● 信号源に直流のオフセット電圧を加える

図13-6のように信号源を交流信号源に変更して，エミッタ共通回路の交流特性を見て

〈図13-5〉図13-4の V_{BE}-V_{CE} 特性

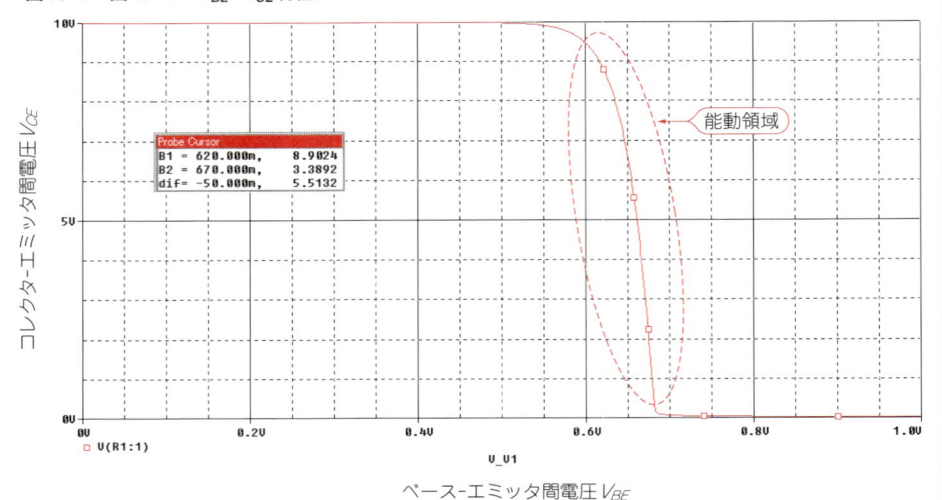

ベース-エミッタ間電圧 V_{BE}

〈図13-6〉
エミッタ共通回路の交流特性を調べる

みます.

　信号を増幅する場合は，図13-5の入力電圧によって出力電圧が変化する能動領域でトランジスタを動作させる必要があります．そのためには，入力信号源に直流電圧を加える必要があります．ここでは図13-5の結果から，I_C が 1 mA となる 0.618 V_{dc} とします.

● 信号源の交流電圧を 1 Vac に設定する

　図13-6に示すように，交流電圧を **1 Vac** に設定します．PSpiceでは 1 V = 0 dB となっ

〈図13-7〉ゲインの周波数特性を解析するモードに設定する

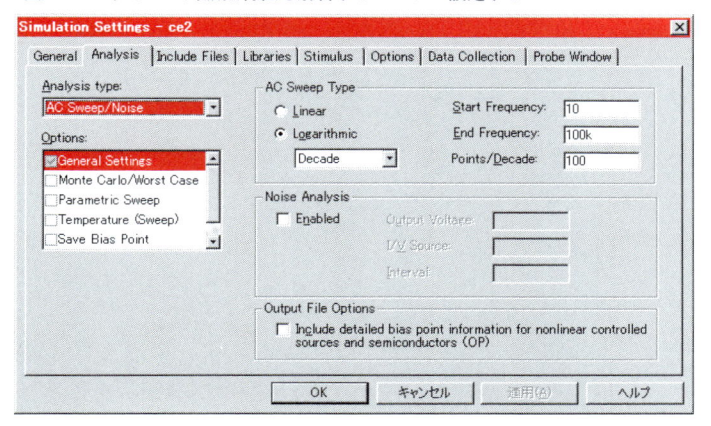

〈図13-8〉図13-6のエミッタ共通回路のゲイン周波数特性

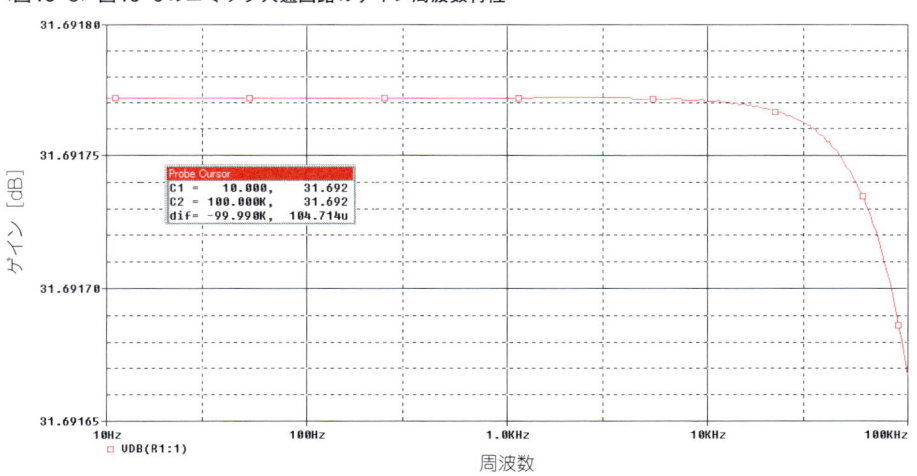

ているので，1Vにしておけば，グラフの出力値をそのままゲイン［dB］として読み取れるからです．

● 交流ゲインは約32 dB

Simulation Settingsを図13-7のように設定して解析した結果を図13-8に示します．ゲインは10 Hzから100 kHzまで，ほぼフラットで31.69 dBあります．

▶手計算でシミュレーション結果を検証する

エミッタ共通回路の交流ゲインは，

$$A_v = -\frac{R_C}{r_e} \quad \cdots\cdots(13\text{-}2)$$

ただし，R_C：コレクタに接続した抵抗［Ω］，r_e：トランジスタ内部のベース-エミッタ間の交流抵抗［Ω］

で表されます．R_Cは1kΩです．

r_eは次式で表されます．

$$r_e = \frac{v_T}{I_E} \quad \cdots\cdots(13\text{-}3)$$

ただし，$v_T = \dfrac{kT}{q}$

ここで$T = 300\,\text{K}(27℃)$とすると，

$$r_e = \frac{0.026}{I_E} \quad \cdots\cdots(13\text{-}4)$$

となります．

$I_C = 1\,\text{mA}$なので，十分大きなh_{fe}のトランジスタを使用する場合は$I_E = I_C$と近似でき，r_eは，

$$r_e = \frac{0.026}{0.001} = 26\,\Omega \quad \cdots\cdots(13\text{-}5)$$

と計算されます．したがって，交流ゲインは，

$$A_v = -\frac{1000}{26} \fallingdotseq -38.46\,[倍] \fallingdotseq 31.7\,[\text{dB}] \quad \cdots\cdots(13\text{-}6)$$

となります．

このように簡略的な計算でもシミュレーションとほぼ同じ結果が得られます．

同じバイアス点で微少変化させる場合の直流ゲインは，交流ゲインとほぼ同じです．図13-5から求めた直流ゲイン（40.7 dB）よりも交流ゲイン（31.7 dB）が低い理由は，直流ゲインを求めた$I_C(\fallingdotseq I_E)$が1 mA以上であり，そのぶんゲインが増えているからです．

$I_C(\fallingdotseq I_E)$が大きいほど，ゲインが大きくなる理由は，式(13-2)と式(13-3)によって次式が得られることから明らかです．

〈図13-9〉温度による特性の変化をシミュレーションするための設定ウィンドウ

〈図13-10〉シミュレーションしたい温度を入力する

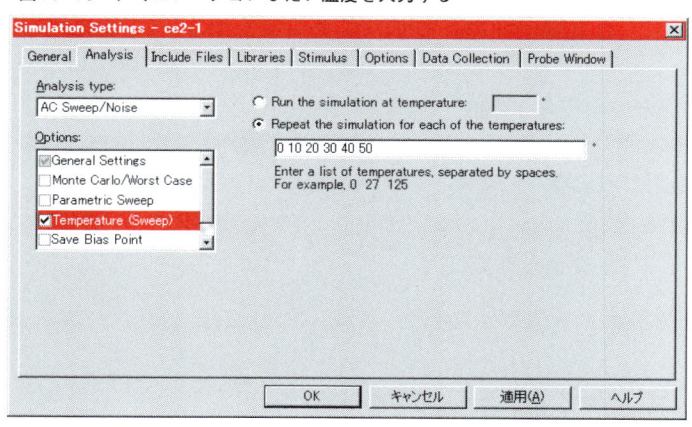

$$A_v = -\frac{q}{kT} R_C I_E \quad \cdots\cdots\cdots\cdots\cdots\cdots\cdots\cdots\cdots\cdots\cdots\cdots\cdots\cdots\cdots\cdots\cdots\cdots\cdots\cdots (13\text{-}7)$$

● 図13-6の回路は温度によるゲインの変動が大きすぎて使えない

図13-6の回路はほとんど使われることがありません．それはなぜでしょうか？

ゲインを計算するときに使用した式(13-3)を見てください．温度Tがパラメータとして存在しています．つまり，この回路は温度によってゲインが変化します．

ではどの程度，変化するのかシミュレーションしてみましょう．

〈図13-11〉図13-6の回路は温度によってゲインが大きく変動する

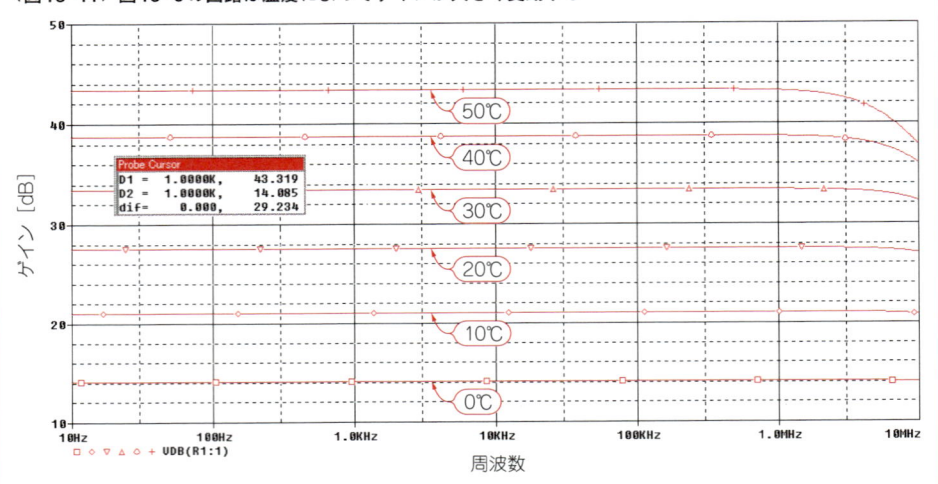

図13-9に示すようにSimulation SettingsでAnalysis-Optionの中のTemperatureにチェックを入れます。図13-10のように画面が切り替わるので，**Repeat the simulation for each of temperature**の項目にシミュレーションしたい温度を入力します。

シミュレーション結果を図13-11に示します。温度が0～50℃変化すると，ゲインは14.1～43.3 dBまで変動します。変化率ΔA_vは，

$$\Delta A_v = \frac{43.3 - 14.1}{50 - 0} \fallingdotseq 0.584 \text{ dB/℃} \qquad (13\text{-}8)$$

です。

これだけ大きくゲインが変動すると，使いものになりません。

電源ON直後は，トランジスタの自己発熱によって素子自身の温度が上昇し，コレクタ電流の増大を招きます。その結果，チップ温度が50℃以上になってトランジスタは飽和し，I_CはR_Cで制限される値に収束します。

● **エミッタに抵抗を入れると温度によるゲイン変動が小さくなる**

温度が変わってもエミッタ共通回路が安定に動作するように，図13-6の回路を変更しましょう。

最も一般的な対策は，エミッタ側に抵抗を入れて，トランジスタ内エミッタ抵抗r_eの温

〈図13-12〉
エミッタ抵抗（R2）を付加した回路…温度が変動してもゲインが安定している

ここに抵抗を挿入すると温度によるゲイン変動が小さくなる

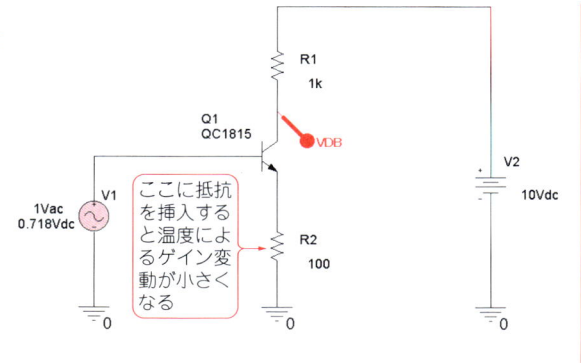

〈図13-13〉温度を変化させるモードに設定する

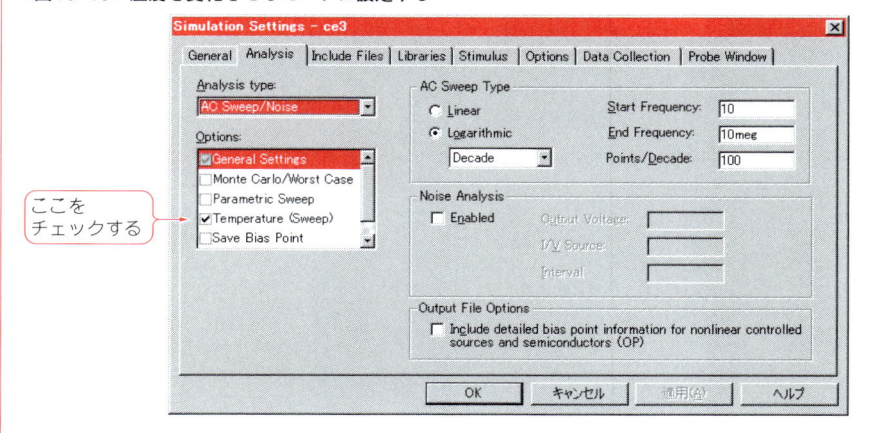

ここをチェックする

度変化の影響を小さくするというものです．この方法を電流帰還バイアスと呼びます．

では，さっそくエミッタに抵抗を挿入してシミュレーションしてみましょう．

図13-6で設定した信号源V1の$0.618\,\mathrm{V_{dc}}$に，エミッタ抵抗R_Eによる電圧降下分の$100\,\mathrm{mV}$を加えて$0.718\,\mathrm{V_{dc}}$とし，動作電流I_Cが変わらないようにします．回路を図13-12，シミュレーション設定を図13-13に，シミュレーション結果を図13-14に示します．

r_eの約4倍のエミッタ抵抗R2（$100\,\Omega$）を挿入することで，周囲温度によるゲインの変化がかなり改善されています．ただし，エミッタ抵抗を挿入すると，ゲインは減少します．

● コレクタ抵抗を大きくしてゲインを大きくする

小さくなってしまったゲインを元に戻します．今度はコレクタ抵抗（R1）を変更します．

〈図13-14〉エミッタ抵抗R2を追加すると，温度によるゲインの変動が小さくなる

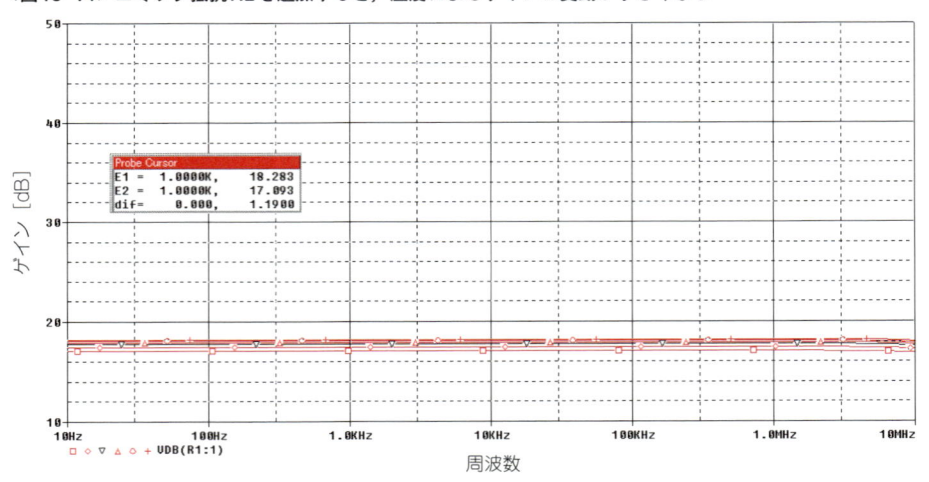

〈図13-15〉図13-12においてR1＝4.7 kΩとしたときのゲイン周波数特性

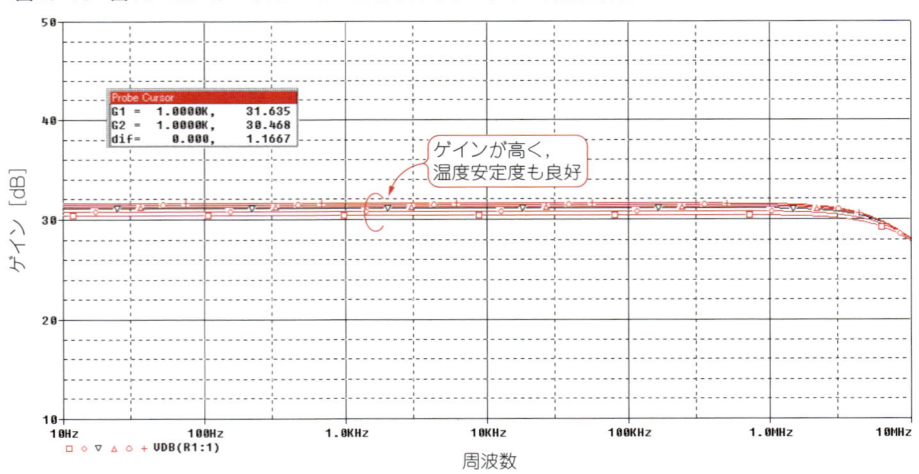

ゲインが高く，温度安定度も良好

$$A_v = \frac{R_{Ca}}{R_E + r_e} = \frac{R_C}{r_e} \quad \cdots\cdots\cdots\cdots\cdots\cdots\cdots\cdots\cdots\cdots\cdots\cdots\cdots\cdots\cdots\cdots (13\text{-}9)$$

ただし，R_{Ca}：変更後のコレクタ抵抗

したがって，R_{Ca} = 4.846 kΩです．E24系列の抵抗から近いものを選んで，R_{Ca} = 4.7 k

〈図13-16〉バイアス抵抗を付加したエミッタ共通回路

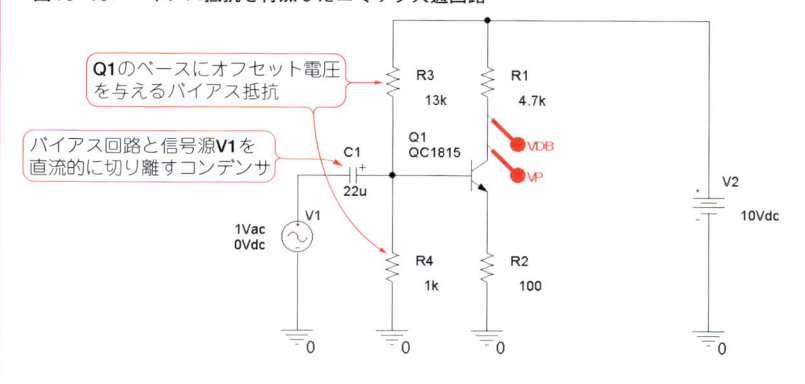

〈図13-17〉図13-16のゲイン周波数特性

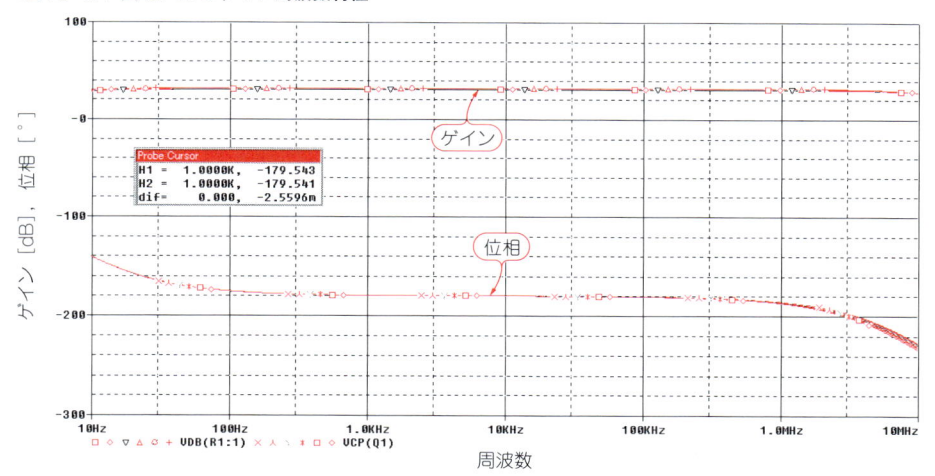

Ωとします．

　図13-12のシミュレーション回路において，R1 = 4.7 kΩとして再度シミュレーションします．図13-15に示すように，0～50℃の範囲で，ゲインは30.47～31.63 dBのばらつきになりました．変化率ΔA_vは，

$$\Delta A_v = \frac{31.63 - 30.47}{50 - 0} \fallingdotseq 0.023 \text{ dB/℃} \quad \cdots\cdots(13\text{-}10)$$

となり，エミッタ抵抗がない場合に比べて約25倍も改善されます．これなら何とか実用に耐えそうです．

● 信号源のオフセット電圧を回路で実現する

　ここまでは，信号源V1に直流分を加えてトランジスタの動作点を設定していました．そこで，この信号源の直流オフセット設定を回路化します．

　図13-16に示すように抵抗2本で電源電圧を分割し，その電圧をベースに加えるだけです．

　V1は電圧源なのでインピーダンスは0Ωですから，これを抵抗分割で作った直流バイアス回路に直接つなぐと，せっかくのバイアス電圧が0Vになってしまいます．そこでコンデンサC1を挿入して，バイアス回路とV1を分離します．

　今度は出力に位相プローブをつないで，入出力の位相特性も同時に観測してみましょう．回路図を図13-16に，シミュレーション結果を図13-17に示します．

　位相が入力に対して180°，つまり反転していることがわかります．これで，安定した交流増幅ができるアンプのでき上がりです．

13.2 ── ベース共通回路を動かす

● エミッタ共通からベース共通に改造する

　図13-15のエミッタ共通回路をベース共通回路に変更してみましょう．

　図13-18のように信号源V1をエミッタ側へ移動し，V1につないでいたC1を接地します．これでベースは，C1を介して交流的に接地された状態になります．

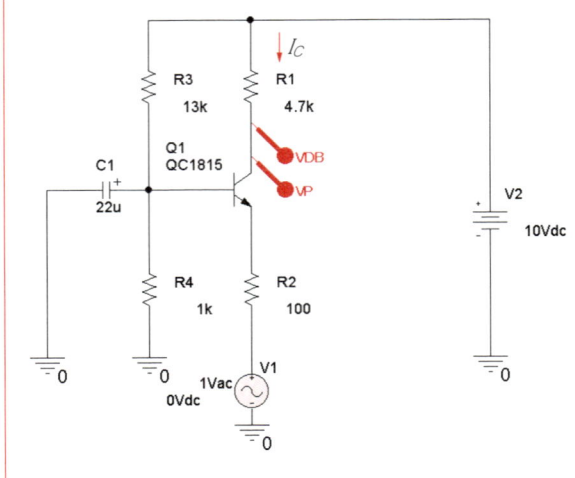

〈図13-18〉
入力インピーダンスは低いが広帯域なベース共通回路

〈図13-19〉ベース共通回路のゲイン周波数特性

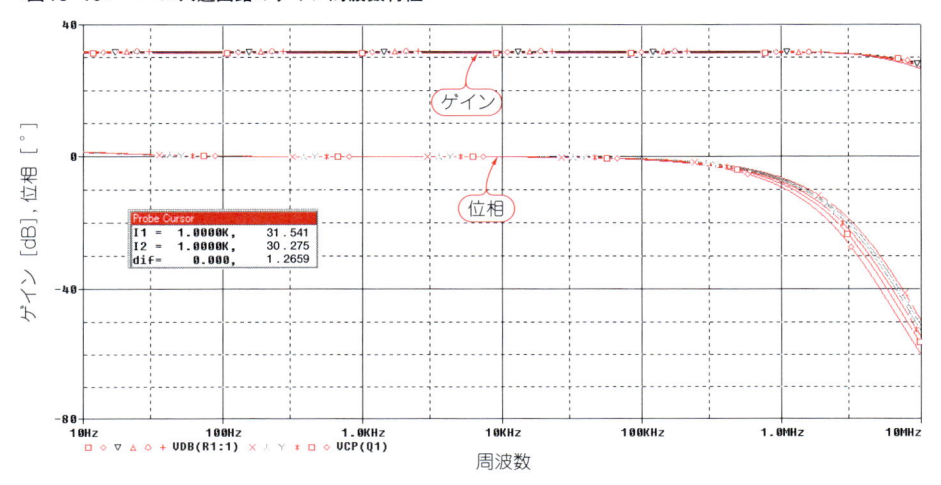

図13-19に解析結果を示します．ゲインは約31 dBで，エミッタ共通回路とほぼ同等です．エミッタ共通回路と違うのは，入出力の位相が同じで，とても広帯域な点です．

ベース共通回路は，単独で使われることがあまりありません．これは，インピーダンスの低いエミッタが入力になっており使いにくいからです．多くの場合，エミッタ共通回路にベース共通回路を付加した，後述（p.241）のカスコード回路のようにほかの回路と組み合わせて使われます．

13.3 — コレクタ共通回路を動かす

● エミッタ共通からコレクタ共通に改造する

図13-20にコレクタ共通回路を示します．図13-16のエミッタ共通回路で，プローブだけをエミッタ側につなぎ換えます．コレクタ抵抗はほとんど特性に影響しないので取り除きます．回路図を図13-20に，シミュレーション結果を図13-21に示します．

ゲインは約-2 dBで，入出力の位相は同じです．

このようにコレクタ共通回路は電圧ゲインを稼ぐことができませんが，h_{fe}倍の電流ゲインが得られるので，バッファ・アンプとしてよく使われます．そこで別名「エミッタ・フォロワ回路」とも呼びます．

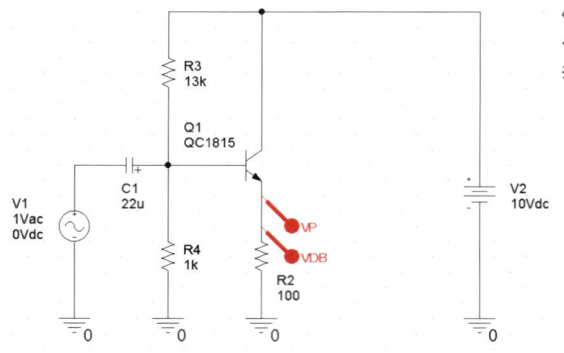

〈図13-20〉
ベース電流を h_{fe} 倍して出力するコレクタ共通回路…エミッタから出力を取り出す

〈図13-21〉コレクタ共通回路のゲイン周波数特性

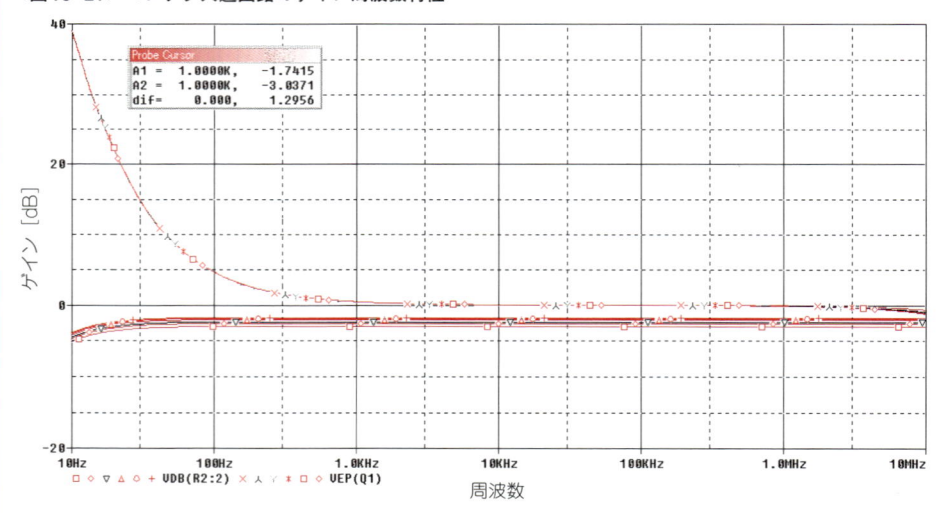

13.4 ── ソース共通回路を動かす

　トランジスタに比べてFETは，馴染みが少ないことや，$V_{BE}=0.6\,\text{V}$ として計算するなどの簡略的な手法が使えないこと，ばらつきが大きく使いにくいことなどから，取っつきにくい感じがあるようです．

　しかし，半導体の理論から見れば，動作原理はFETのほうがはるかに単純です．実際の使い方の難しさはシミュレーションでは問題になりませんから，電子回路学習には最適

column　MCカートリッジのヘッド・アンプとは？

　音楽再生の主役の座をすっかりCDに奪われてしまった感のあるアナログ・レコードですが，一部のオーディオ・マニアやDJを目指す若者達には，まだまだ絶大な人気があります．

　アナログ・レコードを再生するためには，レコード・プレーヤが必要ですが，これに欠かせないパーツがカートリッジです．カートリッジはレコードの溝の振幅を機械的に取り出し，それを電気信号に変換するものです．変換の仕組みは，ダイナミック・マイクやダイナミック・スピーカと同様に電磁誘導を利用しています．

　ここで溝をトレースするレコード針（一般的にダイヤモンド）の動きは，カンチ・レバーを通してマグネットまたはコイルに伝えられます．すなわちマグネットとコイルの関係において，どちらを固定し，どちらを動かすかによって，2種類の方式が存在するわけです．

　小さなマグネットを動かし，大きなコイルで発電する方法をMM（ムービング・マグネット）型，その逆をMC（ムービング・コイル）型と呼びます．MM型はMC型に比べ，大きな電圧を発生できるので，広く使われています．しかし音質的な理由からオーディオ・マニアにはMC型を選ぶ人が少なくありません．

　フォノ・イコライザ・アンプは，普及度の高いMM型を前提に作られていることが多いので，MM型の1/10程度の電圧しか発生しないMC型ではゲインが不足してしまいます．そこでヘッド・アンプと呼ばれるフラット・アンプが必要になります．

な増幅デバイスであると思います．

● **FETにはエンハンスメント型とディプリーション型がある**

　FETは，静特性の違いから，エンハンスメント・モードとディプリーション・モードに大別できます．

　エンハンスメント・モードのNチャネルFETは，NPNトランジスタと同じように，ゲート-ソース間に正のバイアスを与えてドレイン電流を制御します．

　一方，ディプリーション・モードのNチャネルFETは，負のバイアスを与えてドレイン電流を制御します．ここではFET特有のディプリーション・モードを使って，トラン

ジスタのエミッタ共通に相当するソース共通回路を検証してみましょう．

なお，FETは構造的にJFETとMOSFETに大別でき，JFETはディプリーション・モード，MOSFETの大半はエンハンスメント・モードです．

■ ソース共通回路を動かす

JFETの2SK30を使って，**図13-22**のように回路を構成し，直流特性をシミュレーションします．**図13-23**にシミュレーション結果を示します．

ゲート電圧が－1.3 V付近からドレイン電流が流れ始め，0.8 V付近で頭打ち状態になり始めます．この間の領域を使えば増幅器を作ることができます．

トランジスタでは，**図13-3**のようにV_{BE}がほぼ0.6 Vから0.7 Vの範囲でコレクタ電流が急激に流れ始めます．したがって回路を設計する場合に，V_{BE} = 0.6 Vとして考えても，特に問題はありませんでした．

しかしFETの場合には，決まった値を使って簡略的な計算を行うことができません．V_{GS}-I_D特性が，品種によってまったく違うからです．別な言い方をすれば，FETではV_{GS}-I_D特性がわからないと，動作点を決められないということです．

この特性は同じ型名のものでも，大きくばらつきます．このため，JFETではV_{GS} = 0 VのときのI_D，つまりI_{DSS}によってランク分けされており，それに応じたV_{GS}-I_D特性がデータシート上に示されています．

● JFETはゼロ・バイアスで動かしたときが一番リニアリティが良い

JFETは一般的に，常にV_{GS}が負になるようにして使用しますが，**図13-23**を見るとわかるように，正の範囲でも使える領域があります．V_{GS}-I_D特性は2乗特性で近似されますが，小信号リニアリティの最も良い部分はV_{GS} = 0 Vのときです．

入力信号の振幅が十分小さければ，このV_{GS}の正の領域を使った動作も可能なのです．このようにV_{GS} = 0 V，つまりI_{DSS}をバイアス点とすることをゼロ・バイアスと呼びます．この動作を利用した代表的な回路にアナログ・レコードを再生するMCカートリッジのヘッド・アンプがあります．

● ドレインとソースを入れ替えても動作は変わらない

2SK30は，ゲートから見たドレインとソースの構造が対称的なのでドレインとソースを入れ替えても動作します．**図13-24**のように回路を入力し，両者の周波数特性を比べた

〈図13-22〉
ソース共通回路

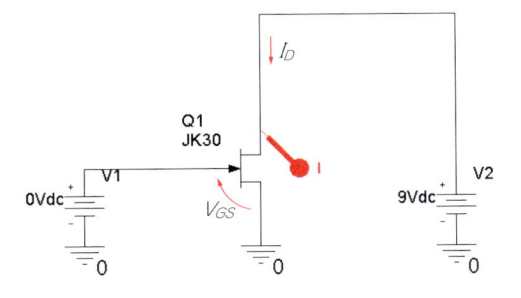

〈図13-23〉ソース共通回路（図13-22）の V_{GS}-I_D 特性

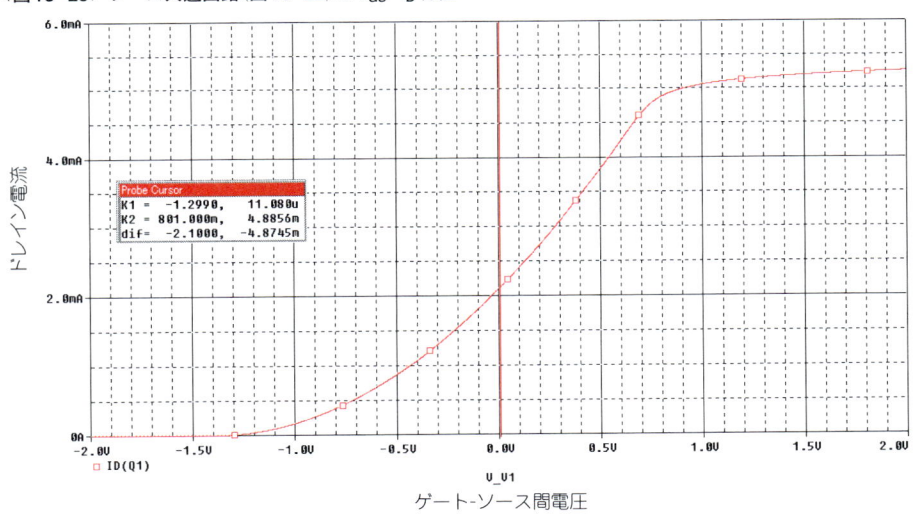

ドレイン電流

ゲート-ソース間電圧

ものが**図13-25**です．ドレインとソースを逆にしても，まったく同じ特性を示します．

● ゼロ・バイアス時の g_m を求める

ゼロ・バイアス時のソース共通回路のゲイン A_v は，

$$A_v = - g_m R_D \quad \cdots\cdots\cdots\cdots\cdots\cdots\cdots\cdots\cdots\cdots\cdots\cdots\cdots\cdots\cdots\cdots\cdots\cdots\cdots\cdots\cdots\cdots\cdots\cdots (13\text{-}11)$$

です．今度はシミュレーション結果から，このFETの伝達コンダクタンス g_m を求めてみます．

〈図13-24〉ドレインとソースを入れ替えたソース共通回路

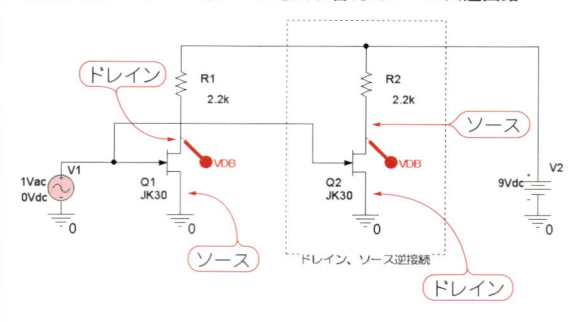

〈図13-25〉図13-24のゲイン周波数特性

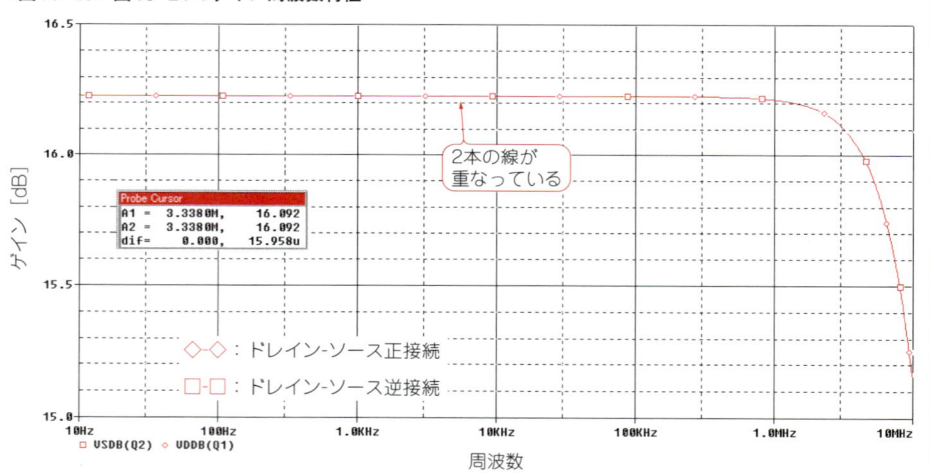

$$g_m = \frac{A_v}{R_D} \fallingdotseq 2.94 \text{ mS} \quad \cdots\cdots\cdots\cdots\cdots\cdots\cdots\cdots\cdots\cdots\cdots\cdots\cdots\cdots\cdots\cdots\cdots\cdots\cdots (13\text{-}12)$$

これを図13-26に示した2SK30データシートから読みとった値と比べてみます．あまり正確には読み取れませんが，約2.8 mSぐらいでほぼ一致しています．

〈図13-26〉[1]
JFET 2SK30のデータシートに掲載されている $|Y_{fS}|$-I_D特性

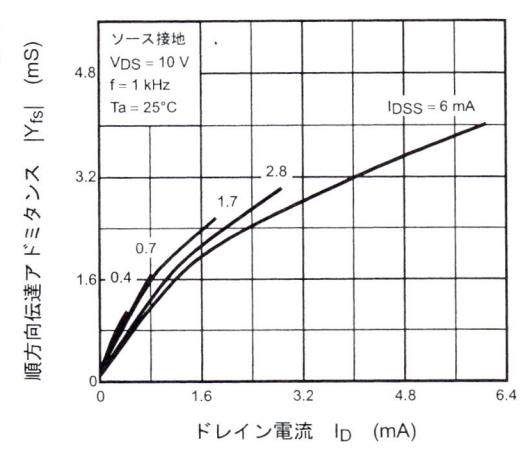

13.5 ── 2石以上のトランジスタ回路

■ カレント・ミラー回路

● 最もシンプルなワイドラー型

カレント・ミラー回路には，いろいろな種類がありますが．中で最も基本的なのは，ワイドラー型です．

図13-27にシミュレーション回路を示します．

Q1に流れる電流（R1で設定する）と同じ電流がQ2に流れます．R1は10 kΩとし，約1 mAの電流が流れるようにします．Q1側の電流源をマスタ，Q2側の電流源をスレーブと呼びます．

図13-28に示すSimulation Setting - cm0ウィンドウにて，Analysis typeをBias Pointに設定します．

では，シミュレーションを実行してください．

▶マスタとスレーブの電流誤差が大きい

図13-27を見ると，マスタのコレクタ電流 I_{master} は1.124 mA，スレーブのコレクタ電流 I_{slave} は1.252 mAで，あまり精度が良くありません．各ノードの電流値を見てみると，Q1とQ2のベースは接続されていますから，両者のベース-エミッタ間電圧は同じです．では，どこに問題があるのでしょうか？

> **column** NチャネルJFETはドレインとソースが対称に作り込まれている
>
> 　オーディオ・アンプを自作していたとき，ドレインとソースを逆に接続しているのにちゃんと動いていることに気付きました．
>
> 　不思議に思い，この回路が載っていた当時のオーディオ雑誌を読み返したのですが，この疑問を解く記事はどこにもありませんでした．
>
> 　いろいろと本を調べてやっとわかったことは，低周波用のNチャネルJFETの場合，半導体チップがゲートを中心にドレインとソースがまったく対称に作られているものが多いということでした．ほかに，
>
> - メーカでは，製品の管理上どちらかをドレインと決めたほうが都合が良いため，ドレインとソースを区別している
> - 高周波用やg_mの高いもの，PチャネルのFETでは，性能を最適化するために対称な構造を使うことがほとんどない
> - 回路図の記号で，ゲートを中心から引き出したFETの記号（PSpiceのFETも同様）は，この対称構造からイメージされている
>
> なども，そのとき学習しました．

原因は次の二つです．

①各ベース電流（I_{B1}とI_{B2}）がマスタ側から供給されている

②各トランジスタのコレクタ-エミッタ間電圧（V_{CE1}とV_{CE2}）が違う

▶ トランジスタを追加してベース電流の誤差を減らす

　図13-29に示すのは，トランジスタ（Q3）を追加して上記の問題点①を解決した回路です．

　マスタ側に流れる電流から分流する，Q3のベース電流I_{B3}が誤差になりますが，I_{B3}はQ1とQ2に流れるベース電流（$I_{B1} + I_{B2}$）の$1/h_{FE}$なので無視できるくらい小さくなります．

▶ V_{CE}が等しいほど精度が高い

　図13-29では，ベース電流による誤差の問題はほとんどないと考え，スレーブ側のトランジスタを増やしました．V_{CE}の違いによるスレーブの電流精度の違いを調べるために，各トランジスタ（Q2～Q6）のコレクタに抵抗を挿入しました．

　図13-29に示す各ノードの電流値を見てください．

〈図13-27〉
ワイドラー型カレント・ミラー回路

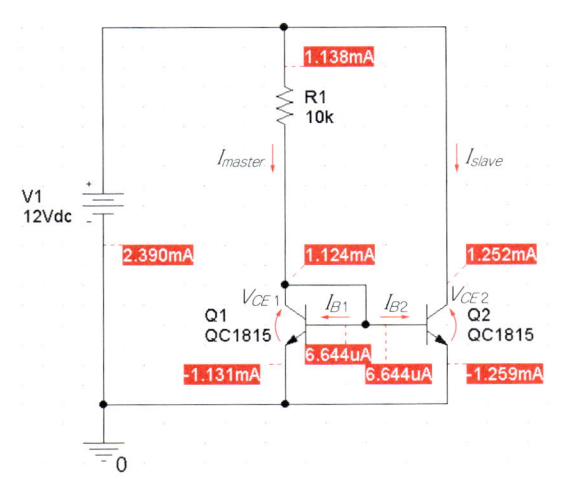

〈図13-28〉
各ノードの電流値を表示させるモードに設定

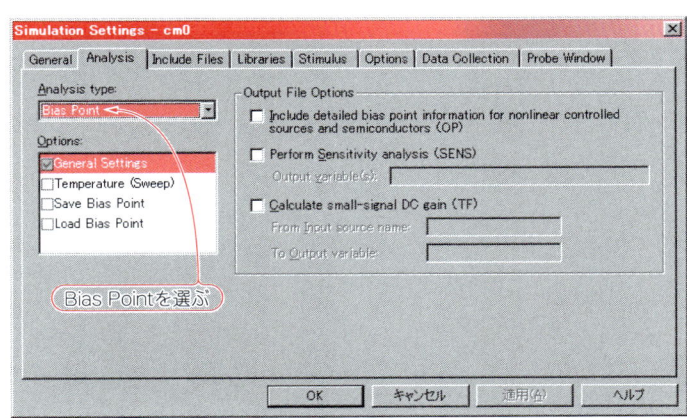

スレーブ側のV_{CE}がマスタ側のV_{CE}に近いほど，カレント・ミラーの精度が高いことがわかります．マスタとコレクタ抵抗が等しい**Q6**のコレクタ電流I_{slave4}は，マスタと同じ値(1.085 mA)です．なお，V_{CE}の変化によってコレクタ電流が変化する現象のことをアーリー効果と呼びます．

■ 高精度カレント・ミラー回路

● アーリー効果による誤差が小さいウィルソン型

アーリー効果の影響をなくすには，スレーブ側の負荷抵抗の大きさにかかわらず，コレ

〈図13-29〉トランジスタを追加してベース電流による誤差を改善したワイドラー型カレント・ミラー回路

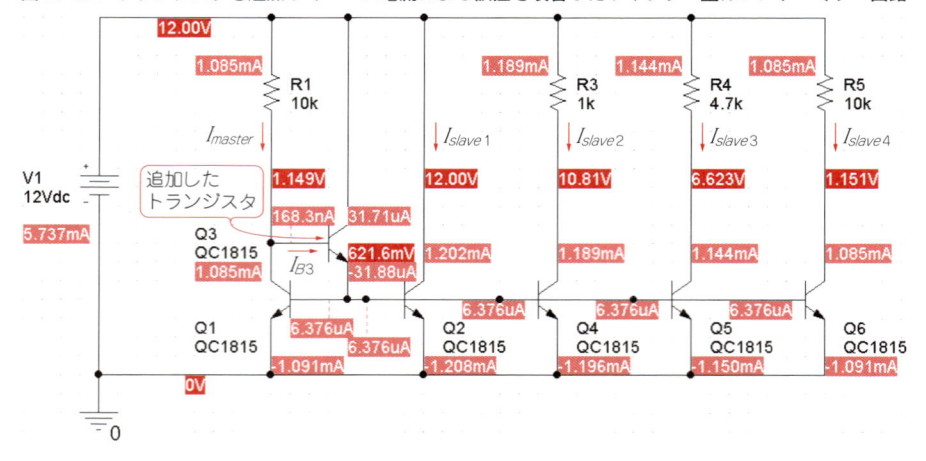

〈図13-30〉アーリー効果による誤差が小さい高精度カレント・ミラー回路(ウィルソン型カレント・ミラー)

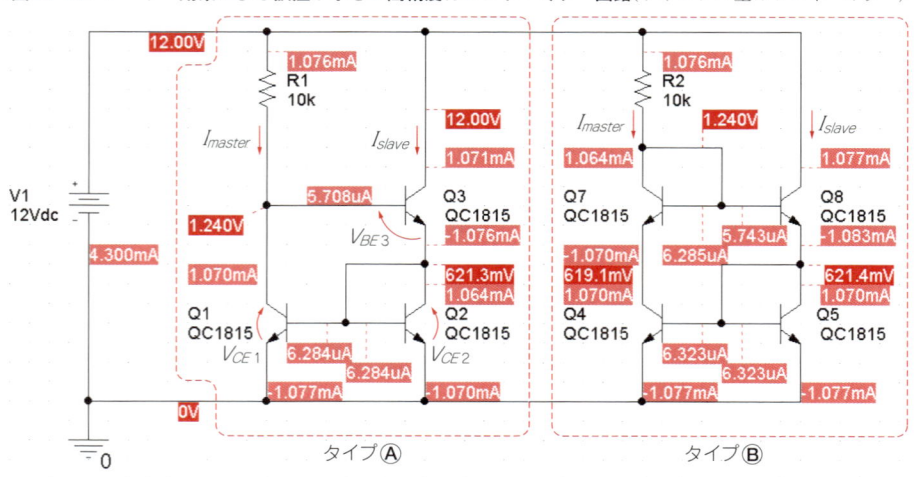

クタ-エミッタ間電圧がマスタ側の V_{CE} とほぼ等しくなり，しかも負荷抵抗の大きさによって変動しないようにする必要があります．

図13-30に示すのは，この問題点が改善されているウィルソン型のカレント・ミラー回路です．

タイプⒶは，**図13-27**の回路にトランジスタ**Q3**を追加した回路です．スレーブの**Q2**

〈図13-31〉カスコード回路を応用してアーリー効果による誤差を改善したカレント・ミラー回路

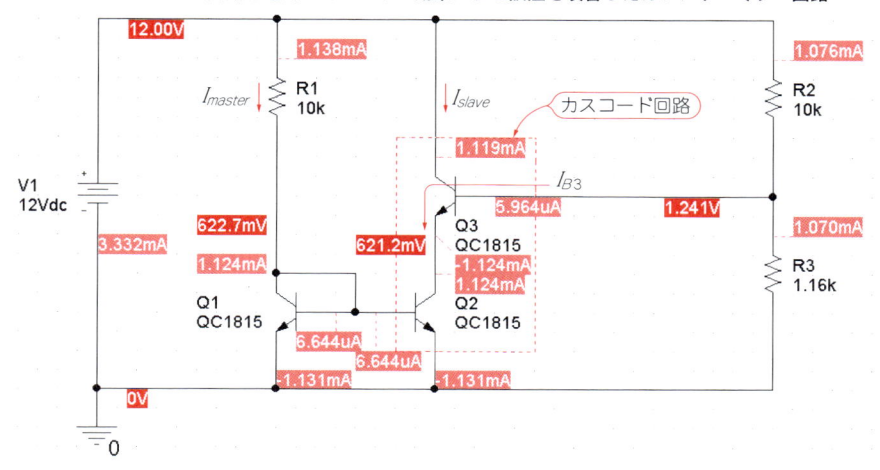

のコレクタ-エミッタ間電圧 V_{CE2} は，

$V_{CE2} = V_{CE1} - V_{BE3}$
$\fallingdotseq V_{CE1} - 0.6\text{V} \fallingdotseq V_{CE1}$

となり，マスタとスレーブのコレクタ-エミッタ間電圧はほぼ等しくなります．**Q3**のコレクタに負荷抵抗が接続されても，V_{CE2} はほとんど影響されることがありません．

タイプⒷは，**Q8**の V_{BE} の誤差ぶんを**Q7**の V_{BE} でキャンセルする回路です．タイプⒶより**Q1**と**Q2**の V_{CE} がさらに等しくなり，より高精度になります．

図13-30に示す各ノードの電流値を見てください．マスタ電流 1.076 mA に対して，タイプⒶのスレーブ電流は 1.071 mA，タイプⒷは 1.077 mA であり，タイプⒷのほうが精度が高くなっています．

ウィルソン型カレント・ミラー回路は，回路全体が帰還回路を構成しているため，高い電流精度が得られます．ワイドラー型（**図13-27**）と比べて，ベースからコレクタへの接続が逆になっているのがミソです．

● スレーブをカスコード接続にしてアーリー効果による誤差を低減

ワイドラー型カレント・ミラー回路のスレーブの V_{CE} 変化を減らす方法はほかにもあります．

〈図13-32〉カスコード回路とダーリントン回路を応用してアーリー効果とベース電流による誤差を改善した高精度カレント・ミラー回路

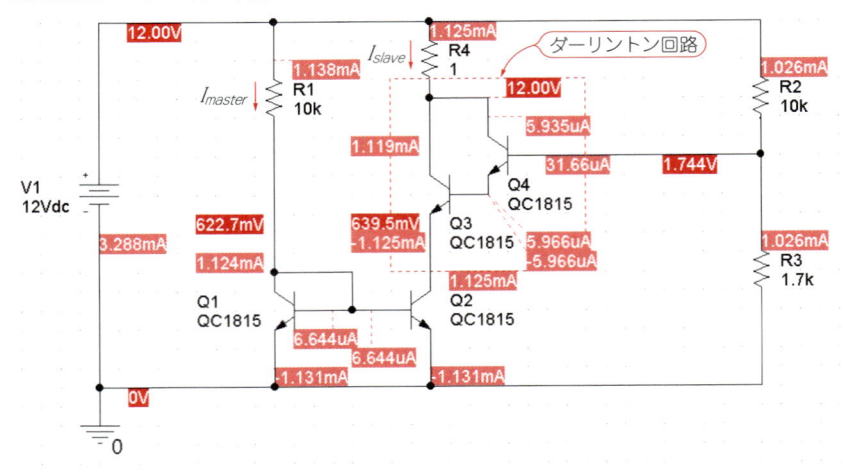

図13-31に示すのは，抵抗R2，R3とトランジスタQ3でベース共通回路を構成して，Q2のコレクタに接続したカレント・ミラー回路です．図の破線で示す回路をカスコード回路と呼びます．

Q3のベース電圧はR2とR3で固定されており，Q3のエミッタ電位は変動しません．そのため，Q2のコレクタ電圧は，Q3のエミッタ電圧によって固定されるので，スレーブの負荷によって変動することはありません．

● ダーリントン接続にしてベース電流の影響を低減

図13-31の回路は，Q2のアーリ効果がなくなりますが，Q3のベース電流I_{B3}ぶんの誤差が発生します．この誤差を減らすには，Q3直流電流増幅率にh_{FE}の大きなトランジスタを使います．

あるいは図13-32に示すように，Q3にもう一石(Q4)を追加接続してやると，等価的にh_{FE}の大きなトランジスタを作ることができます．この回路をダーリントン回路と呼びます．

図13-31のI_{master}(1.138 mA)とI_{slave}(1.119 mA)に比べて，図13-32のI_{master}(1.138 mA)とI_{slave}(1.125 mA)の差は小さく，精度が改善されています．

〈図13-33〉二つの信号の差分を増幅する差動増幅回路

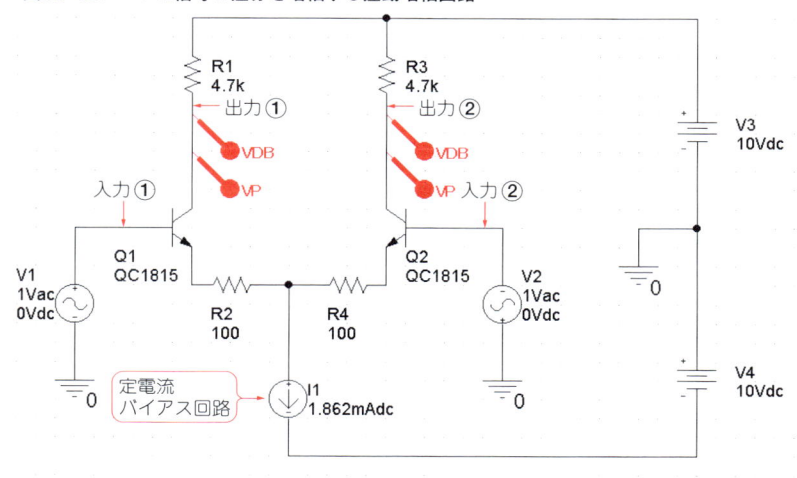

■ 差動増幅回路

● どんな回路？…2入力間の差分を増幅する

図13-33に差動増幅回路の基本回路を示します．

二つのエミッタ共通回路を組み合わせた回路で，入出力端子が二つずつあります．差動増幅回路の名前のとおり，二つの入力（**V1**と**V2**）の差分を増幅します．

図13-16に示すエミッタ共通回路のバイアス回路は，ベース側に抵抗2本で構成しましたが，差動増幅回路では2個のトランジスタのエミッタに定電流特性のバイアス回路を加えます．

● 差動ゲイン…逆相信号に対するゲイン

二つの入力間に加えられた逆相の電圧に対する増幅度を差動ゲインと呼びます．

二つの入力に逆相の信号を入力して，AC特性をシミュレーションしてみます．図13-34（a）に解析結果を示します．

エミッタ共通回路とほぼ同じ特性が得られます．二つの出力は，ゲインが同じで位相が互いに逆相になります．ペアの二つのトランジスタ特性がそろっていれば，V_{BE}の温度特性によるゲイン変化ぶんが互いにキャンセルされて，出力の直流電位が安定します．

〈図13-34〉図13-33のゲインと位相の周波数特性

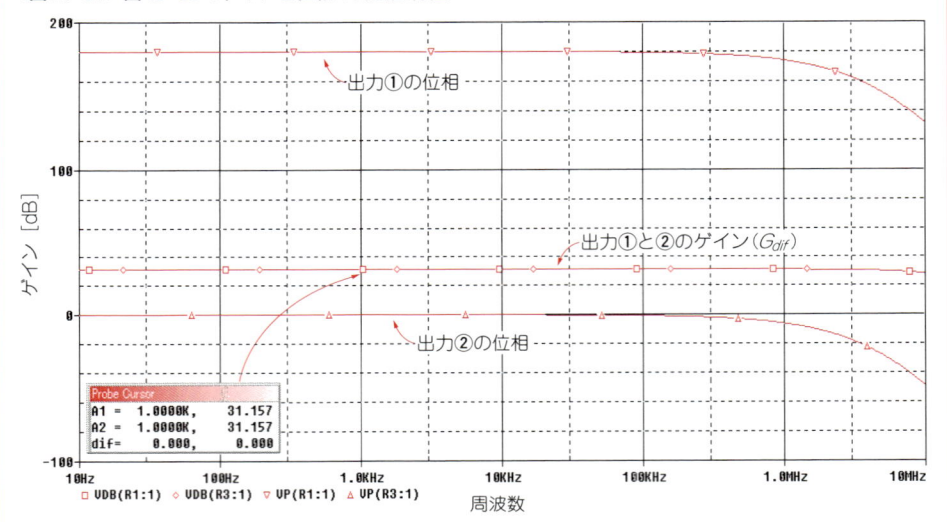

(a) 差動ゲイン

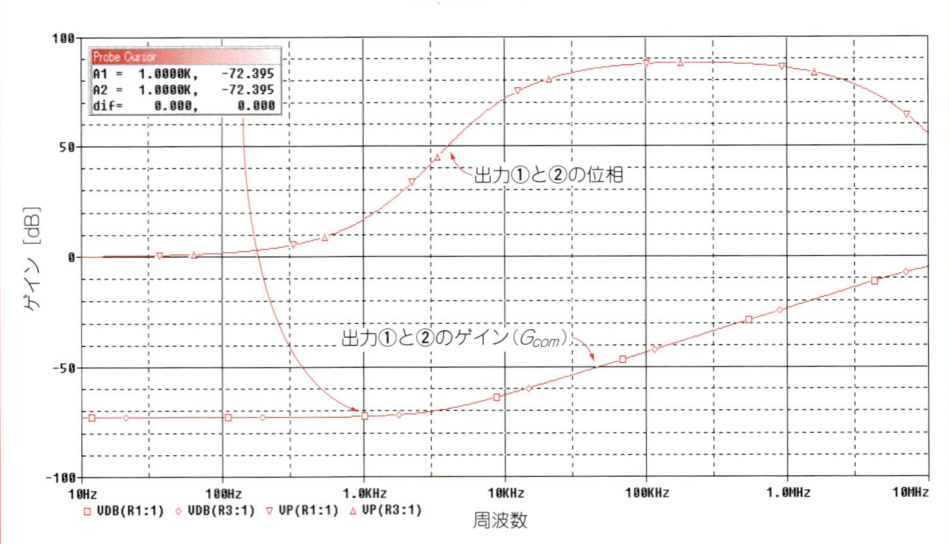

□-□：出力①のゲイン，◇-◇：出力②のゲイン，
▽-▽：出力①の位相，△-△：出力②の位相

(b) 同相ゲイン

□-□：出力①のゲイン，◇-◇：出力②のゲイン，
▽-▽：出力①の位相，△-△：出力②の位相

● 同相ゲイン…同相信号に対するゲイン

差動増幅回路が理想的であれば，二つの入力間に同相，同レベルの信号を加えた場合，出力はありません．つまり，ゲインは$-\infty$ dBのはずです．しかし実際には，いくらか信号が漏れてきます．このときの，出力信号と入力信号の比を同相ゲインと呼びます．

図13-33に示す信号源**V2**の極性を逆にし，同相信号を入力します．シミュレーション結果を**図13-34(b)**に示します．低域の同相ゲインは約-72 dBです．

● 差動増幅回路の一番重要な特性 CMRR

差動ゲインと同相ゲインの比を同相信号除去比，または*CMRR*（Common Mode Rejection Ratio）と呼びます．差動増幅回路の重要な特性です．*CMRR*をR_{CMR}［dB］とすると次のようになります．

$$R_{CMR} = 20 \log_{10} \frac{G_{dif}}{G_{com}} = 20 \log_{10} G_{dif} - 20 \log_{10} G_{com}$$

ただし，G_{dif}：差動電圧増幅率［倍］，G_{com}：同相電圧増幅率［倍］

図13-34に示す解析結果から，**図13-33**の差動増幅回路の1 kHzにおける*CMRR*は，

$CMRR = 31.157 - (-72.395) = 103.552$ dB

です．

● バイアス回路を抵抗で置き換えた差動増幅回路の CMRR

図13-33の差動回路のバイアス回路は理想定電流源(**I1**)でした．負電源**V4**の電圧値がある程度大きければ，**図13-35**に示すように，抵抗でバイアス回路を置き換えることができます．

抵抗値が大きいほど*CMRR*は大きくなりますが，ここでは**図13-33**の定電流源とほぼ同じバイアス電流が流れるように**R5**＝5 kΩにしてシミュレーションしてみます．

図13-36に解析結果を示します．差動ゲインは31.153 dB，同相ゲインは-6.7267 dBです．差動ゲインは，**図13-34(a)**とほとんど変わりませんが，同相ゲインがかなり悪くなっています．

*CMRR*も，

$R_{CMR} = 31.153 - (-6.7267)$
$= 37.8797$ dB@$f = 1$ kHz

と当然ながら劣化しています．ただし，この程度でも用途によっては十分な値です．

〈図13-35〉図13-33のバイアス用電流源を抵抗に置き換えた差動増幅回路

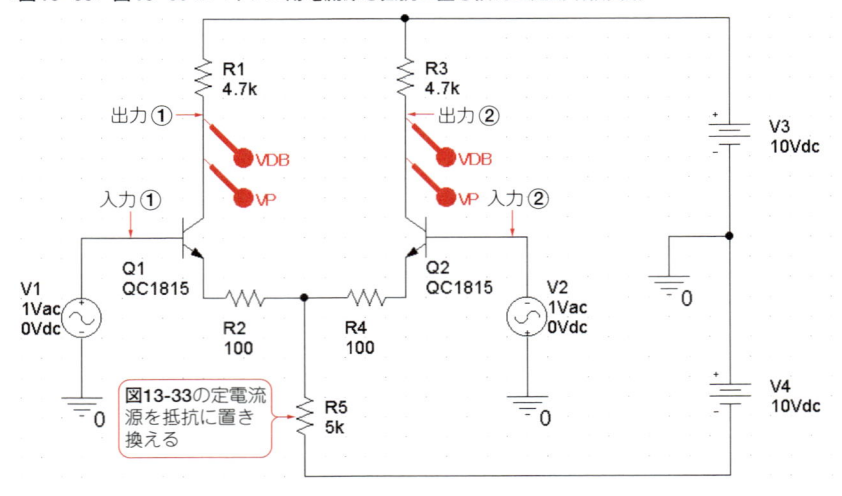

● 高 CMRR の差動増幅回路

▶ バイアス回路をカレント・ミラー回路で構成する

CMRRは，バイアス源である電流源のインピーダンスを上げると改善されることがわかっています．そこで，前述のトランジスタによる定電流源をバイアス回路として使った場合，どこまで特性が改善されるか見てみましょう．

図13-27のカレント・ミラー回路を使って，図13-37に示すような差動増幅回路を構成します．このカレント・ミラー回路は，図13-35の抵抗（5 kΩ）よりも，大きな出力抵抗をもっています．

▶ CMRRは21 dB改善される

シミュレーション結果を図13-38に示します．1 kHzでのCMRRは，

R_{CMR} = 31.185 − (−27.881)

= 59.066 dB

になります．5 kΩの抵抗の場合に比べ，約21 dB も CMRR が改善されました．

カレント・ミラー回路を前述（p.239）のウィルソン型などに変更して，さらに定電流特性を改善すれば，CMRRはさらに良くなります．

＊

このように差動増幅回路は，バイアス回路の出力インピーダンスが高いほど，CMRR

〈図13-36〉図13-35のゲインと位相の周波数特性

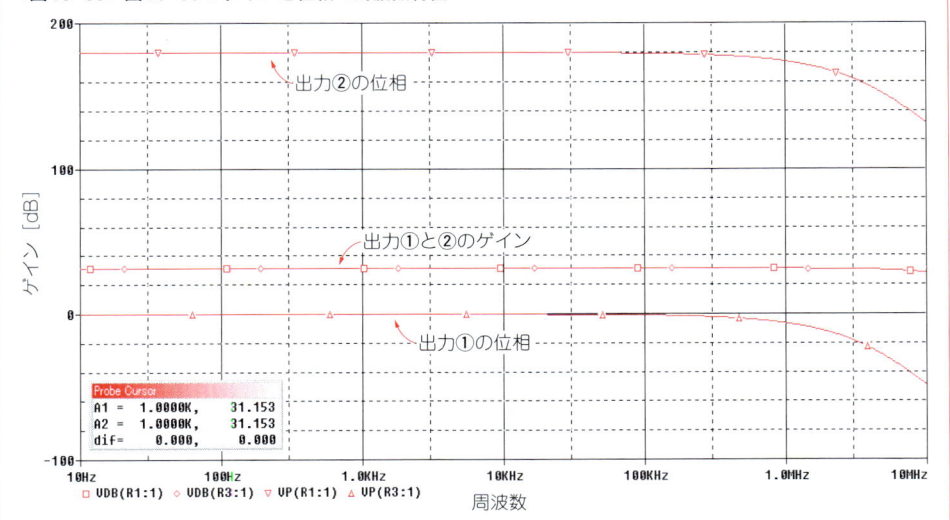

（a）差動ゲイン

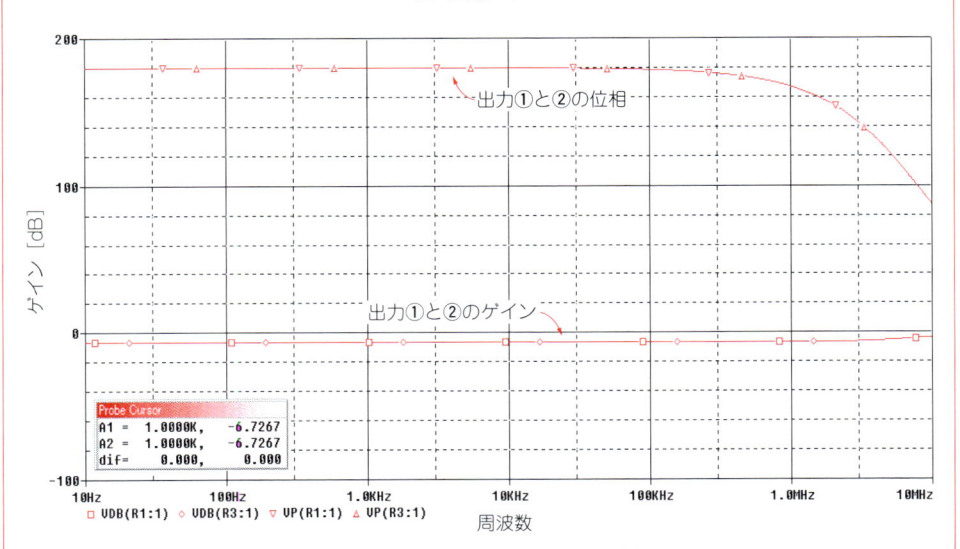

□-□：出力①のゲイン，◇-◇：出力②のゲイン，
▽-▽：出力①の位相，△-△：出力②の位相

（b）同相ゲイン

□-□：出力①のゲイン，◇-◇：出力②のゲイン，
▽-▽：出力①の位相，△-△：出力②の位相

13.5 ── 2石以上のトランジスタ回路　247

〈図13-37〉図13-35のバイアス用抵抗をカレント・ミラーによる定電流回路に置き換えた差動増幅回路

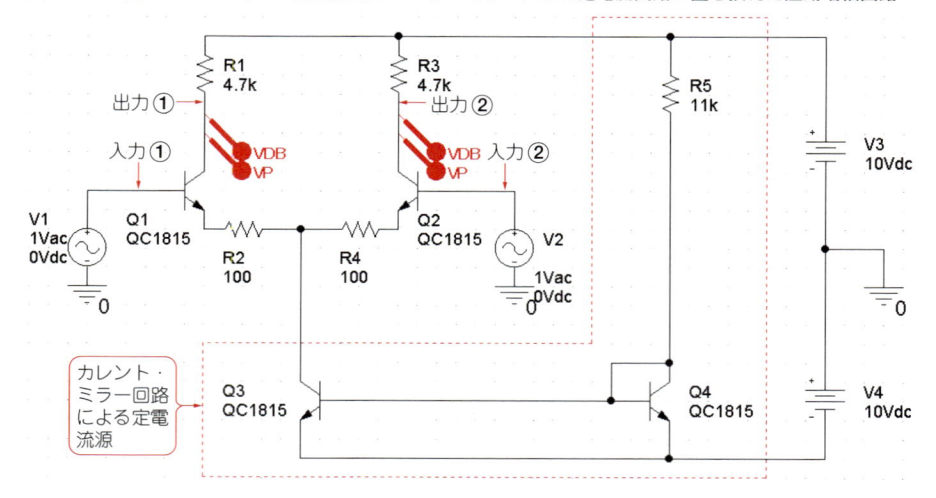

が大きくなります．

　さらに高CMRR特性を得るためには，ペア・トランジスタの特性をできるだけそろえる必要があります．ICでは，ペア・トランジスタの特性がよくそろうため，多くのOPアンプICがこの差動増幅回路を初段に採用しています．

　ペア・トランジスタの特性が違う場合，いったいCMRRはどのように変化するでしょうか？それは，皆さんご自身でシミュレーションしてみてください．

● さいごに

　皆さんいかがだったでしょうか？このように，回路シミュレータは設計者にとってたいへん便利なものです．実験できない回路や測定しにくい箇所をパソコンで簡単に確認できます．

　しかし，回路シミュレータは人間の代わりに回路を生み出してくれるわけではありません．単なるツールにすぎません．現実の回路の動作や特性を正確に表現してくれるわけでもありません．あくまでも近似解しか示してくれません．

　回路シミュレータを使って電子回路をマスタする場合は，どうしてそのような解析結果が得られたのかを必ず考えてください．そうすることによって，理論の理解度がより一層深まり，シミュレーションを使う意味が出てくるでしょう．

〈図13-38〉図13-37のゲインと位相の周波数特性

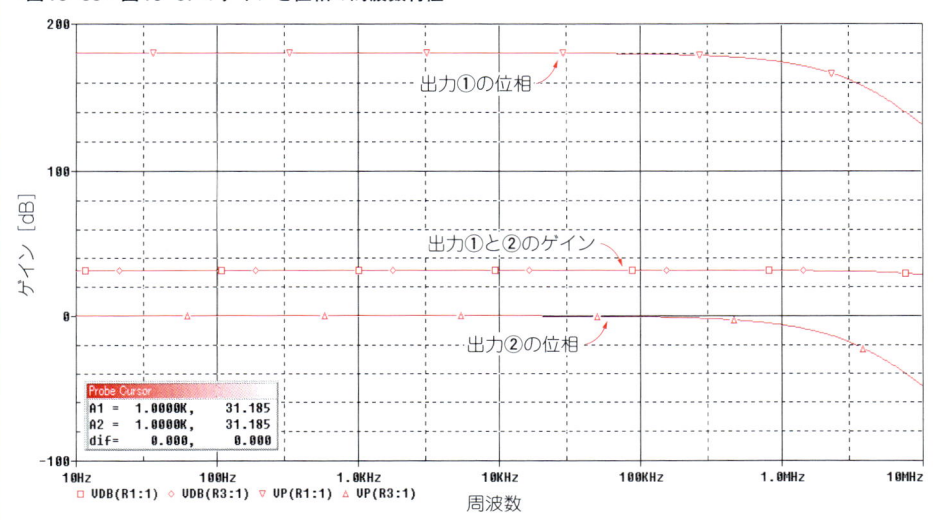

□-□：出力①のゲイン，◇-◇：出力②のゲイン，
▽-▽：出力①の位相，△-△：出力②の位相

(a) 差動ゲイン

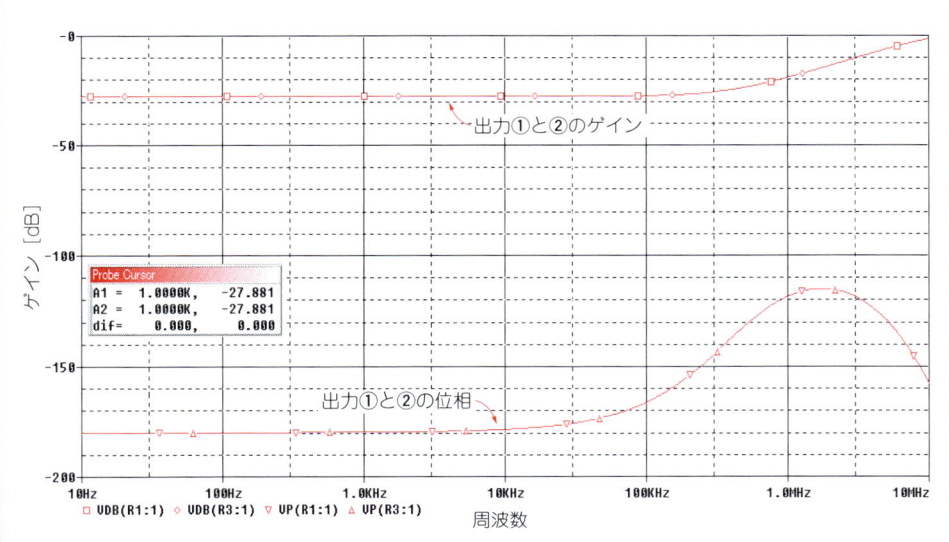

□-□：出力①のゲイン，◇-◇：出力②のゲイン，
▽-▽：出力①の位相，△-△：出力②の位相

(b) 同相ゲイン

13.5 ── 2石以上のトランジスタ回路

第14章
発振回路と変調回路のシミュレーション
～ウィーン・ブリッジ型発振回路とAM変調回路の動作を見てみよう！～

14.1 ── ウィーン・ブリッジ型正弦波発振回路

● 動作の説明

図14-1(a)に示すのは，バンドパス・フィルタと非反転増幅回路を組み合わせて，正帰還をかけた正弦波発振回路です．ウィーン・ブリッジ型正弦波発振回路と呼びます．

〈図14-1〉ウィーン・ブリッジ型正弦波発振回路

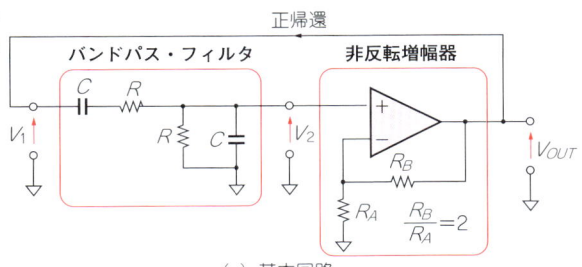

(a) 基本回路

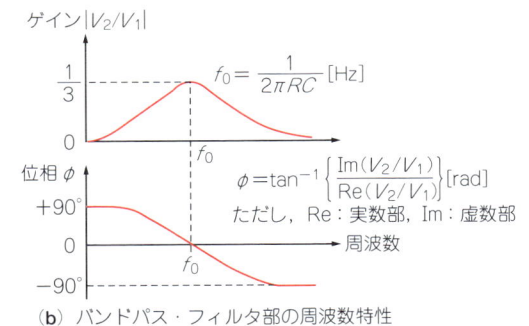

$f_0 = \dfrac{1}{2\pi RC}$ [Hz]

$\phi = \tan^{-1}\left\{\dfrac{\mathrm{Im}(V_2/V_1)}{\mathrm{Re}(V_2/V_1)}\right\}$ [rad]

ただし，Re：実数部，Im：虚数部

(b) バンドパス・フィルタ部の周波数特性

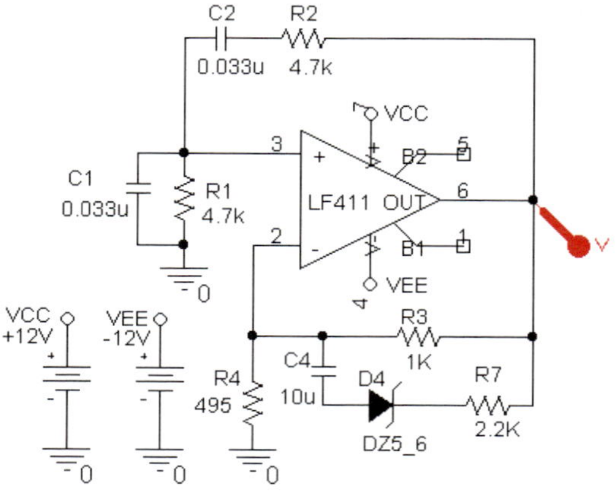

〈図14-2〉
ツェナ・ダイオードで振幅を安定化する

バンドパス・フィルタは，図14-1(b)に示すように中心周波数f_0においてゲインが1/3に，そして位相が0になります．したがって非反転増幅器のクローズド・ループ・ゲインを3倍にすると，正帰還のループ・ゲインがf_0において1となり，周波数f_0の正弦波を発生します．しかし，ループ・ゲインが1より少しでも小さいと発振が止まります．逆にループ・ゲインが1より少しでも大きいと，発振振幅が増大して波形の頭がクリップします．

■ 振幅安定化のしくみ

このような不安定な動きを防ぐには，発振振幅を自動検出し，振幅が小さいときは増幅器のクローズド・ループ・ゲインを上げ，振幅が大きいときはクローズド・ループ・ゲインを下げる機構を組み込みます．

ツェナ・ダイオードでクローズド・ループ・ゲインを制御する回路を図14-2に示します．**DZ5_6**はトラ技ライブラリ(**toragi.lib, toragi.olb**)にあります．

発振出力振幅が小さいときはツェナ・ダイオードが非導通なので，OPアンプのクローズド・ループ・ゲインGは，

$$G = \frac{R_3 + R_4}{R_4} = \frac{1495}{495} = 3.02$$

となり，正帰還のループ・ゲインは$(1/3) \times 3.02 = 1.007$となります．

ループ・ゲインは1より大きいので，振幅は増えていきます．振幅が$6\,V_{P-P}$を越すと，ツェナ・ダイオードが導通して**R3**と並列に**R7**が入るので，ループ・ゲインが低下して振幅が一定値に収束します．

〈図14-3〉C1の初期電圧を1Vに設定する

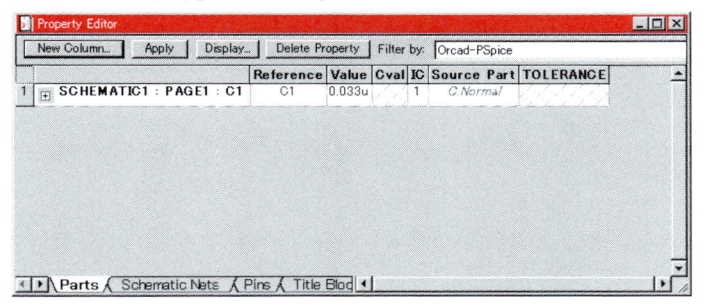

```
Property Editor
New Column...  Apply  Display...  Delete Property  Filter by: Orcad-PSpice
                    Reference  Value   Cval  IC  Source Part  TOLERANCE
1  SCHEMATIC1 : PAGE1 : C1   C1    0.033u      1    C_Normal
Parts / Schematic Nets / Pins / Title Block /
```

■ シミュレーション

● C1に初期電圧を設定しないと解析できない

　実際の回路は，電源投入時のショックによって発振が始まります．シミュレーションでは，ショック電圧に相当するものとして，C1に適当な初期電圧を与えます．

　回路図のC1のシンボルをダブル・クリックすると，図14-3に示すようなProperty Editorのダイアログ・ボックスが現れます．その中にIC（Initial Condition）という項目があり，斜線の網がかかっているはずです．ここをクリックして，図14-3のように1を書き込み，［Apply］ボタンをクリックしてダイアログを閉じます．これでC1に1Vの初期電圧が与えられます．

● 過渡応答を見る

　それでは過渡解析をしましょう．

　Captureのメニューから［PSpice］→［Edit Simulation Profile］をクリックすると，図14-4に示すウィンドウが開くので，各項目を次のように設定します．

- Analysis type : Time Domain（Transient）
- Options : General Settings
- Run to time : 200ms
- Start saving data after : 198ms
- Maximum step size : 10us

　一般に，正弦波発振回路の過渡解析の終了時間（Run to time）は，十分長く設定する必要があります．各項目を書き込んだら［OK］ボタンをクリックし，回路図に戻り［RUN］

〈図14-4〉過渡解析のためのシミュレーション設定

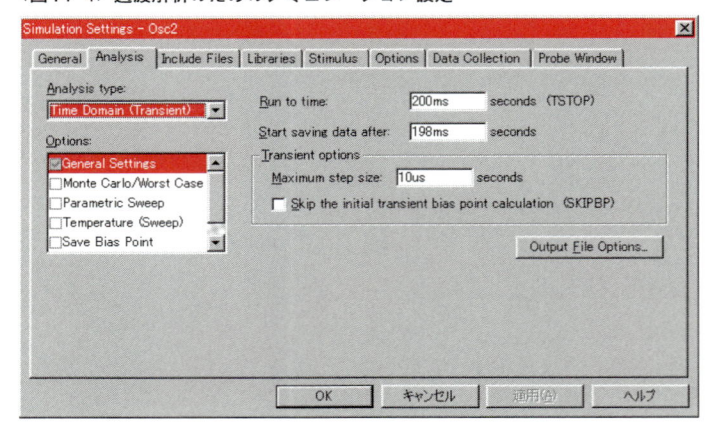

〈図14-5〉図14-2の発振器の過渡解析結果

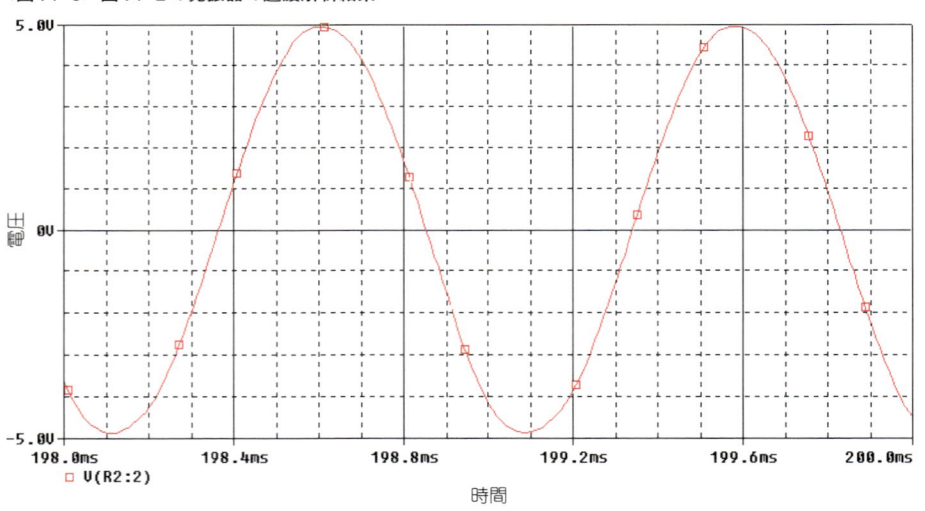

を選びます.

解析結果を**図14-5**に示します.発振周波数は約1kHzと読み取れます.波形はなんの変哲もない正弦波です.実測ひずみ率は0.6％程度です.

● 素子のばらつきの影響をみる

R3と**R4**の比はクローズド・ループ・ゲインを左右し,発振振幅に大きな影響を与え

〈図14-6〉図14-2のR4を変化させたときの出力電圧

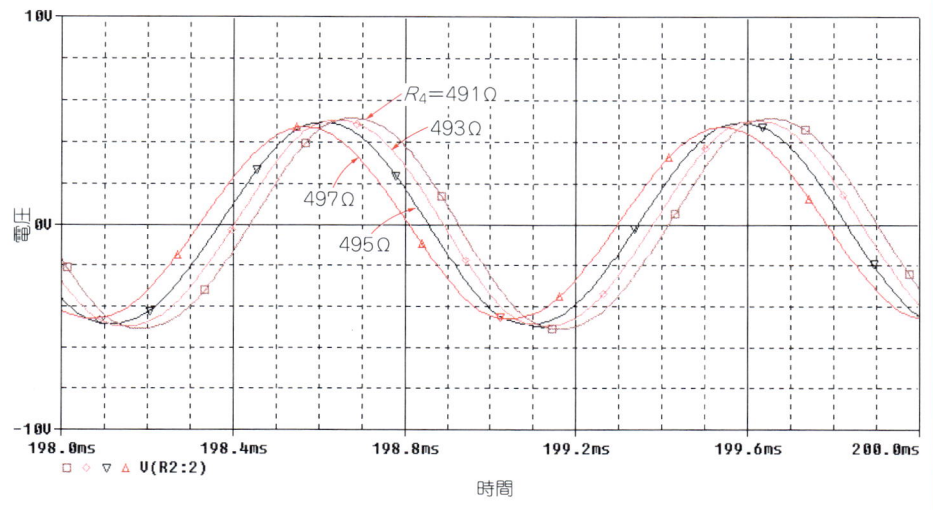

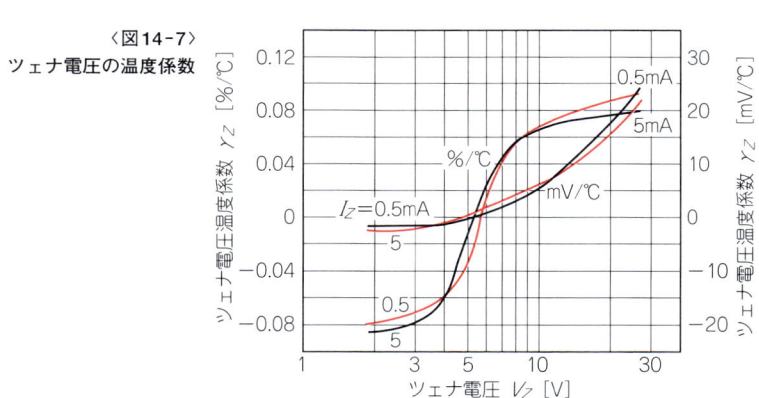

〈図14-7〉ツェナ電圧の温度係数

ます．

R4を491Ωから497Ωまで，2Ω刻みで変化させたときのパラメトリック解析結果を図14-6に示します．

R4の1.2%の変化に対し，振幅は約10%変化しています．したがって実際の回路では，R4を430ΩのF級金属皮膜抵抗と100Ωの半固定抵抗の直列接続に置き換えます．バンドパス・フィルタのCR定数のばらつきも振幅に影響します．R1とR2はF級金属皮膜抵抗，C1とC2はJ級ポリプロピレン・コンデンサを使います．

column

$V_Z=6.2V$のツェナ・ダイオードを作る

　$V_Z=6.2$Vのツェナ・ダイオードは，温度係数がほぼ0のためよく利用されます．付属CD-ROMに収録されたライブラリには含まれていないので自作します．

▶ **手順1**

　テキスト・エディタで`breakout.lib`を開き，ファイルの最後に以下のテキスト（デバイス・モデル）を追加して上書き保存します．

```
.MODEL  DZ6_2   D(IS=1f  BV=5.8  RS=2
+    CJO=120p  TT=1u)
*$
```

▶ **手順2**

　Captureのメニューから［Place］→［Part］を選択し，現れた**Place part**ダイアログ・ボックスの［Add Library］ボタンをクリックし，`breakout.olb`を追加します．その中から**DbreakZ**(ツェナ・ダイオードのシンボル)を選択します．

▶ **手順3**

　ツェナ・ダイオードを回路図に配置します．ラベル(名前)が**DbreakZ**となっているので，**DbreakZ**をダブル・クリックし，ラベルを**DZ6_2**に書き換えます．これで6.2Vのツェナ・ダイオードになります．このように`breakout.olb`は，ユーザの定義したデバイス・モデルにシンボルを割り当てるときに使います．トランジスタなどの割り当ても同様の手順で行えます．

● $V_Z=6.5V$のツェナ・ダイオードを使う

　DZ5_6は05AZ5.6(東芝)相当ですが，実際の回路では05AZ6.2を推奨します．

　この発振器の振幅は，ツェナ・ダイオードの順電圧V_Fとツェナ電圧V_Zの和に依存します．V_Fは約-2mV/℃の温度係数をもち，またV_Zも温度とともに**図14-7**のように変化します．

　V_Zが約6.5Vのツェナ・ダイオードを使うと，V_Zの温度係数が約$+2$mV/℃なので，V_Fの温度係数と打ち消し合い，V_F+V_Zの温度係数がほぼ0になります．

〈図14-8〉AM変調回路

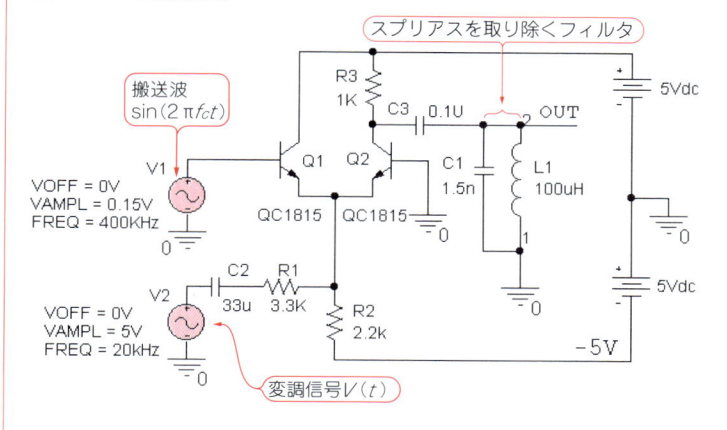

14.2 ── AM変調回路

● AM変調とは

周波数f_Cの正弦波振幅を信号$V(t)$に応じて変化させたものをAM変調波と呼びます．

AM変調波は次式で表せます．

$$V_{AM}(t) = A\{1 + mV(t)\}\sin(2\pi f_C t) \quad \cdots\cdots(14\text{-}1)$$

ただし，$V_{AM}(t)$：AM変調波，$V(t)$：変調信号，m：変調度，$\sin(2\pi f_C t)$：搬送波（キャリア），f_C：搬送周波数

通常，mは0～1の範囲に制限されます．

AM変調回路の一例を**図14-8**に示します．**V1**は$f_C = 400\,\text{kHz}$の搬送波，**V2**は20 kHz正弦波変調信号です．

図14-8は差動増幅回路です．**R1**を介して，変調信号を**Q1**と**Q2**の共通エミッタに加えているので，変調信号から見ると**Q1**と**Q2**はベース共通です．そして**V2**に応じて，**Q1**と**Q2**に共通のエミッタ電流が変化します．

● シミュレーション

V1の振幅が±150 mV以上あれば，**Q1**と**Q2**は400 kHzでON/OFFする電流スイッチになります．シミュレーションで確かめてみましょう．

R1に流れる電流波形と，**Q2**のコレクタ電流波形を**図14-9**に示します．**IC(Q2)**の波

〈図14-9〉R1の電流波形とQ2のコレクタ電流波形

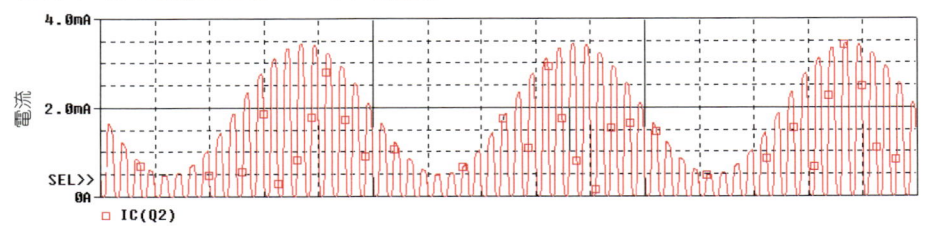

(a) Q2のコレクタ電流

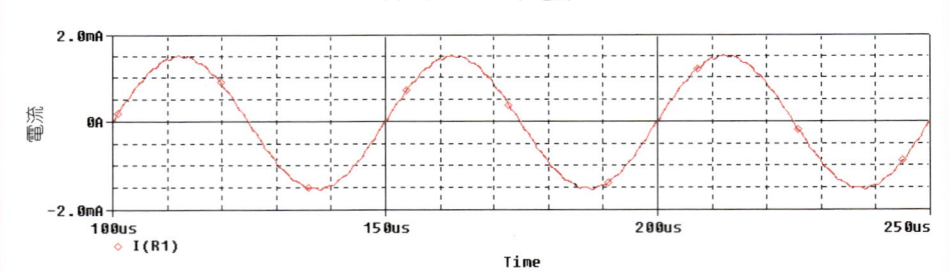

(b) R1の電流

〈図14-10〉Q2のコレクタ電流のフーリエ解析

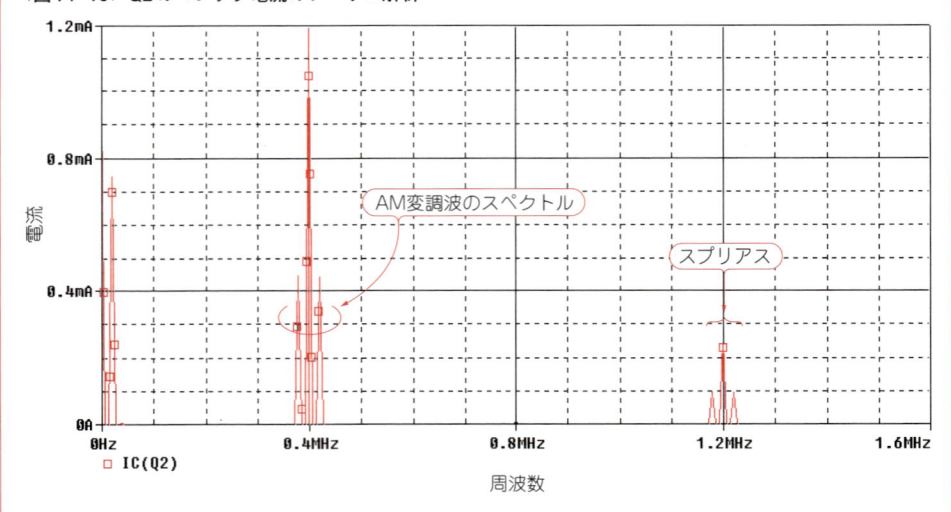

AM変調波のスペクトル

スプリアス

258　第14章——発振回路と変調回路のシミュレーション

〈図14-11〉図14-8のOUT端子の電圧波形

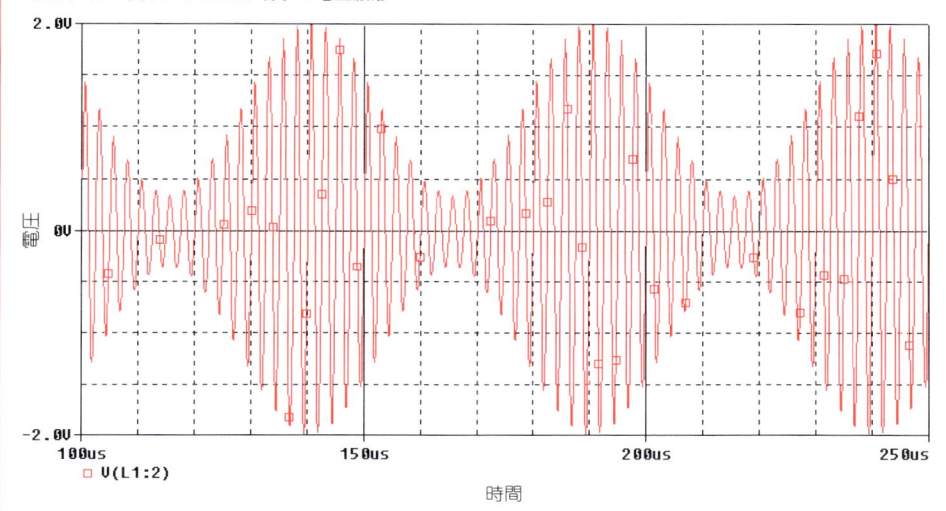

形は，20 kHzの正弦波を400 kHzでON/OFFしたようになっています．IC（Q2）をフーリエ解析してみましょう．結果を図14-10に示します．次に示すスペクトルが見えます．

- DC，20 kHz
- 380 kHz，400 kHz，420 kHz
- 1180 kHz，1200 kHz，1220 kHz

これらは本来のAM変調スペクトルではありません．変調周波数をf_m，搬送周波数をf_Cとすると，本来のAM変調スペクトルはf_C，$f_C - f_m$（下側波），$f_C + f_m$（上側波）の三つです．この例では，それぞれ400 kHz，380 kHz，420 kHzとなり，それ以外は不要（スプリアス）成分です．

そこで図14-8の回路は，C1とL1による並列共振回路で不要成分を減衰させています．フィルタ通過後の出力電圧の過渡解析結果を図14-11に示します．本来のAM変調波になっています．

■参考・引用＊文献

● 第1章～第10章

(1)＊ 河合 孝；アナログセンスを身につけよう！，デザイン ウェーブ マガジン 2000年4月号，pp.28～64，CQ出版㈱．

(2) 遠坂俊昭；計測のためのフィルタ回路設計，初版(1998年)，CQ出版㈱．

(3)＊ 遠坂俊昭；PSpice ver. 6.2 評価版 簡易取り扱い説明書（私製）．

(4)＊ 回路シミュレータSPICE利用技術，サイバネットシステム㈱．

(5)＊ OrCAD PSpice ユーザーズガイド，初版(1999年)，オアキャド・ジャパン㈱．

● 第11章

(6)＊ 鈴木雅臣；定本トランジスタ回路の設計，CQ出版㈱．

(7) OrCAD PSpice ユーザーズガイド；1999年5月，オアキャド・ジャパン㈱．

(8) セミナーテキスト 実用アナログ回路の解析検証，2003年5月，高度ポリテクセンター．

(9) 河合 孝；特集 アナ-ディジ混在回路のシミュレーションを体験する，デザイン ウェーブ マガジン，2002年1月号，CQ出版㈱．

(10) J. A. コネリー，P. チェイ 著，青木 均 訳；SPICEによる回路設計，初版，㈱トッパン．

● 第13章

(11) 2SK30ATMデータシート，2002年，㈱東芝．

■著者略歴と執筆を担当した章

● 第1章～第10章，第12章，第4章 Appendix B
棚木 義則
1969年　福島県生まれ
1993年　新潟大学 工学部電子工学科卒業
1993年　㈱エヌエフ回路設計ブロック入社
2006年　新電元工業㈱入社
2008年　レムジャパン㈱入社
現　在　同社技術開発本部技術開発部勤務

● 第11章
鈴木 雅臣
1956年　東京都生まれ
1979年　職業訓練大学校電気系電気科卒業
現　在　アキュフェーズ㈱にてオーディオ機器の設計に従事
　　　　技術士（電気・電子部門）

● 第13章
松本 倫

● 第14章，第9章 Appendix
黒田 徹
1945年　兵庫県生まれ
1970年　神戸大学 経済学部卒業
1971年　日本電音㈱入社 技術部勤務
1972年　同社退社
現　在　黒田電子技術研究所 所長

● 第4章　Appendix A
内門 和良
1978年　愛知県生まれ
1996年　名古屋市立菊里高校卒業

INDEX 索引

【アルファベット】

【A】
ACスイープ解析 —— 71
AC解析 —— 71,172
Add Traces —— 87
AM変調波 —— 257
Axis Settings —— 78

【B】
BREAKOUTライブラリ —— 116

【C】
Capture CIS —— 36
Capture Lite Edition —— 47
Color —— 147

【D】
dB Magnitude of Voltage —— 75,111
DCスイープ解析 —— 71
DC解析 —— 71,115,167
Decade —— 72
Display Properties —— 129

【F】
FFT —— 181
Functions or Macros —— 142

【G】
Global parameter —— 131

【I】
ISRC —— 165

【L】
Layout —— 37
Linear —— 72
Logarithmic —— 72

【M】
Maximum step size —— 111
Monte Carlo —— 137
Monte Carlo options —— 138

Monte Carlo/Worst Case —— 137

【O】
Octave —— 72
Online Manuals —— 47
Output variable: —— 138

【P】
PARAM/SPECIAL —— 126
PARAMシンボル —— 125
Pattern —— 147
Phase of Voltage —— 75,111
Probe Cursor —— 89
PSpice AD Lite Edition —— 47
PSpice Model Editor —— 47
PSpice Optimizer —— 47
PSpice Simulation Manager —— 47
PSpice Stimulus Editor —— 48

【R】
Random number seed —— 139,192
Release Notes —— 48
Run to time —— 111

【S】
Save Data from —— 139
Session Log —— 49
Simulation Profile —— 71
SOURCEライブラリ —— 117
SPICE —— 19
Start saving data after —— 111
Symbol —— 147

【T】
Toggle cursor —— 89
TOLERANCE —— 135
Trace Properties —— 147

【U】
Uninstall OrCAD Family Release 9.2 Lite Edition —— 48

Use Symbols —— 146
【V】
Value list —— 131
V_{BE} - I_C特性 —— 121
VPULSE —— 107
VSRC —— 165
【W】
Width —— 147
Worst-case/Sensitivity —— 137
【X】
X Axis —— 78
X Grid —— 80
【Y】
Y Axis —— 78
Y Grid —— 80
【あ】
一様分布 —— 138
ウィーン・ブリッジ —— 251
エミッタ共通増幅回路 —— 165
オームの法則 —— 197
【か】
ガウス分布 —— 138,192
過渡解析 —— 71,178
過渡現象 —— 170,216,218
キルヒホッフの法則 —— 200
グラウンド —— 59
グリッド —— 68
高速フーリエ変換 —— 183
コンデンサ —— 57
【さ】
システム・ファイル —— 32
しゃ断周波数 —— 189
周期 —— 108
縮尺 —— 51
ショートカット・アイコン —— 105
ショートカット・キー —— 105
初期電圧 —— 107
属性 —— 67

【た】
立ち上がり時間 —— 107
立ち下がり時間 —— 107
遅延時間 —— 107
ツール・バー —— 68
抵抗 —— 55
デカップリング・コンデンサ —— 166
電圧源 —— 58
トランジェント解析 —— 71
トラ技ライブラリ —— 150
【な】
ネット・エイリアス —— 167
ネットリスト —— 79
ノード —— 30
【は】
バイアス・ポイント —— 201
パスコン —— 166
バターワース —— 113
ばらつき —— 190
パラメトリック解析 —— 125,187
パルス電圧 —— 107
パルス幅 —— 107
万能電圧源 —— 165
ヒストグラム —— 141
ファラド —— 70
フェムト —— 70
プロジェクト —— 49
分布関数 —— 192
ベッセル —— 113
方形波応答 —— 184
【ま】
未接続エラー —— 158
モンテカルロ解析 —— 135,190
【や】
誘導性リアクタンス —— 214
容量性リアクタンス —— 208

- ●本書記載の社名，製品名について ── 本書に記載されている社名および製品名は，一般に開発メーカーの登録商標です．なお，本文中では™，®，©の各表示を明記していません．
- ●本書掲載記事の利用についてのご注意 ── 本書掲載記事は著作権法により保護され，また産業財産権が確立されている場合があります．したがって，記事として掲載された技術情報をもとに製品化をするには，著作権者および産業財産権者の許可が必要です．また，掲載された技術情報を利用することにより発生した損害などに関して，CQ出版社および著作権者ならびに産業財産権者は責任を負いかねますのでご了承ください．
- ●本書付属のCD-ROMについてのご注意 ── 本書付属のCD-ROMに収録したプログラムやデータなどは著作権法により保護されています．したがって，特別の表記がない限り，本書付属のCD-ROMの貸与または改変，複写複製（コピー）はできません．また，本書付属のCD-ROMに収録したプログラムやデータなどを利用することにより発生した損害などに関して，CQ出版社および著作権者は責任を負いかねますのでご了承ください．
- ●本書に関するご質問について ── 文章，数式などの記述上の不明点についてのご質問は，必ず往復はがきか返信用封筒を同封した封書でお願いいたします．ご質問は著者に回送し直接回答していただきますので，多少時間がかかります．また，本書の記載範囲を越えるご質問には応じられませんので，ご了承ください．
- ●本書の複製等について ── 本書のコピー，スキャン，デジタル化等の無断複製は著作権法上での例外を除き禁じられています．本書を代行業者等の第三者に依頼してスキャンやデジタル化することは，たとえ個人や家庭内の利用でも認められておりません．

JCOPY〈出版者著作権管理機構委託出版物〉
本書の全部または一部を無断で複写複製（コピー）することは，著作権法上での例外を除き，禁じられています．本書からの複製を希望される場合は，出版者著作権管理機構（TEL：03-5244-5088）にご連絡ください．なお，本書付属CD-ROMの複写複製（コピー）は，特別の表記がない限り許可いたしません．

本書に付属のCD-ROMは，図書館およびそれに準ずる施設において，館外貸し出しを行うことができます．

電子回路シミュレータ PSpice 入門編　CD-ROM付き

2003年11月1日　初 版 発 行
2020年7月1日　第16版発行

© 棚木義則 2003
（無断転載を禁じます）

編著者　　棚　木　義　則
発行人　　小　澤　拓　治
発行所　　CQ出版株式会社
〒112-8619　東京都文京区千石4-29-14
☎ 03-5395-2148　編集
☎ 03-5395-2141　販売

ISBN978-4-7898-3627-2
定価はカバーに表示してあります

乱丁，落丁本はお取り替えします

編集担当者　寺前　裕司
DTP・印刷・製本　三晃印刷㈱
カバー・表紙デザイン　千村　勝紀
Printed in Japan